普通高等教育一流本科专业建设系列教材

机器学习算法与案例实战

主 编 曲宗峰
副主编 李红伟 金 轮 蒋可心

科学出版社

北 京

内 容 简 介

本书分为基础篇和实践篇，以人工智能与机器学习、机器学习的数学基础、传统机器学习算法和深度学习算法为理论基础，以文字识别、泰坦尼克号沉船幸存者预测、文本分类、视觉抄表系统和家电语音交互测试系统五个实际案例为实践对象，采用理论与实践相结合的方法介绍机器学习算法。其中，实践篇的案例实战部分以总体设计、运行环境、模块实现和测试结果方式进行内容组织。

本书语言简洁，深入浅出，通俗易懂，可作为高等院校人工智能、智能科学与技术、数据科学与大数据技术等专业本科生的学习教材，也可作为人工智能爱好者的参考用书，还可作为从事智能应用创新开发专业人员的技术参考书。

图书在版编目（CIP）数据

机器学习算法与案例实战/曲宗峰主编. —北京：科学出版社，2024.4
（普通高等教育一流本科专业建设系列教材）
ISBN 978-7-03-077147-6

Ⅰ. ①机⋯ Ⅱ. ①曲⋯ Ⅲ. ①机器学习-算法-高等学校-教材
Ⅳ. ①TP181

中国国家版本馆 CIP 数据核字（2023）第 232891 号

责任编辑：孙露露　王会明 / 责任校对：王万红
责任印制：吕春珉 / 封面设计：东方人华平面设计部

科 学 出 版 社 出版
北京东黄城根北街 16 号
邮政编码：100717
http://www.sciencep.com
三河市骏杰印刷有限公司印刷
科学出版社发行　各地新华书店经销
*
2024 年 4 月第 一 版　　开本：787×1092 1/16
2024 年 4 月第一次印刷　　印张：14 1/4
字数：334 000
定价：56.00 元
（如有印装质量问题，我社负责调换）
销售部电话 010-62136230　编辑部电话 010-62138978-2010

前　言

教育是国之大计、党之大计。教育、科技、人才是全面建设社会主义现代化国家的基础性、战略性支撑。全面建设社会主义现代化国家，必须坚持科技是第一生产力、人才是第一资源、创新是第一动力，深入实施科教兴国战略、人才强国战略、创新驱动发展战略。高等教育人才培养要树立质量意识、抓好质量建设、全面提高人才自主培养质量。

人工智能经过半个多世纪的发展，取得了众多的理论和实践成果。2006 年，杰弗里·辛顿、杨立昆、约书亚·本吉奥发表了 *A Fast Learning Algorithm for Deep Belief Nets*（《深度信念网的快速学习方法》），从理论上解决了原有神经网络规模无法扩展和无法处理复杂情况的问题，直接推动深度机器学习理论取得突破，进而推动人工智能发展进入第三次浪潮。

目前，机器学习尤其是深度学习，已经在包括农业、工业、服务业在内的各个产业的很多领域得到广泛应用，大幅提高了各个行业传统业务的效率。例如，机器学习广泛应用在智能语音交互、图像和手势交互、用户习惯学习、能源管理、设备可靠性预测、产品质量检测等领域中。

本书分为基础篇和实践篇，从人工智能技术应用角度出发，以提高人工智能在工业领域的实际应用为目标，系统介绍机器学习与深度学习的算法，并通过五个典型的案例，从总体设计、运行环境、模块实现及测试结果等方面进行理论与实践的结合。另外，第 8 章和第 9 章的内容均是基于作者工作的实际需求和实际成果，相信能给读者在应用机器学习解决特定应用问题方面提供帮助。

本书不但强调通过实战案例加强对机器学习与深度学习等人工智能技术的理解和应用，而且希望读者能够掌握基本的理论和方法，这样才能在学习和工作过程中面对各种问题时提出更好的解决方案。

本书由曲宗峰担任主编，李红伟、金轮和蒋可心担任副主编。在撰写本书的过程中，作者参考了大量国内外相关文献，在此对每位作者表示感谢。

由于编者水平有限，书中难免存在疏漏之处，恳请广大读者批评指正。

目　录

基　础　篇

实 践 篇

基 础 篇

第 1 章　人工智能与机器学习

学习目标 ☞
1. 了解人工智能的发展史。
2. 了解机器学习的发展史。
3. 了解深度学习的发展史。
4. 了解人工智能的未来发展趋势。

素质目标 ☞
1. 对人工智能有初步了解。
2. 对人工智能未来发展有正确认识。

人工智能（artificial intelligence，AI）主要是采用人工方法和技术，来模仿、延伸和拓展人类智能，从而实现机器智能，其长期目标是实现具有人类智能水平的机器智能。本章主要介绍人工智能的基本概念、发展历史、机器学习（machine learning，ML）基础、深度学习（deep learning，DL）方法以及人工智能未来的发展趋势。

1.1　人工智能发展历史

1950 年，由被誉为"计算机科学之父""人工智能之父"的英国计算机科学家艾伦·图灵（Alan Turing）提出来的图灵测试，被认为是检验人工智能最早的原型。具体来说，就是一台机器与人类开展对话，如果不能被辨别出是机器的身份，那么这台机器就具有人类智能。同年，当时还是大四学生的马文·明斯基（Marvin Lee Minsky）和其同学邓恩·埃德蒙（Dunne Edmund）一起建造了世界上第一台神经网络计算机，这被认为是人工智能的起点。

1956 年，在美国汉诺斯小镇达特茅斯学院举办的一次会议上，美国计算机科学家约翰·麦卡锡（John McCarthy）提出了"人工智能"一词，被认为是人工智能正式诞生的标志。这次会议后不久，约翰·麦卡锡从达特茅斯学院搬到了麻省理工学院（Massachusetts Institute of Technology，MIT）。同年，马文·明斯基也搬到了这里，两人共同创建了世界上第一个人工智能实验室——MIT AI Lab。从此之后，人工智能走上了快速发展的道路。

人工智能经历了螺旋式上升的发展历程，其发展阶段如图 1-1 所示。

1. 人工智能的大发展（20 世纪 50～70 年代）

1966～1972 年，首台人工智能机器人 Shakey 诞生，美国斯坦福国际研究所研制出机器人 Shakey，这是首台采用人工智能的移动机器人。

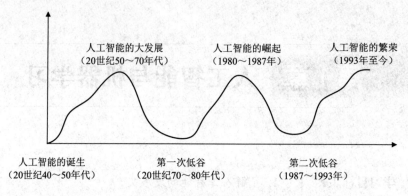

图 1-1　人工智能的发展阶段

1966 年，美国麻省理工学院的约瑟夫·魏泽鲍姆（Joseph Weizenbaum）发布了世界上第一个聊天机器人 ELIZA。ELIZA 的智能之处在于她能通过脚本理解简单的自然语言，并能做出类似人类的互动。

1968 年，美国加州斯坦福研究所的道格拉斯·恩格尔巴特（Douglas Engelbart）发明了计算机鼠标，构想出了超文本链接概念，它在几十年后成为现代互联网的根基。

在 20 世纪 50～70 年代，计算机被广泛应用于数学和自然语言领域，用来解决代数、几何和英语问题。这让很多研究学者看到了机器向人工智能发展的无限可能。甚至在当时，有很多学者认为："二十年内，机器将能完成人能做到的一切。"

2. 人工智能的第一次低谷（20 世纪 70～80 年代）

20 世纪 70 年代初，人工智能的发展遭遇了瓶颈。当时计算机有限的内存和处理速度不足以解决任何实际的人工智能问题。由于研究缺乏进展、停滞不前，对人工智能提供资助的机构[如英国政府、美国国防部高级研究计划局（Defense Advanced Research Projects Agency，DARPA）和美国国家科学委员会]对看不到前景的研究逐渐停止了资助。这个阶段的人工智能发展，不仅与 DARPA 的合作计划失败，前景堪忧，而且社会舆论的压力也开始不利于人工智能的发展，导致很多研究经费转移到了其他项目。

在此阶段，人工智能面临的技术瓶颈主要有三个方面：第一，计算机性能不足，硬件问题导致很多程序无法在人工智能领域得到应用；第二，问题的复杂性，早期人工智能主要用于解决特定的问题，对象少，复杂性低，当问题上升维度后，程序不堪重负；第三，数据量严重不足，没有足够大的数据库支撑程序进行深度学习，导致机器无法读取足够多的数据进行智能化。

3. 人工智能的崛起（1980～1987 年）

1980 年，美国卡内基梅隆大学为数字设备公司设计了一套名为 XCON 的"专家系统"，该系统基于"知识库+推理机"组合，是一套具有完整专业知识和经验的计算机智能系统。

1981 年，日本经济产业省拨款 8.5 亿美元用于研发第五代计算机项目——人工智能计算机。随后，英国、美国纷纷响应，开始向信息技术领域的研究注入大量资金。

1984 年，在美国科学家道格拉斯·莱纳特（Douglas Lenat）的带领下，启动了 Cyc 项目，其目标是使人工智能能够以类似人类推理的方式工作。

1986 年，美国发明家查尔斯·赫尔（Charles Hull）开发出人类历史上首个 3D 打印机。

4. 人工智能的第二次低谷（1987~1993 年）

基于人工智能的专家系统的实用性仅仅局限于某些特定情景。到了 20 世纪 80 年代末期，DARPA 认为人工智能并非"下一个浪潮"。于是，拨款倾向于更容易出成果的项目。

就这样，仅仅维持了 7 年，曾经轰动一时的人工智能专家系统就结束了历史进程。1987年，苹果公司和 IBM 公司生产的台式机性能都超过了 Symbolics 等厂商生产的通用计算机。从此，专家系统风光不再，人工智能的第二次低谷到来。

5. 人工智能的繁荣（1993 年至今）

人工智能的发展在经历了第二次低谷后，迎来了繁荣期。

1997 年，IBM 公司的计算机"深蓝"战胜了国际象棋世界冠军卡斯帕罗夫，成为首个在标准比赛时限内击败国际象棋世界冠军的计算机系统。

2011 年，IBM 公司开发的使用自然语言回答问题的人工智能程序 Watson（沃森）参加美国智力问答节目，打败两位人类冠军，赢得了 100 万美元的奖金。

2012 年，加拿大神经学家团队创造了一个具备简单认知能力、有 250 万个模拟"神经元"的虚拟大脑，命名为 Spaun，并通过了最基本的智商测试。

2013 年，脸书（Facebook，2021 年 10 月更名为 Meta）人工智能实验室成立，探索深度学习领域，借此为 Facebook 用户提供更智能化的产品体验；Google 收购了语音和图像识别公司 DNNResearch，推广深度学习平台；百度创立了深度学习研究院等。

2015 年，Google 开源了利用大量数据直接就能训练计算机来完成任务的第二代机器学习平台 Tensor Flow；剑桥大学建立了人工智能研究所等。

2016 年，Google 人工智能 AlphaGo 与围棋世界冠军李世石的人机大战最后一场落下了帷幕。人机大战第五场经过长达 5 个小时的搏杀，最终李世石与 AlphaGo 总比分定格在 1∶4，以李世石认输结束。这一次的人机对弈让人工智能正式被世人所熟知，整个人工智能市场也像是被引燃了导火线，开始了新一轮爆发。

近年来，人工智能引爆了一场商业革命。国外的公司如谷歌、微软、亚马逊，国内的公司如腾讯、阿里巴巴、百度等互联网巨头，以及国内外众多的初创科技公司，纷纷加入人工智能产品的战场，掀起了一轮又一轮的智能化浪潮。随着人工智能技术的日趋成熟和社会大众的广泛接受，人工智能将推动人类社会的快速发展。

1.2 机器学习概述

让机器学会自己学习，是实现人工智能的方法和途径。因此，人工智能的发展根本是机器学习技术的发展。

机器学习实际上已经存在了几十年或者也可以认为存在了几个世纪。追溯到 17 世纪，贝叶斯、拉普拉斯关于最小二乘法的推导和马尔可夫链构成了机器学习广泛使用的工具和基础。

根据人工智能的发展阶段，不同时期机器学习的研究途径和目标并不相同，可以划分为以下五个阶段。

第一阶段，20 世纪 50 年代中叶到 60 年代中叶，主要研究"有无知识的学习"，即研究系统的执行能力。这个时期，通过改变机器的环境及其相应的性能参数，检测系统所反馈的数据。例如，给定系统一个程序，通过改变自由空间，检测系统受到程序的影响而改变自身组织的情况，最后系统选择最优的环境生存。

第二阶段，20 世纪 60 年代中叶到 70 年代中叶，主要研究如何将各个领域的知识植入系统并通过机器模拟人类学习的过程。同时，采用图及其逻辑结构知识进行系统描述，使用各种符号表示机器语言。研究人员发现，学习是一个长期的过程，将知识加入系统中，对机器学习的发展有一定的成效。

第三阶段，20 世纪 70 年代中叶到 80 年代中叶，机器学习从单个概念扩展到多个概念，并且探索不同的学习策略和学习方法，把学习系统与各种应用结合起来，取得了很大的成功。专家在知识获取方面的需求也极大地刺激了机器学习的研究和发展。

第四阶段，20 世纪 80 年代中叶到 90 年代中叶，这个时期的机器学习已成为新的学科，综合了心理学、生物学、神经生理学、数学、自动化、计算机科学等，形成了机器学习理论基础。此外，融合了各种学习方法且形式多样的集成学习系统研究逐渐兴起，构建了机器学习与人工智能各种基础问题的统一性观点。各种学习方法的应用范围不断扩大，部分应用研究成果已转化为产品。

第五阶段，20 世纪 90 年代中叶至今，探索人工智能及模式识别领域的共同研究热点，机器学习理论和方法应用于解决科学领域和工程应用的复杂问题。机器学习不仅在基于知识的系统中得到应用，而且在自然语言理解、非单调推理、机器视觉、模式识别等许多领域也得到了广泛应用。

因此，一个系统是否具有学习能力已成为是否具有"智能"的标志。机器学习的研究方向主要分为两类：第一类是传统机器学习的研究，该类主要是研究学习机制，注重探索模拟人类的学习机制；第二类是大数据环境下机器学习的研究，该类主要是研究如何有效利用数据，注重从巨量数据中获取隐藏的、有效的、可理解的知识。

机器学习历经 70 余年的曲折发展，以深度学习为代表借鉴了人脑的多分层结构、神经元连接交互信息的逐层分析处理机制，以及自适应、自学习的强大并行信息处理能力，在很多方面取得了突破性进展。

1.3　深度学习概述

深度学习是由多伦多大学教授杰弗里·辛顿（Geoffrey Hinton）等于 2006 年提出的，是机器学习的一个新领域。深度学习更接近于最初的人工智能目标。深度学习通过学习样本数据的内在规律、表示层次和神经元连接，让机器能够像人一样具有分析学习及识别文字、图像和声音的能力。

深度学习的概念起源于人工神经网络（artificial neural network，ANN）的研究，有多个隐藏层的多层感知器是深度学习模型的典型范例。对神经网络而言，深度是指网络学习得到的函数中非线性运算组合层次的数量。受限于计算能力，传统神经网络的学习算法多是针对较低水平的网络结构,这种网络称为浅度神经网络。例如,一个输入层、一个隐藏层和一个输出层的神经网络。与此相反,将更多非线性运算组合层次的网络称为深度神经网络。例如,一个输入层、五个隐藏层和一个输出层的神经网络。

深度学习是一个复杂的机器学习算法,在语言和图像识别方面取得的成果远远超过传统人工智能的相关技术。深度学习在搜索技术、数据挖掘、机器学习、机器翻译、自然语言处理(natural language processing,NLP)、多媒体学习、语音、推荐和个性化技术,以及其他相关领域都取得了丰硕成果。它能使机器进行模仿、视听和思考等人类的活动,解决了很多复杂的模式识别难题,使人工智能相关技术取得了很大进步。

杰弗里·辛顿主要提出两个具有重要意义的论断:一是多层人工神经网络模型有很强的特征学习能力,深度学习模型通过学习得到的特征数据对原始数据有更本质的代表性,这将大大便于分类和可视化问题的解决;二是对于深度神经网络很难训练达到最优的问题,可以采用逐层训练的方法解决,将上层训练好的结果作为下层训练过程的初始化参数。在深度模型的训练过程中,逐层初始化采用无监督的学习方式。

深度学习本质上是构建含有多个隐藏层的机器学习模型,通过大规模数据进行训练,得到大量更具有代表性的特征信息,从而对样本进行分类和预测,提高其精度。深度学习模型和传统浅层学习模型的区别主要有以下两点:一是深度学习模型结构含有更多的层次,包含隐藏层节点的层数通常在 5 层,有的甚至在 10 层以上;二是强调特征学习对深度模型的重要性,通过逐层特征提取,将数据样本在原空间中的特征变换到一个新的特征空间中去表示初始数据,使分类或预测问题更加容易实现。因此,与人工设计的特征提取方法相比,通过深度模型学习得到的数据特征对数据的内在信息更具有代表性。

在统计机器学习领域,比较重要的问题是如何对输入样本进行特征空间的选择。例如,在人脸检测问题中需要寻找表现人脸不同特点的特征向量。当输入空间中的原始数据不能直接分开时,则将其映射到一个线性可分的间接特征空间中。一般情况下,将某函数映射到高维线性可分空间中有三种方式:支持向量机、手工编码和自动学习。支持向量机和手工编码方式对专业知识要求很高,且耗费大量的计算资源,不适合高维输入空间;而自动学习方式利用带多层非线性处理能力的深度学习结构进行自动学习,经过实际验证,被普遍认为具有重要的意义与价值。深度学习结构相对于浅层学习结构来说,能够用更少的参数逼近高度非线性函数。

2010 年,深度学习项目首次获得来自 DARPA 计划的资助,参与方有美国 NEC 研究院、纽约大学和斯坦福大学。自 2011 年起,谷歌和微软研究院的语音识别方向研究专家,采用深度神经网络技术,将语音识别的错误率降低了 20%~30%,这是语音识别研究领域取得的重大突破。2012 年,深度神经网络在图像识别应用方面也取得了重大进展,在 ImageNet 评测问题中,将原来的错误率降低了 9%。同年,某制药公司将深度神经网络应用于药物活性预测问题中,取得了非常好的结果。2012 年 6 月,美国计算机科学家吴恩达(Andrew Ng)带领众多科学家在谷歌神秘的 X 实验室创建了具有 16000 个处理器的大规模神经网络,该神经网络包含数十亿个网络节点,能够处理大量随机选择的视频片段。经过充分的训练之后,机器系统开始学会自动识别猫的图像,这是深度学习领域最著名的案例之一,引起了各界的极大关注。

1.4 人工智能发展前景

随着人工智能在各类应用中的普及，机器学习和深度学习技术面临着一些理论问题、建模问题和工程应用问题。因此，在未来的研究中，特别是在处理大规模数据中，如何取得突破性进展成为一个值得进一步研究的方向。

另外，针对人工智能的发展现状，社会上存在着一些误解。有人认为机器人将统治世界，人工智能系统的智能水平将完全超越人类，甚至认为人类将成为人工智能的奴隶等。这些误解对于人工智能的发展产生了不利的影响。因此，人们需要对人工智能的发展前景持有正确的认识。

经过几十年的发展，人工智能在算法、算力（计算能力）和算料（数据）的"三算"方面取得了重要突破，正处于技术拐点，在可以预见的未来，人工智能发展将会呈现如下趋势与特征。

（1）专用的人工智能应用取得重要突破。也就是说，面向某一任务的专用人工智能系统由于任务单一、需求明确、应用边界清晰、建模相对简单，易于形成人工智能领域的单点突破，在局部智能水平的单项测试中将超越人类智能。例如，AlphaGo 在围棋比赛中战胜人类冠军，大规模图像识别和人脸识别水平超越人类，人工智能系统诊断皮肤癌达到专业医生水平等。

（2）通用的人工智能应用仍处于起步阶段。通用的智能系统，需要举一反三、融会贯通，可处理视、听、判断、推理、学习、思考、规划、设计等各类问题。在概念抽象和推理决策等"深层智能"方面，人工智能的能力还很薄弱，依旧存在明显的局限性，与人类智慧相差甚远。

（3）人工智能产业将更加蓬勃发展。创新生态布局成为人工智能产业发展的战略高地。人工智能技术和产业的发展过程也是信息产业巨头布局创新生态的过程。例如，传统信息产业代表企业有微软、英特尔、IBM、甲骨文等，互联网和移动互联网时代信息产业代表企业有谷歌、苹果、脸书、亚马逊、阿里巴巴、腾讯、百度等。人工智能创新生态包括纵向的数据平台、开源算法、计算芯片、基础软件、图形处理器等技术生态系统，横向的智能制造、智能医疗、智能安防、智能零售、智能家居等商业和应用生态系统。目前，智能科技时代的信息产业格局还没有形成垄断，因此全球科技产业巨头都在积极推动人工智能技术生态的研发布局，全力抢占人工智能相关产业的制高点。

（4）人工智能带来日益强大的社会影响。一方面，人工智能作为新一轮科技革命和产业变革的核心力量，正在推动传统产业升级换代，驱动智能经济的快速发展，在智能交通、智能家居、智能医疗等民生领域产生积极正面的影响。另一方面，个人信息和隐私保护、人工智能创作内容的知识产权、人工智能系统可能存在的歧视和偏见、无人驾驶系统的交通法规、脑机接口和人机共生的科技伦理等问题已经显现出来，需要抓紧提供解决方案。

（5）从人工智能向人机混合智能发展。借鉴脑科学和认知科学的研究成果是人工智能的一个重要研究方向。人机混合智能旨在将人的作用或认知模型引入人工智能系统，以提升人工智能系统的性能，使人工智能成为人类智能的自然延伸和拓展，通过人机协同更加高效地解决复杂问题。在我国新一代人工智能规划和美国"脑计划"研究中，人机混合智能都是重要的研发方向。

（6）从人工智能向自主智能系统发展。当前，人工智能领域的大量研究集中在深度学习中，需要大量的人工干预。例如，人工设计深度神经网络模型、人工设定应用场景、人工采集和标注大量训练数据、用户需要人工适配智能系统等。因此，研发减少人工干预的自主智能方法来提高机器智能对环境的自主学习能力是未来人工智能的发展方向。例如，在人工智能系统的自动化设计方面，2017 年谷歌提出的自动化学习系统，通过自动创建机器学习系统来降低成本。

（7）人工智能将加速与其他学科领域的交叉渗透。人工智能本身是一门综合性的前沿学科和高度交叉的复合型学科，研究范畴广泛而又异常复杂，其发展需要与计算机科学、数学、认知科学、神经科学和社会科学等学科深度融合。随着超分辨率光学成像、光遗传学调控、透明脑、体细胞克隆等技术的突破，脑与认知科学的发展开启了新时代，能够大规模、更精细地解析智力的神经环路基础和机制。依赖于生物学、脑科学、生命科学和心理学等学科的发现，人工智能即将进入生物启发的智能阶段，将机理变为可以计算的模型。同时，人工智能也会促进脑科学、认知科学、生命科学，甚至化学、物理、天文学等传统科学的发展。

（8）人工智能将推动人类进入智能社会。随着技术和产业的发展，人工智能的创新模式日趋成熟，对生产力和产业结构产生了革命性的影响，并推动着人类社会的进步。2017 年，国际数据公司（International Data Corporation，IDC）在人工智能白皮书中指出，未来 5 年人工智能将提升各行业运转效率。我国经济社会转型升级对人工智能有重大需求，在消费场景和行业应用的需求牵引下，需要打破人工智能的感知瓶颈、交互瓶颈和决策瓶颈，促进人工智能技术与社会各行各业的融合提升，建设若干标杆性的应用场景创新，实现低成本、高效益、广范围的智能社会。

（9）人工智能领域的国际竞争将日益激烈。当前，人工智能领域的国际竞赛已经拉开帷幕，并且将日趋白热化。2018 年 4 月，欧盟委员会计划 2018～2020 年在人工智能领域投资 240 亿美元；法国总统在 2018 年 5 月宣布《法国人工智能战略》，目的是迎接人工智能发展的新时代，使法国成为人工智能强国；2018 年 6 月，日本《未来投资战略 2018》重点推动物联网建设和人工智能的应用。世界军事强国也已逐步形成以加速发展智能化武器装备为核心的竞争态势，例如，美国特朗普政府发布的首份《国防战略》报告即谋求通过人工智能等技术创新保持军事优势，确保美国打赢未来战争；俄罗斯 2017 年提出军工拥抱智能化，让导弹和无人机传统兵器威力倍增。

因此，当前是我国加强人工智能布局、引领智能时代的重大历史机遇期，要在人工智能蓬勃发展的浪潮中选择好中国路径、抢抓中国机遇、展现中国智慧，树立理性务实的发展理念，确保人工智能健康可持续发展；重视固本强基的原创研究，努力取得颠覆性突破，形成人工智能原创理论体系，构建自主可控的创新生态；在人工智能国际标准制定方面掌握话语权，并通过实施标准加速人工智能驱动经济社会转型升级的进程。

第 2 章　机器学习的数学基础

学习目标 ☞
1. 了解线性代数基础知识。
2. 熟悉概率的概念及特征。
3. 了解如何通过信息论的来量化信息。
4. 掌握机器学习算法中的数值计算。

素质目标 ☞
1. 了解机器学习涉及线性代数的多种数学概念。
2. 熟练运用数值计算的相关公式。

本章主要介绍人工智能中使用的数学基础知识,包括线性代数、概率论和信息论等内容。

2.1　线　性　代　数

线性代数作为数学的一个分支,广泛应用于科学和工程中。线性代数主要是面向连续数学,而非离散数学,掌握好线性代数对于理解和从事机器学习算法相关工作是很有必要的。本节介绍深度学习必需的线性代数知识。

2.1.1　向量与操作

机器学习涉及线性代数的几类数学概念,介绍如下。

1. 标量(scalar)

一个标量就是一个单独的数,它不同于线性代数中研究的其他大部分对象(通常是多个数的数组)。标量通常被赋予小写的变量名称。当介绍标量时,会明确它们是哪种类型的数。

2. 向量(vector)

一个向量是一列数,这些数是有序排列的。通过次序中的索引,可以确定每个单独的数。通常赋予向量粗体的小写变量名称。向量中的元素可以用带脚标的斜体表示。向量会注明存储在向量中的元素是什么类型的。当需要明确表示向量中的元素时,会将元素排列成一个由方括号包围的纵列。

3. 矩阵(matrix)

矩阵是由一组行向量或列向量构成的数组,其中的每一个元素被两个索引(而非一个)

所确定。通常会赋予矩阵粗体的大写变量名称。如果一个实数矩阵高度为 m，宽度为 n，那么这是一个 $m×n$ 矩阵。在表示矩阵中的元素时，通常以不加粗的斜体形式表示其名称，索引用逗号间隔。当需要明确表示矩阵中的元素时，将它们写在用方括号括起来的数组中。

4. 张量（tensor）

在某些情况下，会讨论坐标超过二维的数组。一般一个数组中的元素分布在若干维坐标的规则网格中，称为张量。

5. 转置（transpose）

转置是矩阵的重要操作之一。矩阵的转置是以对角线为轴的镜像，从左上角到右下角的对角线被称为主对角线，将矩阵 A 的转置表示为 A^T。向量可以看作只有一列的矩阵。对应向量的转置可以看作只有一行的矩阵。有时，通过将向量元素作为行矩阵写在文本行中，然后使用转置操作将其变为标准的列向量，来定义一个向量。标量可以看作是只有一个元素的矩阵，标量的转置等于它本身。

6. 矩阵相加

只要矩阵的形状一样，就可以把两个矩阵相加。两个矩阵相加是指对应位置的元素相加。

7. 标量和矩阵

在机器学习中涉及的标量和矩阵相乘或相加时，只需将该标量与矩阵的每个元素相乘或相加即可。

8. 矩阵和矩阵相乘

矩阵乘法是矩阵运算中最重要的操作之一。两个矩阵 A 和 B 的矩阵乘积是第三个矩阵 C。为了使乘法定义良好，矩阵 A 的列数必须和矩阵 B 的行数相等。如果矩阵 A 的形状是 $m×n$，矩阵 B 的形状是 $n×p$，那么矩阵 C 的形状是 $m×p$。

9. 阿达马（Hadamard）乘积

阿达马乘积是指两个矩阵中对应元素的乘积，即 $A⊙B$。

10. 向量点积

向量点积是指两个同维度向量对应元素相乘后再相加。

矩阵乘积运算有许多有用的性质，从而使矩阵的数学分析更加方便。矩阵乘积服从分配律和结合律，不服从交换律。

2.1.2 逆矩阵

使用线性代数符号，可以表达下列线性方程组：

$$Ax = b \tag{2-1}$$

式中，A 为 $m×n$ 已知矩阵；b 为已知向量；x 为要求解的未知向量。

向量 x 的每一个元素都是未知的。矩阵 A 的每一行和 b 中对应的元素构成一个约束。

线性代数提供了被称为逆矩阵的强大工具。对于大多数矩阵 A，都能通过逆矩阵解析求解式（2-1）。

为了描述逆矩阵，首先需要定义单位矩阵的概念。任意向量和单位矩阵相乘，都不会改变，将保持 n 维向量不变的单位矩阵记作 I_n，单位矩阵的结构很简单，所有沿主对角线的元素都是 1，所有其他位置的元素都是 0。

矩阵 A 的逆矩阵记作 A^{-1}，其定义的矩阵满足

$$A^{-1}A = I_n \qquad (2\text{-}2)$$

现在可以通过以下步骤求解式（2-1）：

式（2-1）等式左右两边左乘 A^{-1}，得

$$A^{-1}Ax = A^{-1}b \qquad (2\text{-}3)$$

将式（2-2）代入式（2-3），有

$$I_n x = A^{-1}b \qquad (2\text{-}4)$$

即

$$x = A^{-1}b$$

当然，这取决于能否找到一个逆矩阵 A^{-1}。当逆矩阵 A^{-1} 存在时，有几种不同的算法都能找到它的闭式解形式。理论上，相同的逆矩阵可用于多次求解不同向量 b 的方程。然而，逆矩阵 A^{-1} 主要是作为理论工具使用的，并不会在大多数软件应用程序中实际使用。这是因为逆矩阵 A^{-1} 在数字计算机上只能表现出有限的精度，有效使用向量 b 的算法通常可以得到更精确的 x。

2.1.3 范数

在机器学习中，经常使用被称为范数（norm）的函数来衡量向量的大小。在形式上，L^p 范数定义如下：

$$\|x\|_p = \left(\sum_i |x_i|^p \right)^{\frac{1}{p}} \qquad (2\text{-}5)$$

式中，p 为实数且大于等于 1。

范数（包括 L^p 范数）是将向量映射到非负值的函数。直观上来说，向量 x 的范数衡量从原点到点 x 的距离。

当 $p=2$ 时，L^2 范数称为欧几里得范数（Euclidean norm）。它表示从原点出发到向量 x 确定点的欧几里得距离。L^2 范数在机器学习中出现十分频繁，经常简化表示为 $\|x\|$，略去下标 2。L^2 范数也经常用来衡量向量的大小，L^2 范数的平方可以简单地通过点积 $x^T x$ 计算。

L^2 范数的平方在数学和计算上都比 L^2 范数本身更方便。例如，L^2 范数对 x 中每个元素的导数只取决于对应的元素，而 L^2 范数的平方对每个元素的导数却和整个向量相关。在很多情况下，L^2 范数也可能不受欢迎，因为它在原点附近增长得十分缓慢。在应用中，区分零元素、非零元素和值比较小的元素很重要，在这些情况下，使用在各个位置斜率相同，同时保持简单的数学形式的函数——L^1 范数。L^1 范数可以简化为如下形式：

$$\|x\|_1 = \sum_i |x_i| \qquad (2\text{-}6)$$

当机器学习问题中零和非零元素之间的差异非常重要时，通常会使用 L^1 范数。每当向量 x 中某个元素从 0 增加到 ϵ 时，对应的 L^1 范数也会增加 ϵ。有时会统计向量中非零元素的个数来衡量向量的大小。因此，L^1 范数经常作为表示非零元素数目的替代函数。

另外一个经常在机器学习中出现的范数是 L^∞ 范数，也被称为最大范数。这个范数表示向量中具有最大幅值的元素，其绝对值为

$$\| x \|_\infty = \max_i |x_i| \tag{2-7}$$

在深度学习中，衡量矩阵大小最常见的做法是使用弗罗贝尼乌斯（Frobenius）范数：

$$\| A \|_F = \sqrt{\sum_{i,j} A_{i,j}^2} \tag{2-8}$$

2.1.4 特征分解

许多数学对象可以通过将它们分解成多个组成部分或者找到它们的一些属性而被更好地理解，这些属性是通用的，并不是由选择表示它们的方式产生的。

例如，整数可以分解为质因数。可以用十进制或二进制等不同方式表示整数 12，但是 $12=2\times2\times3$ 永远是对的。从这个表示中可以获得一些有用的信息，如 12 不能被 5 整除，或者 12 的倍数可以被 3 整除。

可以通过分解质因数来发现整数的一些内在性质，也可以通过分解矩阵来发现矩阵表示成数组元素时不明显的函数性质。特征分解是使用最广的矩阵分解方法之一，即将矩阵分解成一组特征向量和特征值。

矩阵 A 的特征向量是指与 A 相乘后相当于对该向量进行缩放的非零向量 v，即

$$Av = \lambda v \tag{2-9}$$

式中，标量 λ 称为这个特征向量对应的特征值。

如果向量 v 是矩阵 A 的特征向量，那么任何缩放后的向量 sv（s 为标量，非零）也是矩阵 A 的特征向量。此外，sv 和 v 有相同的特征值。基于这个原因，通常只考虑单位特征向量。

假设矩阵 A 有 n 个线性无关的特征向量 $\{v^{(1)}, v^{(2)}, \cdots, v^{(n)}\}$，对应着特征值 $\{\lambda_1, \lambda_2, \cdots, \lambda_n\}$。将特征向量连接成一个矩阵 V，使得每一列是一个特征向量：

$$V = \{v^{(1)}, v^{(2)}, \cdots, v^{(n)}\}$$

类似地，也可以将特征值连接成一个向量 $\lambda = \{\lambda_1, \lambda_2, \cdots, \lambda_n\}^T$。因此矩阵 A 的特征分解可以记作如下形式：

$$A = V \operatorname{diag}(\lambda) V^{-1} \tag{2-10}$$

构建具有特定特征值和特征向量的矩阵，能够在目标方向上延伸空间。然而，也常常希望将矩阵分解成特征值和特征向量，这样可以帮助分析矩阵的特定性质，就像质因数分解有助于理解整数一样。但是，并不是每一个矩阵都可以分解成特征值和特征向量，在某些情况下，特征分解存在，但是会涉及复数而非实数。幸运的是，在本书中，通常只需要分解一类有简单分解的矩阵。具体来讲，每个实对称矩阵都可以分解成实特征向量和实特征值，即

$$A = Q\Lambda Q^T \tag{2-11}$$

式中，Q 为由 A 的特征向量组成的正交矩阵，Λ 为对角矩阵。特征值 $\Lambda_{i,i}$ 对应的特征向量是

矩阵 Q 的第 i 列，记作 $Q_{:,i}$。因为 Q 是正交矩阵，所以可以将 A 看作沿方向 $v^{(i)}$ 延展 λ_i 倍的空间。

虽然任意一个实对称矩阵 A 都有特征分解，但是特征分解可能并不唯一。如果两个或多个特征向量拥有相同的特征值，那么在由这些特征向量产生的生成子空间中，任意一组正交向量都是该特征值对应的特征向量。因此，可以从这些等价特征向量中构成 Q 作为替代。按照惯例，通常按降序排列 Λ 的元素。在该约定下，特征分解唯一当且仅当所有的特征值都是唯一的。

矩阵是奇异的当且仅当矩阵中含有零特征值。实对称矩阵的特征分解也可以用于优化二次方程 $f(x) = x^T A x$，其中限制 $\|x\| = 1$。当 x 等于 A 的某个特征向量时，$f(x)$ 将返回对应的特征值。在限制条件下，函数 $f(x)$ 的最大值是最大特征值，最小值是最小特征值。

所有特征值都是正数的矩阵被称为正定矩阵；所有特征值都是非负数的矩阵被称为半正定矩阵。同样，所有特征值都是负数的矩阵被称为负定矩阵。

2.1.5 奇异值分解

2.1.4 节探讨了如何将矩阵分解成特征向量和特征值。还有另一种分解矩阵的方法，称为奇异值分解，即将矩阵分解为奇异向量和奇异值。通过奇异值分解，会得到一些与特征分解相同类型的信息。然而，奇异值分解有更广泛的应用。每个实数矩阵都有一个奇异值分解，但不一定都有特征分解。例如，非方阵的矩阵没有特征分解，这时只能使用奇异值分解。

用特征分解去分析矩阵 A 时，得到特征向量构成的矩阵 V 和特征值构成的向量 λ，可以重新将 A 写为 $A = V \operatorname{diag}(\lambda) V^{-1}$，即式（2-10）的形式。

奇异值分解是类似的，只不过本次将矩阵 A 分解成三个矩阵的乘积：

$$A = UDV^T \tag{2-12}$$

假设 A 是一个 $m \times n$ 的矩阵，那么 U 是一个 $m \times m$ 的矩阵，D 是一个 $m \times n$ 的矩阵，V 是一个 $n \times n$ 矩阵。

这些矩阵经定义后都拥有特殊的结构。矩阵 U 和 V 都定义为正交矩阵，而矩阵 D 定义为对角矩阵。注意，矩阵 D 不一定是方阵。对角矩阵 D 对角线上的元素被称为矩阵 A 的奇异值。矩阵 U 的列向量被称为左奇异向量，矩阵 V 的列向量被称为右奇异向量。

事实上，可以用与 A 相关的特征分解去解释 A 的奇异值分解。A 的左奇异向量是 AA^T 的特征向量。A 的右奇异向量是 $A^T A$ 的特征向量。A 的非零奇异值是 $A^T A$ 特征值的平方根，同时也是 AA^T 特征值的平方根。奇异值分解最有用的一个性质可能是拓展矩阵求逆到非方矩阵上。

2.1.6 Moore-Penrose 伪逆

对于非方矩阵而言，其逆矩阵没有定义。假设在下面的问题中，希望通过矩阵 A 的左逆矩阵 B 求解线性方程，即

$$Ax = y \tag{2-13}$$

等式两边左乘左逆矩阵 B 后，结果为

$$x = By \tag{2-14}$$

取决于问题的形式，可能无法设计一个唯一的映射将 A 映射到 B。如果矩阵 A 的行数

大于列数，那么上述方程可能没有解。如果矩阵 A 的行数小于列数，那么上述矩阵可能有多个解。

Moore-Penrose 伪逆使这类问题取得了一定的进展。矩阵 A 的伪逆定义为

$$A^+ = \lim_{\alpha \searrow 0} \left(A^T A + \alpha I\right)^{-1} A^T \tag{2-15}$$

计算伪逆的实际算法没有基于这个定义，而是使用

$$A^+ = V D^+ U^T \tag{2-16}$$

式中，矩阵 U、D 和 V 是矩阵 A 奇异值分解后得到的矩阵。对角矩阵 D 的伪逆 D^+ 是其非零元素取倒数之后再转置得到的。当矩阵 A 的列数多于行数时，使用伪逆求解线性方程是众多可能解法中的一种。$x = A^+ y$ 是方程所有可行解中欧几里得范数 $\|x\|$ 最小的一个。当矩阵 A 的行数多于列数时，可能没有解。在这种情况下，通过伪逆得到的 x 使得 Ax 和 y 的欧几里得距离 $\|Ax - y\|_2$ 最小。

2.1.7　迹运算

迹运算返回的是矩阵对角元素的和：

$$\mathrm{Tr}(A) = \sum_i A_{i,i} \tag{2-17}$$

在矩阵运算中，若不使用求和符号，有些运算很难被描述出来，而这些很难被描述出来的内容通过矩阵乘法和迹运算符号都可以清楚地表示出来。例如，迹运算提供了另一种描述矩阵 Frobenius 范数的方式，即

$$\|A\|_F = \sqrt{\mathrm{Tr}\left(AA^T\right)} \tag{2-18}$$

此外，还可以利用迹运算使用很多有用的等式巧妙地处理表达式。例如，迹运算在转置运算下是不变的，即

$$\mathrm{Tr}(A) = \mathrm{Tr}\left(A^T\right) \tag{2-19}$$

多个矩阵相乘得到方阵的迹，与将这些矩阵中的最后一个挪到最前面之后相乘的迹是相同的。即使循环置换后矩阵乘积得到的矩阵形状变了，迹运算的结果依然不变。另一个有用的事实是标量在迹运算后仍然是它自己。

2.2　概　　率

概率论是用于表示不确定性声明的数学框架。它不仅提供了量化不确定性的方法，也提供了用于导出新的不确定性声明的公理。在人工智能领域，概率论主要有两种用途。首先，概率法则告诉 AI 系统如何推理，据此设计一些算法来计算或估算由概率论导出的表达式。其次，可以用概率和统计从理论上分析提出的 AI 系统的行为。概率论是众多科学学科和工程学科的基本工具。概率论能够提出不确定的声明以及在不确定性存在的情况下进行推理，而信息论能够量化概率分布中的不确定性总量。

2.2.1　概率概念

计算机科学许多分支处理的实体大部分都是完全确定且必然的。程序员通常可以假定

中央处理器（central processing unit，CPU）将完美地执行每条机器指令。虽然硬件错误确实会发生，但它们足够罕见，以至于大部分软件应用在设计时并不需要考虑这些因素的影响。鉴于许多计算机科学家和软件工程师在一个相对干净和确定的环境中工作，机器学习对于概率论的大量使用是令人震惊的。

1. 概率

机器学习通常必须处理不确定量，有时也可能需要处理随机（非确定性的）量。不确定性和随机性可能来自多个方面。至少从 20 世纪 80 年代开始，研究人员就对使用概率论来量化不确定性提出了令人信服的论据。

几乎所有的活动都需要有在不确定性存在的情况下进行推理的能力。事实上，除了那些被定义为真的数学声明，很难认定某个命题是千真万确的或者确保某件事一定会发生。不确定性有以下三种可能。

（1）被建模系统内在的随机性。例如，大多数量子力学的解释，都将亚原子粒子的动力学描述为概率。还可以创建一些假设具有随机动态的理论情境，例如，一个假想的纸牌游戏，在这个游戏中假设纸牌被真正混洗成了随机顺序。

（2）不完全观测。即使是确定的系统，当不能观测到所有驱动系统行为的变量时，该系统也会呈现随机性。例如，在 Monty Hall 问题中，一个游戏节目的参与者被要求在三个门之间进行选择，并且会赢得放置在选中门后的奖品，其中的两扇门通向山羊，第三扇门通向一辆汽车。选手的每个选择所导致的结果是确定的，但是站在选手的角度，结果是不确定的。

（3）不完全建模。当使用一些必须舍弃某些观测信息的模型时，舍弃的信息会导致模型的预测出现不确定性。例如，假设制作一个机器人，它可以准确地观察周围每一个对象的位置。在对这些对象将来的位置进行预测时，如果机器人采用的是离散化的空间，那么离散化的方法将使得机器人无法确定对象的精确位置：因为每个对象都可能处于它被观测到的离散单元的任何一个角落。

在很多情况下，使用一些简单而不确定的规则要比复杂而确定的规则更为实用，即使真正的规则是确定的并且建模的系统可以足够精确地容纳复杂的规则。

尽管需要一种用以对不确定性进行表示和推理的方法，但是概率论并不能明显地提供在人工智能领域需要的所有工具。概率论最初的发展是为了分析事件发生的频率。例如，一个事件 A 发生的概率是 p，那么 p 意味着如果反复进行一个实验无限次，有 p 的概率可能会发生事件 A。就像掷色子，如果说掷出 6 点的概率为 1/6，那么反复掷色子 100 次或 1000 次，掷出 6 点的次数就会接近掷色子次数的 1/6。但是，这种推理似乎并不适用于那些不可重复的命题。例如，如果一个医生诊断了病人，并说该病人患流感的概率为 40%，这意味着非常不同的事情——既不能让病人有无穷多的副本，也没有任何理由去相信病人的不同副本在具有不同的潜在条件下表现出相同的症状。在医生诊断病人的例子中，用概率来表示一种信任度，其中 1 表示非常肯定病人患有流感，而 0 表示非常肯定病人没有流感。上述两个例子中的前者，直接与事件发生的频率相联系，被称为频率派概率；而后者，涉及确定性水平，被称为贝叶斯概率。

关于不确定性的常识推理，如果已经列出了若干条期望它具有的性质，那么满足这些性质的唯一一种方法就是将贝叶斯概率和频率派概率视为等同的。例如，如果要在扑克牌游戏中根据玩家手上的牌计算他能够获胜的概率，可以使用和医生情境完全相同的公式，就是依据病人的某些症状计算他是否患病的概率。

概率可以被看作用于处理不确定性的逻辑扩展。逻辑提供了一套形式化的规则，可以在给定某些命题是真或假的假设下，判断另外一些命题是真还是假。概率论提供了一套形式化的规则，可以在给定一些命题的似然后，计算其他命题为真的似然。

2. 随机变量

随机变量是可以随机取不同值的变量。通常用无格式字体中的小写字母来表示随机变量本身，而用手写体中的小写字母来表示随机变量可能的取值。例如，x_1 和 x_2 都是随机变量 x 可能的取值。对于向量值变量，会将随机变量写成 **x**，它的一个可能取值为 **x**。就其本身而言，一个随机变量只是对可能的状态的描述，它必须伴随着一个概率分布来指定每个状态的可能性。

随机变量可以是离散的或连续的。离散随机变量拥有有限或无限的状态。要注意，这些状态不一定是整数，它们也可能只是一些被命名的状态而没有数值。连续随机变量伴随着实数值。

2.2.2 概率特征

概率分布用来描述一个随机变量或一簇随机变量取得某个状态的可能性的大小。描述概率分布的方式取决于随机变量是离散的还是连续的。

1. 离散型随机变量和概率质量函数

离散型随机变量的概率分布可以用概率质量函数（probability mass function，PMF）来描述。通常用大写字母 P 来表示概率质量函数。每一个随机变量都会有一个不同的概率质量函数，读者必须根据随机变量来推断所使用的 PMF，而不是根据函数的名称来推断。例如，$P(x)$ 和 $P(y)$ 不同。

概率质量函数将离散型随机变量能够取得的每个状态映射到随机变量取得该状态的概率。x = x 的概率用 $P(x)$ 来表示，概率为 1 表示 x = x 是确定的，概率为 0 表示 x = x 是不可能发生的。有时为了使 PMF 的使用不相互混淆，会明确写出随机变量的名称 $P(x = x)$。有时也会先定义一个随机变量，再用~符号来说明它遵循的分布，如 x ~ $P(x)$。

概率质量函数可以同时作用于多个随机变量。这种多个变量的概率分布被称为联合概率分布。$P(x = x; y = y)$ 表示 x = x 和 y = y 同时发生的概率，也可以简写为 $P(x; y)$。如果一个函数 P 是离散型随机变量 x 的 PMF，则它必须满足以下几个条件。

（1）$P(x)$ 的定义域必须是 x 所有可能状态的集合。

（2）$0 \leqslant P(x) \leqslant 1$，不可能发生的事件概率为 0，并且不存在比这个概率更低的状态。类似的，一定能够发生的事件概率为 1，并且不存在比这个概率更高的状态。

（3）$\sum P(x) = 1$，把这条性质称为归一化的（normalized）。如果没有这条性质，当计算很多事件其中之一发生的概率时可能会得到大于 1 的概率。

2. 连续型随机变量和概率密度函数

当研究的对象是连续型随机变量时,用概率密度函数(probability density function,PDF)而不是概率质量函数来描述它的概率分布。通常用小写字母 p 来表示概率密度函数。如果一个函数 $p(x)$ 是概率密度函数,则它必须满足以下几个条件。

(1) $p(x)$ 的定义域必须是 x 所有可能状态的集合。

(2) $p(x) \geq 0$,注意,并不要求 $p(x) \leq 1$。

(3) $\int p(x)\mathrm{d}x = 1$。

概率密度函数 $p(x)$ 并没有直接对特定的状态给出概率,而是给出了落在大小为 δx 的无限小的区域内的概率 $p(x)\delta x$。

对概率密度函数求积分来获得点集的真实概率质量。x 落在集合中的概率可以通过 $p(x)$ 对这个集合求积分来得到。在单变量的例子中,x 落在区间[a, b]的概率是 $\int_{[a, b]} p(x)\mathrm{d}x$。

3. 边缘概率

有时候,知道一组变量的联合概率分布,但想要了解其中一个子集的概率分布。这种定义在子集上的概率分布被称为边缘概率分布。

假设有离散型随机变量 x 和 y,并且知道 $P(x; y)$。可以依据下式求和法则计算 $P(x)$:

$$\forall x \in \mathrm{x}, \quad P(\mathrm{x} = x) = \sum_y P(\mathrm{x} = x; \mathrm{y} = y) \tag{2-20}$$

边缘概率的名称来源于手算边缘概率的计算过程。当 $P(x; y)$ 的每个值被写在由每行表示不同的 x 值、每列表示不同的 y 值形成的网格中时,对网格中的每行求和,然后将求和的结果 $P(x)$ 写在每行右边的纸的边缘处。对于连续型变量,需要用积分替代求和,即

$$p(x) = \int p(x, y)\mathrm{d}y \tag{2-21}$$

4. 条件概率

在很多情况下,给定其他事件发生时出现的概率叫作条件概率。例如,将给定离散型随机变量x = x 时,y = y 发生的条件概率记为 $P(\mathrm{y} = y | \mathrm{x} = x)$。这个条件概率可以通过下式实现:

$$P(\mathrm{y} = y | \mathrm{x} = x) = \frac{P(\mathrm{y} = y; \mathrm{x} = x)}{P(\mathrm{x} = x)} \tag{2-22}$$

条件概率只在 $P(\mathrm{x} = x) > 0$ 时有定义,不能计算给定在永远不会发生的事件上的条件概率。任何多维随机变量的联合概率分布,都可以分解成只有一个变量的条件概率相乘的形式,即

$$P\left(\mathrm{x}^{(1)}, \mathrm{x}^{(2)}, \cdots, \mathrm{x}^{(n)}\right) = P\left(\mathrm{x}^{(1)}\right) \prod_{i=2}^{n} P\left(\mathrm{x}^{(i)} | \mathrm{x}^{(1)}, \mathrm{x}^{(2)}, \cdots, \mathrm{x}^{(i-1)}\right) \tag{2-23}$$

这个规则被称为概率的链式法则或乘法法则,它可以直接从条件概率的定义中得到。

5. 独立性和条件独立性

两个连续型随机变量 x 和 y,如果它们的概率分布可以表示成两个因子的乘积形式,并且一个因子只包含 x,另一个因子只包含 y,则称这两个随机变量是相互独立的,即

$$\forall x \in \mathrm{x}, y \in \mathrm{y}, \quad p(\mathrm{x}=x; \mathrm{y}=y) = p(\mathrm{x}=x) \cdot p(\mathrm{y}=y) \tag{2-24}$$

如果关于随机变量 x 和 y 的条件概率分布对于随机变量 z 的每一个值都可以写成乘积的形式，那么这两个随机变量 x 和 y 在给定随机变量 z 时是条件独立的，即

$$\forall x \in \mathrm{x}, y \in \mathrm{y}, z \in \mathrm{z}, \quad p(\mathrm{x}=x; \mathrm{y}=y \mid \mathrm{z}=z) = p(\mathrm{x}=x \mid \mathrm{z}=z) \cdot p(\mathrm{y}=y \mid \mathrm{z}=z) \tag{2-25}$$

6. 期望、方差和协方差

函数 $f(x)$ 关于某分布 $P(x)$ 的期望或者期望值是指当 x 由 P 产生，f 作用于 x 时，$f(x)$ 的平均值。对于离散型随机变量，可以通过求和得到结果：

$$\mathbb{E}_{\mathrm{x} \sim P}[f(x)] = \sum_x P(x) f(x) \tag{2-26}$$

对于连续型随机变量可以通过求积分得到：

$$\mathbb{E}_{\mathrm{x} \sim P}[f(x)] = \int p(x) f(x) \mathrm{d}x \tag{2-27}$$

当概率分布在上下文中指明时，可以只写出期望作用的随机变量的名称来进行简化，如 $\mathbb{E}_x[f(x)]$。如果期望作用的随机变量也很明确，可以完全不写脚标，如 $\mathbb{E}[f(x)]$。默认假设 $\mathbb{E}[\cdot]$ 表示对方括号内的所有随机变量的值求平均。当没有歧义时，还可以省略方括号。

方差衡量的是对 x 依据它的概率分布进行采样时，随机变量 x 的函数值会呈现多大的差异，即

$$\mathrm{Var}(f(x)) = \mathbb{E}\left[\left(f(x) - \mathbb{E}[f(x)]\right)^2\right] \tag{2-28}$$

当方差很小时，$f(x)$ 的值形成的簇比较接近它们的期望值。方差的平方根被称为标准差。

协方差在某种意义上给出了两个变量线性相关性的强度以及这些变量的尺度：

$$\mathrm{Cov}(f(x), g(y)) = \mathbb{E}\left[\left(f(x) - \mathbb{E}[f(x)]\right)\left(g(y) - \mathbb{E}[g(y)]\right)\right] \tag{2-29}$$

协方差的绝对值如果很大，则意味着变量值变化很大，并且它们同时距离各自的均值很远。如果协方差是正的，那么两个变量都倾向于同时取得相对较大的值。如果协方差是负的，那么其中一个变量倾向于取得相对较大的值的同时，另一个变量倾向于取得相对较小的值，反之亦然。其他的衡量指标如相关系数将每个变量的贡献归一化，是为了只衡量变量的相关性而不受各个变量尺度大小的影响。

协方差和相关性是有联系的，但实际上是不同的概念。它们有联系，因为两个变量如果相互独立，那么它们的协方差为零，如果两个变量的协方差不为零，那么它们一定是相关的。然而，独立性又是和协方差完全不同的性质。如果两个变量的协方差为零，它们之间一定没有线性关系。独立性比零协方差的要求更强，因为独立性还排除了非线性的关系。两个变量相互依赖但具有零协方差是可能的。

2.3 信 息 论

信息论是应用数学的一个分支，主要研究的是对一个信号包含信息的多少进行量化。它最初被发明是用来研究在一个含有噪声的信道上用离散的字母表来发送消息，如通过无线电传输来通信。在这种情况下，信息论指明了如何对消息设计最优编码以及计算消息的期望长度，这些消息是使用多种不同编码机制、从特定的概率分布上采样得到的。在机

学习中，也可以把信息论应用于连续型变量，此时某些消息长度的解释不再适用。信息论是电子工程和计算机科学中许多领域的基础。在本书中，主要使用信息论的一些关键思想来描述概率分布或者量化概率分布之间的相似性。

信息论的基本想法是一个不太可能发生的事件居然发生了，要比一个非常可能发生的事件发生能提供更多的信息。例如，一条消息说"今天早上太阳升起"信息量是如此之少以至于没有必要发送，但另一条消息说"今天早上有日食"信息量就很丰富。

人们通常想要通过这种基本想法来量化信息。

（1）经常可能发生的事件所包含的信息量比较少，并且在极端情况下，确保能够发生的事件应该没有信息量。

（2）较不可能发生的事件包含更多的信息量。

（3）独立事件应具有增量的信息。例如，投掷的硬币两次正面朝上传递的信息量，应该是投掷一次硬币正面朝上的信息量的两倍。

为了满足上述三个性质，定义一个事件 x = x 的自信息（用于衡量单一事件发生时所包含的信息量的多少）为

$$I(x) = -\log P(x) \tag{2-30}$$

使用 log 表示自然对数时，其符号为 ln，底数为 e。因此，定义的 $I(x)$ 单位是奈特（nat），1 奈特是以 1/e 的概率观测到一个事件时获得的信息量。使用底数为 2 的对数时，单位是比特（bit），比特度量的信息是通过奈特度量的信息的常数倍。

当随机变量 x 连续时，使用类似关于信息的定义时有些来源于离散形式的性质就丢失了。例如，一个具有单位密度的事件信息量仍然为 0，但是不能保证它一定发生。

自信息只处理单个输出。可以用熵对整个概率分布中的不确定性总量进行量化：

$$H(\mathrm{x}) = \mathbb{E}_{\mathrm{x} \sim P}[I(x)] = -\mathbb{E}_{\mathrm{x} \sim P}[\log P(x)] \tag{2-31}$$

该量化也记作 $H(P)$。换言之，一个分布的香农熵是指遵循这个分布的事件所产生的期望信息总量。它给出了对依据概率分布 $P(x)$ 生成的符号进行编码所需的比特数在平均意义上的下界（当对数底数不是 2 时，单位将有所不同）。那些接近确定性的分布（输出几乎可以确定）具有较低的熵；那些接近均匀分布的概率分布具有较高的熵。

二值随机变量的香农熵示意如图 2-1 所示。该图说明了更接近确定性的分布是如何具

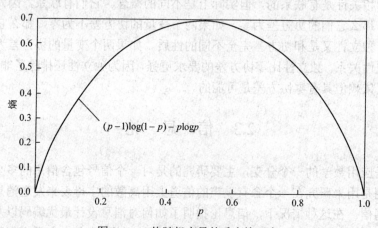

图 2-1　二值随机变量的香农熵示意

有较低香农熵的，而更接近均匀分布的分布是如何具有较高香农熵的。图中水平轴是概率 p，表示二值随机变量等于 1 的概率。熵由 $(p-1)\log(1-p) - p\log p$ 给出。当 p 接近 0 时，分布几乎是确定的，因为随机变量几乎总是 0。当 p 接近 1 时，分布也几乎是确定的，因为随机变量几乎总是 1。当 $p = 0.5$ 时，熵是最大的，因为分布在两个结果（0 和 1）上是均匀的。

如果对于同一个随机变量 x 有两个单独的概率分布 $P(x)$ 和 $Q(x)$，可以使用库尔贝克-莱布勒散度（Kullback-Leibler divergence，KL 散度）来衡量这两个分布的差异，即

$$D_{KL}(P \| Q) = \mathbb{E}_{x \sim P}\left[\log \frac{P(x)}{Q(x)}\right] = \mathbb{E}_{x \sim P}[\log P(x) - \log Q(x)] \qquad (2\text{-}32)$$

在离散型随机变量的情况下，KL 散度衡量是用一种被设计成能够使概率分布 $Q(x)$ 产生消息的长度中最小的编码，发送包含由概率分布 $P(x)$ 产生的符号的消息时，所需要的额外信息量（如果使用底数为 2 的对数，则信息量用比特衡量，但在机器学习中，通常使用自然对数用奈特衡量）。

KL 散度有很多有用的性质，最重要的是它是非负的。KL 散度为 0 当且仅当 $P(x)$ 和 $Q(x)$ 在离散型随机变量的情况下分布是相同的，或者在连续型随机变量的情况下分布是"几乎处处"相同的。因为 KL 散度是非负的并且衡量的是两个分布之间的差异，它经常被用作衡量分布之间的某种距离。然而，它并不是真的距离，因为它不是对称的：对于某些 $P(x)$ 和 $Q(x)$，$D_{KL}(P \| Q) \neq D_{KL}(Q \| P)$。这种非对称性意味着选择 $D_{KL}(P \| Q)$ 还是 $D_{KL}(Q \| P)$ 对结果的影响很大。

例如，假设连续型随机变量 x 有一个分布 $p(x)$，并且希望用 x 另一个分布 $q(x)$ 来近似它，可以选择最小化 $D_{KL}(p \| q)$ 或最小化 $D_{KL}(q \| p)$。为了说明每种选择的效果，令 $p(x)$ 是两个高斯分布的混合，令 $q(x)$ 为单个高斯分布。选择使用 KL 散度的哪个方向是取决于问题本身的。一些应用需要近似分布 $q(x)$ 在真实分布 $p(x)$ 放置高概率的所有地方都放置高概率，而其他应用需要近似分布 $q(x)$ 在真实分布 $p(x)$ 放置低概率的所有地方都很少放置高概率。KL 散度方向的选择反映了对于每种应用，优先考虑哪一种选择。图 2-2（a）所示为最小化 $D_{KL}(p \| q)$ 的效果。在这种情况下，选择一个 $q(x)$ 使得它在 $p(x)$ 具有高概率的地方具有高概率。当 $p(x)$ 具有多个峰时，$q(x)$ 选择将这些峰模糊到一起，以便将高概率密度放到所有峰上。图 2-2（b）所示为最小化 $D_{KL}(q \| p)$ 的效果。在这种情况下，选择一个 $q(x)$ 使得它在 $p(x)$ 具有低概率的地方具有低概率。当 $p(x)$ 具有多个峰并且这些峰之间间隔很宽时，最小化 KL 散度会选择单个峰，以避免将概率密度放置在 $p(x)$ 的多个峰之间的低概率区域中。这说明当 $q(x)$ 被选择成强调左边峰时的结果也可以通过选择右边峰来得到 KL 散度相同的值。如果这些峰没有被足够强的低概率区域分离，那么 KL 散度的方向仍然可能选择模糊这些峰。

一个和 KL 散度密切联系的量是交叉熵 $H(P,Q) = H(P) + D_{KL}(P \| Q)$，它和 KL 散度很像但是缺少左边一项，即

$$H(P,Q) = -\mathbb{E}_{x \sim P} \log Q(x) \qquad (2\text{-}33)$$

针对 $Q(x)$ 的最小化交叉熵等价于最小化 KL 散度，因为 $Q(x)$ 并不参与被省略的那一项。当计算这些量时，经常会遇到 $0\log 0$ 这个表达式，按照惯例，在信息论中，将这个表达式处理为 0。

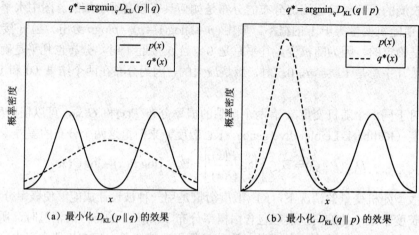

（a）最小化 $D_{KL}(p \| q)$ 的效果　　　　　（b）最小化 $D_{KL}(q \| p)$ 的效果

图 2-2　KL 散度是不对称

2.4　数　值　计　算

机器学习算法通常需要大量的数值计算，即通过迭代过程更新解的估计值来解决数学问题，而不是通过解析过程推导出公式来提供正确解的方法。常见的操作包括优化（找到最小化或最大化函数值的参数）和线性方程组的求解。对数字计算机来说，实数无法在有限的内存下精确表示，因此，仅仅是计算涉及实数的函数也是困难的。

1. 上溢和下溢

连续数学在数字计算机上的根本困难是需要通过有限数量的位模式来表示无限多的实数。这意味着在计算机中表示实数时，几乎总会引入一些近似误差，如舍入误差。舍入误差会导致一些问题，特别是当许多操作复合时，即使是理论上可行的算法，如果在设计时没有考虑最小化舍入误差的累积，在实践时也可能会导致算法失效。

一种极具毁灭性的舍入误差是下溢。当接近零的数被四舍五入为零时会发生下溢。许多函数在其参数为零而不是一个很小的正数时才会表现出质的不同。例如，一些软件环境将在被零除情况下抛出异常，有些会返回一个非数字或避免取零的对数（通常被视为$-\infty$，进一步的算术运算会使其变成非数字）。

另一种极具破坏力的数值错误形式是上溢。当大量级的数被近似为∞或$-\infty$时会发生上溢。进一步的算术运算通常会导致这些无限值变为非数字。

必须对上溢和下溢进行数值稳定的一个例子是 Softmax 函数，Softmax 函数经常用于预测与 Multinoulli 分布相关联的概率，定义如下：

$$\text{Softmax}(\boldsymbol{x})_i = \frac{\exp(x_i)}{\sum_{j=1}^{n}\exp(x_j)} \tag{2-34}$$

当所有 x_i 都等于某个常数 c 时，从理论分析可以发现，所有的输出都应该为 $1/n$。从数值计算来看，当 c 量级很大时，这可能不会发生。如果 c 是很小的负数，$\exp(c)$ 就会下溢。

这意味着 Softmax 函数的分母会变成 0，因此最后的结果是未定义的。当 c 是非常大的正数时，$\exp(c)$ 的上溢再次导致整个表达式未定义。这两个困难能通过计算 $\text{Softmax}(z)$ 同时解决，其中 $z = x - \max_i x_i$。

简单的代数计算表明，Softmax 解析上的函数值不会因为从输入向量减去或加上标量而改变。减去 $\max_i x_i$ 导致 $\exp(\cdot)$ 的最大参数为 0，这排除了上溢的可能性。同样，分母中至少有一个值为 1 的项，这就排除了因分母下溢而导致被零除的可能性。另外，分子中的下溢仍可能导致整体表达式被计算为 0。这意味着，如果在计算 logSoftmax 函数时，先计算 Softmax 函数再把结果传给 log 函数，会错误地得到 $-\infty$。相反，必须实现一个单独的函数，并以数值稳定的方式计算 logSoftmax 函数，可以使用相同的技巧来稳定 logSoftmax 函数。

2. 病态条件

条件数通常被用于表征函数相对于输入的微小变化而变化的快慢程度。输入被轻微扰动而迅速改变的函数对于科学计算来说可能是有问题的，因为输入中的舍入误差可能导致输出的巨大变化。考虑函数 $f(x) = A^{-1}x$，当 $A \in \mathbb{R}^{n \times n}$ 具有特征值分解时，其条件数为

$$\max_{i,j} \left| \frac{\lambda_i}{\lambda_j} \right| \tag{2-35}$$

这是最大特征值和最小特征值的模之比。当该数很大时，矩阵求逆对输入的误差特别敏感。这种敏感性是矩阵本身的固有特性，而不是矩阵求逆期间舍入误差的结果。即使乘以完全正确的逆矩阵，病态条件的矩阵也会放大预先存在的误差。在实践中，该错误将与求逆过程本身的数值误差进一步复合。

3. 基于梯度的优化方法

大多数深度学习算法都涉及某种形式的优化。优化指的是改变 x 以最小化或最大化某个函数 $f(x)$ 的任务。通常以最小化 $f(x)$ 指代大多数最优化问题，最大化可经由最小化算法最小化 $-f(x)$ 来实现。

将最小化或最大化的函数称为目标函数或准则。当对其进行最小化时，把它称为代价函数、损失函数或误差函数。虽然有些机器学习著作赋予这些名称特殊的意义，但在一般情况可以交替使用这些术语。通常使用一个上标星号表示最小化或最大化函数的 x 值，记作 $x^* = \text{argmin} f(x)$。

这里先简要回顾微积分概念如何与优化联系。有一个函数 $y = f(x)$，其中 x 和 y 是实数。这个函数的导数记为 $f'(x)$ 或 $\mathrm{d}y/\mathrm{d}x$。导数 $f'(x)$ 代表 $f(x)$ 在点 x 处的斜率。换句话说，它表明如何缩放输入的小变化才能在输出获得相应的变化 $f(x + \epsilon) \approx f(x) + \epsilon f'(x)$。

因此，导数对于最小化一个函数很有用，它表明如何通过更改 x 来略微地改善 y。例如，对于足够小的 ϵ 来说，$f(x - \epsilon \text{sign}(f'(x)))$ 是比 $f(x)$ 小的，因此，可以将 x 往导数的反方向移动一小步来减小 $f(x)$。这种技术被称为梯度下降，如图 2-3 所示。

当 $f'(x) = 0$ 时，导数无法提供往哪个方向移动的信息。$f'(x) = 0$ 的点称为临界点或驻点。一个局部极小点意味着这个点的 $f(x)$ 小于所有邻近点，因此不可能通过移动无穷小的步长来减小 $f(x)$。一个局部极大点意味着这个点的 $f(x)$ 大于所有邻近点，因此不可能通过

移动无穷小的步长来增大 $f(x)$。有些临界点既不是最小点也不是最大点，这些点被称为鞍点。图 2-4 给出了各种临界点的例子，分别为最小点、最大点和鞍点。

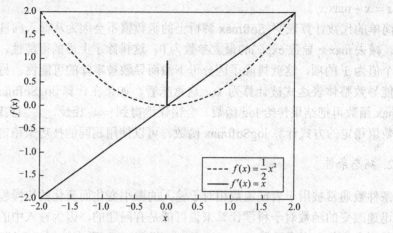

图 2-3　梯度下降示意图

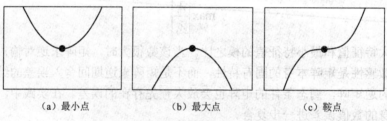

（a）最小点　　　　　　（b）最大点　　　　　　（c）鞍点

图 2-4　临界点示意图

使 $f(x)$ 取绝对最小值（相对所有其他值）的点是全局最小点。函数中可能只有一个全局最小点或存在多个全局最小点，还可能存在不是全局最优的局部极小点。在深度学习的背景下，要优化的函数可能含有很多不是全局最优的局部极小点，或者还有很多处于非常平坦的区域内的鞍点。尤其当输入是多维数据的时候，将使优化变得困难。因此，通常寻找使 $f(x)$ 非常小的点，但这在任何形式意义下并不一定是最小点，如图 2-5 所示。

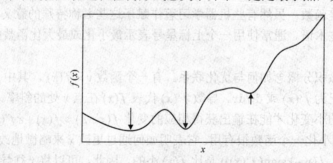

图 2-5　局部最优与全局最优

当存在多个局部极小点或平坦区域时，优化算法可能无法找到全局最小点。在深度学习的背景下，即使找到的解不是全局最小点，但只要它们对应于代价函数显著低的值，通常就能接受这样的解。

最小化具有多维输入的函数，为了使最小化的概念有意义，输出必须是一维的标量。

针对具有多维输入的函数，需要用到偏导数的概念。例如，在衡量点 x 处只有 x_i 增加时，$f(x)$ 将如何变化。梯度是相对于一个向量求导的导数：$f(x)$ 的导数是包含所有偏导数的向量，记为 $\nabla_x f(x)$。梯度的第 i 个元素是 $f(x)$ 关于 x_i 的偏导数。在多维情况下，临界点是梯度中所有元素都为零的点。

为了最小化 $f(x)$，希望找到使 $f(x)$ 下降得最快的方向。计算方向导数如下：

$$\min_{u,u^{\mathrm{T}}u=1} u^{\mathrm{T}}\nabla_x f(x) = \min_{u,u^{\mathrm{T}}u=1} \| u \| \| \nabla_x f(x) \| \cos\theta \qquad (2\text{-}36)$$

式中，θ 为 u 与梯度的夹角。将 $\| u \|=1$ 代入，并忽略与 u 无关的项，就能简化得到 $\min(\cos\theta)$（在 u 与梯度方向相反时取得最小值）。换句话说，梯度向量指向上坡，负梯度向量指向下坡。在负梯度方向上移动可以减小 $f(x)$，被称为最速下降法或梯度下降法。最速下降法新点公式如下：

$$x' = x - \epsilon \nabla_x f(x) \qquad (2\text{-}37)$$

式中，ϵ 为学习率，是一个确定步长大小的正标量。可以通过几种不同的方式选择 ϵ：普遍的方式是选择一个小常数；有时通过计算，选择使方向导数消失的步长；还有一种方法是根据几个 ϵ 计算 $f(x-\epsilon\nabla_x f(x))$，并选择其中能产生最小目标函数值的 ϵ，这种策略被称为线搜索。

最速下降法在梯度的每一个元素为零时或在实践中很接近零时收敛。在某些情况下，也许能够避免运行该迭代算法，并通过解方程 $\nabla_x f(x)=0$ 直接跳到临界点。

虽然梯度下降法被限制在连续空间中优化问题，但不断向更好的情况移动一小步（即近似最佳的小移动）的一般概念可以推广到离散空间。递增带有离散参数的目标函数被称为爬山算法。

4. 约束优化

在 x 的所有可能值下最大化或最小化一个函数 $f(x)$ 并不是目标。相反，更希望在 x 的某些集合中找 $f(x)$ 的最大值或最小值，这被称为约束优化。在约束优化术语中，集合内的点 x 被称为可行点。

通常希望找到在某种意义上小的解。针对这种情况的常见方法是强加一个范数约束，如 $\| x \| \leqslant 1$。

约束优化的一个简单方法是将约束考虑在内后简单地对梯度下降法进行修改。如果使用一个小的恒定步长 ϵ，可以先取梯度下降的单步结果，然后将结果投影回原来的集合。如果使用线搜索，只能在步长为 ϵ 的范围内搜索可行的新 x 点，或者可以将线上的每个点投影到约束区域。如果可能的话，在梯度下降或线搜索前将梯度投影到可行域的切空间会更高效。

KKT（Karush-Kuhn-Tucker）方法是针对约束优化的通用解决方案。为介绍 KKT 方法，这里引入一个称为广义拉格朗日的新函数。

为了定义广义拉格朗日函数，先通过等式和不等式的形式描述集合 S。通过 m 个函数 $g^{(i)}$ 和 n 个函数 $h^{(j)}$ 描述 S，S 可以表示为

$$S = \left\{ x \mid g^{(i)}(x)=0; h^{(j)}(x) \leqslant 0 \right\}$$

式中，涉及 $g^{(i)}$ 的等式称为等式约束，涉及 $h^{(j)}$ 的不等式称为不等式约束。为每个约束引入

新的变量 λ_i 和 α_j，这些新变量被称为 KKT 乘子。广义拉格朗日函数定义如下：

$$L(x,\lambda,\alpha) = f(x) + \sum_i \lambda_i g^{(i)}(x) + \sum_j \alpha_j h^{(j)}(x) \qquad (2\text{-}38)$$

现在，可以通过优化无约束的广义拉格朗日函数解决约束最小化问题。只需要存在至少一个可行点且 $f(x)$ 不允许取 ∞，即

$$\min_x \max_\lambda \max_{\alpha,\alpha \geq 0} L(x,\lambda,\alpha) \qquad (2\text{-}39)$$

式（2-39）与下式有相同的最优目标函数值和最优点集 x。

$$\min_{x \in \mathbb{S}} f(x) \qquad (2\text{-}40)$$

这是因为当约束满足

$$\max_\lambda \max_{\alpha,\alpha \geq 0} L(x,\lambda,\alpha) = f(x) \qquad (2\text{-}41)$$

而违反任意约束时，即

$$\max_\lambda \max_{\alpha,\alpha \geq 0} L(x,\lambda,\alpha) = \infty \qquad (2\text{-}42)$$

这些性质保证不可行点不会是最佳的，并且可行点范围内的最优点不变。

要解决约束最大化问题，可以构造 $-f(x)$ 的广义拉格朗日函数，从而引出以下优化问题：

$$\min_x \max_\lambda \max_{\alpha,\alpha \geq 0} -f(x) + \sum_i \lambda_i g^{(i)}(x) + \sum_j \alpha_j h^{(j)}(x) \qquad (2\text{-}43)$$

也可将其转换为在外层最大化的问题：

$$\max_x \min_\lambda \max_{\alpha,\alpha \geq 0} f(x) + \sum_i \lambda_i g^{(i)}(x) - \sum_j \alpha_j h^{(j)}(x) \qquad (2\text{-}44)$$

等式约束对应项的符号并不重要，因为优化可以自由选择每个 λ_i 的符号，可以随意将其定义为加法或减法。

如果 $h^{(i)}(x^*) = 0$，说明约束 $h^{(i)}(x)$ 是活跃的，如果约束不活跃，则去掉该约束的解。一个不活跃约束有可能排除其他解。例如，整个区域（代价相等的宽平区域）都是全局最优点的凸问题，可能因约束时已经消去其中的某个子区域，或在非凸问题的情况下，收敛时不活跃的约束可能排除了较好的局部驻点。然而，无论不活跃的约束是否包含在内，收敛时找到的点仍然是一个驻点。为了获得关于这个想法的一些直观解释，可以说这个解是由不等式强加的边界，必须通过对应的 KKT 乘子影响 x 的解，或者不等式对解没有影响，则归零 KKT 乘子。

可以使用一组简单的性质来描述约束优化问题的最优点，称为 KKT 条件。这些条件是确定一个点是最优点的必要条件，但不一定是充分条件，具体要求如下。

（1）广义拉格朗日函数的梯度为零。

（2）所有关于 x 和 KKT 乘子的约束都满足。

（3）不等式约束显示为互补松弛性。

第 3 章 传统机器学习算法

学习目标 ☞

1. 了解机器学习可以解决的问题。
2. 熟悉线性回归和逻辑回归的几种算法。
3. 了解神经网络的组成及优缺点。
4. 掌握决策树模型的构成及应用。
5. 熟悉贝叶斯分类的多种使用方法。
6. 了解向量机在实际中的应用。
7. 熟悉集成学习的结构及类型。

素质目标 ☞

1. 掌握机器学习中模型算法及应用。
2. 掌握如何构建机器学习的算法。

机器学习算法是一种能够从数据中学习的算法。然而，所谓的学习是什么意思呢？机器学习之父汤姆·米切尔（Tom Mitchell）在 1997 年提出了一个简洁的定义：对于某类任务 T 和性能度量 P，一个计算机程序被认为可以从经验 E 中学习，是指通过经验 E 改进后，它在任务 T 上由性能度量 P 衡量的性能有所提升。经验 E、任务 T 和性能度量 P 的定义范围非常宽广，本书并不会试图去解释这些定义的具体意义；相反，会在接下来的章节中提供直观的解释和示例来介绍不同的任务、性能度量和经验，这些将被用来构建机器学习算法。

3.1 机器学习的任务

机器学习可以解决一些人为设计的或使用确定性程序很难解决的问题。从科学和哲学的角度来看，机器学习受到关注是因为提高对机器学习的认识需要提高对智能背后原理的理解。

就任务的定义而言，学习过程本身并不能被视为一项任务，学习是为了获得完成任务所需要的能力。例如，如果目标是让机器人能够行走，那么行走本身就是任务。可以通过编程来使机器人学会如何行走，或者可以手动编写特定的指令来指导机器人如何行走。

通常机器学习任务定义为机器学习系统应该如何处理样本。样本是指从某些希望机器学习系统处理的对象或事件中收集到的已经量化的特征的集合。通常会将样本表示成一个 N 维向量 x，其中向量的每一个元素 x_i 是一个特征。例如，一张图片的特征通常是指这张图片的像素值。

机器学习可以解决很多类型的任务，具体如下。

（1）分类：计算机程序需要指定某些输入属于 k 类中的哪一类。为了完成这个任务，学习算法通常会返回一个函数 $f(x)$，当 $y = f(x)$ 时，模型将向量 x 所代表的输入分类到数字码 y 所代表的类别中。还有一些其他的分类问题，例如，$f(x)$ 输出的是不同类别的概率分布。分类任务中有一个任务是对象识别，其中输入是图片（通常用一组像素亮度值表示），输出是表示图片物体的数字码。例如，Willow Garage PR2 机器人能像服务员一样识别不同的饮料，并送给点餐的顾客。目前，最好的对象识别工作正是基于深度学习的。对象识别同时也是计算机识别人脸的基本技术，可用于标记相片合辑中的人脸，有助于计算机更自然地与用户交互。

（2）输入缺失分类：当输入向量的每个度量不能被保证的时候，分类问题将会变得更有挑战性。为了解决分类任务，学习算法只需要定义一个从输入向量映射到输出类别的函数。当一些输入可能丢失时，学习算法必须学习一组函数，而不是单个分类函数。每个函数对应着分类具有不同缺失输入子集的 x。这种情况在医疗诊断中经常出现，因为很多类型的医学测试是昂贵的，并且对身体是有害的。有效地定义这样一个大集合函数的方法是知道所有相关变量的概率分布，然后通过边缘化缺失变量来解决分类任务。使用 n 个输入变量，可以获得每个可能的缺失输入集合所需的所有 2^n 个不同的分类函数，但是计算机程序仅需要学习一个描述联合概率分布的函数。了解以这种方式将深度概率模型应用于这类任务的示例。

（3）回归：计算机程序需要对给定输入预测数值。为了解决这个任务，学习算法需要输出函数 $f(x)$。除了返回结果的形式不一样外，这类问题和分类问题是很像的。这类任务的典型示例是预测投保人的索赔金额（用于设置保险费），或者预测证券未来的价格。这类预测也常用在算法交易中。

（4）转录：机器学习系统观测一些相对非结构化表示的数据，并转录信息为离散的文本形式。例如，光学字符识别要求计算机程序根据文本图片返回文字序列（ASCII 或 Unicode），谷歌街景便是以这种方式使用深度学习处理街道编号的。又如，语音识别要求计算机程序输入一段音频，输出一系列音频记录中所说的字符或单词 ID 的编码。深度学习是现代语音识别系统的重要组成部分，被各大公司广泛使用，包括微软、IBM 和谷歌等。

（5）机器翻译：输入是一种语言的符号序列，计算机程序必须将其转化为另一种语言的符号序列。这通常适用于自然语言，如将英语译成法语。最近，深度学习已经开始在这个任务上产生重要影响。

（6）结构化输出：结构化输出任务的输出是向量或其他包含多个值的数据结构，并且构成输出的这些不同元素之间具有重要关系。这是一个很大的范畴，包括上述转录任务和翻译任务在内的很多其他任务。例如，语法分析——映射自然语言句子到语法结构树，并标记树的节点为动词、名词、副词等。又如，图像的像素级分割——将每一个像素分配到特定类别，如深度学习可用于标注航拍照片中的道路位置。在这些标注型任务中，输出的结构形式不需要与输入完全相似。例如，在为图片添加描述的任务中，计算机程序观察到一幅图，输出描述这幅图的自然语言句子。这类任务被称为结构化输出任务是因为输出值之间紧密相关，如为图片添加标题的程序输出的单词必须组合成一个通顺的句子。

（7）异常检测：计算机程序在一组事件或对象中筛选，并标记不正常或非典型的个体。异常检测任务的一个示例是信用卡欺诈检测。通过对用户的购买习惯建模，信用卡公司可以检测到该用户的卡是否被滥用。如果窃贼窃取了某用户的信用卡或信用卡信息，则其采购物品的习惯通常和该用户不同。当该信用卡发生了不正常的购买行为时，信用卡公司可以尽快冻结该卡以防继续盗刷。

（8）合成和采样：机器学习程序生成一些与训练数据相似的新样本。通过机器学习，合成和采样可能在媒体应用中非常有用，可以避免大量昂贵或者乏味费时的手动工作。例如，视频游戏可以自动生成大型物体或风景的纹理，而不用人工手动标记每个像素。在某些情况下，希望采样或合成过程可以根据给定的输入生成一些特定类型的输出。例如，在语音合成任务中，提供书写的句子，要求程序输出这个句子的语音音频。这是一类结构化输出任务，但是多了每个输入并非只有一个正确输出的条件，并且明确希望输出有很多变化，这可以使结果看上去更加自然和真实。

（9）缺失值填补：机器学习算法给定一个新样本，其中某些元素缺失，算法必须填补这些缺失值。

（10）去噪：机器学习算法的输入是干净样本经过未知损坏过程后得到的损坏样本。算法根据损坏后的样本预测干净的样本，或者更一般地预测条件概率分布。

（11）密度估计或概率质量函数估计：在密度估计问题中，机器学习算法学习函数，其中学习函数可以解释成样本采样空间的概率密度函数（如果是连续的），或者概率质量函数（如果是离散的）。要做好这样的任务算法需要学习观测到的数据的结构。算法必须知道什么情况下样本聚集会出现，什么情况下样本聚集不可能出现。以上描述的大多数任务都要求学习算法至少能隐式地捕获概率分布的结构。密度估计可以显式地捕获该分布。原则上，可以在该分布上计算以便解决其他任务。例如，通过密度估计得到概率分布，可以用该分布解决缺失值填补任务。如果某个值是缺失的，但是其他的变量值已知，那么可以得到条件概率分布。实际情况中，密度估计并不能解决所有这类问题，因为在很多情况下概率分布是难以计算的。当然，还有很多其他同类型或其他类型的任务。

3.2 性能度量

为了评估机器学习算法的能力，必须设计其性能的定量度量。通常性能度量是特定于系统执行的任务而言的。

3.2.1 基本方法

通常把分类错误的样本数占样本总数的比例称为错误率，即如果在 m 个样本中有 α 个样本分类错误，则错误率为 $E = \alpha / m$，相应地，$1 - \alpha / m$ 称为"精度"，即"精度=1-错误率"。更一般地，把学习器的实际预测输出与样本的真实输出之间的差异称为误差，学习器在训练集上的误差称为训练误差或经验误差，在新样本上的误差称为泛化误差。显然，泛化误差小的学习器更好。

然而，在实际工作中往往事先并不知道新样本是什么样的，实际上能做的就是努力使经验误差最小化。在很多情况下，可以获得一个经验误差很小、在训练集上表现很好的学习器。例如，对所有训练样本都分类正确，即分类错误率为零，分类精度为100%，但这样的学习器多数情况下在新样本上的表现都不理想。

实际上需要在新样本上能表现得很好的学习器，因此应该从训练样本中尽可能地学出适用于所有潜在样本的"普遍规律"，这样才能在遇到新样本时做出正确的判断。因此，当学习器把训练样本学得很好时，很可能已经把训练样本自身的一些特点当成了所有潜在样本都会具有的一般性质，这样就会导致泛化性能下降，这种现象在机器学习中称为过拟合。与过拟合相对的是欠拟合，欠拟合是指对训练样本的一般性质没有充分学习。欠拟合如图 3-1（a）所示，拟合如图 3-1（b）所示，过拟合如图 3-1（c）所示。

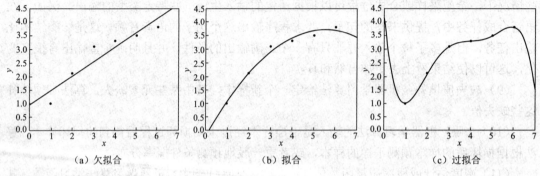

| （a）欠拟合 | （b）拟合 | （c）过拟合 |

图 3-1　欠拟合、拟合和过拟合

通常，选择学习算法处理的特征方式对算法的工作过程有很大影响。如图 3-1（a）所示，采用 $y = \theta_0 + \theta_1 x$ 的假设来建立模型，发现较少的特征并不能很好地拟合数据，这种情况称为欠拟合。如果采用 $y = \theta_0 + \theta_1 x + \theta_2 x^2$ 的假设来建立模型，发现能够非常好地拟合数据，如图 3-1（b）所示。此外，如果采用 $y = \theta_0 + \theta_1 x + \theta_2 x^2 + \theta_3 x^3 + \theta_4 x^4 + \theta_5 x^5$ 的假设来建立模型，会发现较多的特征导致了所有的训练数据都被完美拟合，这种情况称为过拟合，如图 3-1（c）所示。

有多种因素可能导致过拟合，其中最常见的因素是由于学习能力过于强大，把训练样本所包含的不太一般的特性都学到了，而欠拟合则通常是由于学习能力低下造成的。欠拟合比较容易克服，例如，在决策树学习中扩展分支或在神经网络学习中增加训练轮数等都能克服欠拟合。克服过拟合则很麻烦，过拟合是机器学习面临的关键障碍，各类学习算法都必然带有一些针对过拟合的措施。必须认识到，过拟合是无法彻底避免的，能做的只能是减小其风险。

在现实任务中，往往有多种学习算法可供选择，甚至对同一个学习算法，当使用不同的参数配置时，也会产生不同的模型。那么，应该选用哪个学习算法、使用哪种参数配置呢？解决方案当然是对候选模型的泛化误差进行评估，然后选择泛化误差最小的那个模型。但在现实任务中，往往无法直接获得泛化误差，而训练误差又由于过拟合现象的存在不适合作为标准，那么，在现实中如何进行模型评估与选择呢？

通常，可以通过实验测试来对学习器的泛化误差进行评估并做出选择。为此，使用测试集测试学习器对新样本的判别能力，然后以测试集上的"测试误差"作为泛化误差的近似。通常，假设测试样本也是从样本真实分布中采用独立同分布采样方法得到的，但需注意的是，测试集应尽可能与训练集互斥，即测试样本尽量不在训练集中出现且从未在训练过程中使用过。

留出法：直接将数据集 D 划分为两个互斥的集合，其中一个集合作为训练集，另一个集合作为测试集，在训练集训练出模型后，用测试集评估其测试误差，作为对泛化误差的估计。另一个需注意的问题是，即使在给定训练/测试集的样本比例后，仍存在多种划分方式对初始数据集进行划分。例如，可以把数据集 D 中的样本排序，然后把其中一部分放到训练集中，另一部分放到测试集中，不同的划分将导致不同的训练/测试集，相应模型评估的结果也会有差别。因此，单次使用留出法得到的估计结果往往不够稳定可靠，在使用留出法时，一般要采用若干次随机划分、重复进行实验评估后取平均值作为留出法的评估结果。例如，进行 100 次随机划分，每次产生一个训练/测试集用于实验评估，返回这 100 个结果的平均值。

此外，希望评估的是用数据集 D 训练出的模型的性能，但留出法需划分训练/测试集，二者如何划分并没有完美的解决方案，常见做法是将 2/3～4/5 的样本用于训练，剩余样本用于测试。

交叉验证法：先将数据集 D 划分为 k 个大小相似的互斥子集，每个子集都尽可能保持数据分布的一致性，即从 D 中通过分层采样得到。然后，每次用 $k-1$ 个子集的并集作为训练集，剩余的子集作为测试集。这样就可获得 k 组训练/测试集，从而可进行 k 次训练和测试，最终返回 k 个测试结果的均值。显然，交叉验证法评估结果的稳定性和保真性在很大程度上取决于 k 的取值，为强调这一点，通常把交叉验证法称为 k 折交叉验证。

3.2.2　扩展方法

对学习器的泛化性能进行评估，不仅需要有效可行的实验估计方法，还需要有衡量模型泛化能力的评价标准，这就是性能度量。性能度量反映了任务需求，在对比不同模型的能力时，使用不同的性能度量往往会导致不同的评判结果。这意味着模型的好坏是相对的，什么样的模型好，不仅取决于算法和数据，还取决于任务需求。

1. 错误率和精度

在预测任务中给定训练数据集 $D = \{(x_1, y_1), (x_2, y_2), \cdots, (x_m, y_m)\}$，其中，$y_i$ 是示例 x_i（$i = 1, 2, \cdots, m$）的真实标记，要评估学习器 f 的性能，就要把学习器预测结果 $f(x)$ 与真实标记 y 进行比较。

回归任务最常用的性能度量是均方误差，即

$$E(f; D) = \frac{1}{m} \sum_{i=1}^{m} \left(f(x_i) - y_i \right)^2 \tag{3-1}$$

对于数据分布 $\mathcal{D}$ 和概率密度函数 $p(x)$，均方误差可描述为

$$E(f; \mathcal{D}) = \int_{x \sim \mathcal{D}} (f(x) - y)^2 p(x) \mathrm{d}x \tag{3-2}$$

错误率和精度是分类任务中最常用的两种性能度量，既适用于二分类任务，也适用于多分类任务。错误率是分类错误的样本数占样本总数的比例，精度则是分类正确的样本数占样本总数的比例。对于训练数据集 D，分类错误率定义为

$$E(f; D) = \frac{1}{m} \sum_{i=1}^{m} \Pi \left(f(x_i) \neq y_i \right) \tag{3-3}$$

精度则定义为

$$acc(f;D) = \frac{1}{m}\sum_{i=1}^{m}\prod\left(f(x_i) = y_i\right) = 1 - E(f;D) \tag{3-4}$$

对于数据分布 $\mathcal{D}$ 和概率密度函数 $p(\boldsymbol{x})$，错误率与精度可分别描述如下：

$$E(f;\mathcal{D}) = \int_{\boldsymbol{x}\sim\mathcal{D}}\prod\left(f(\boldsymbol{x}) \neq y\right)p(\boldsymbol{x})\mathrm{d}\boldsymbol{x} \tag{3-5}$$

$$acc(f;\mathcal{D}) = \int_{\boldsymbol{x}\sim\mathcal{D}}\prod\left(f(\boldsymbol{x}) = y\right)p(\boldsymbol{x})\mathrm{d}\boldsymbol{x} = 1 - E(f;\mathcal{D}) \tag{3-6}$$

2. 查准率与查全率

对于二分类问题，可将训练数据根据真实类别与学习器预测类别的组合划分为真正例（true positive，TP）、假正例（false positive，FP）、真反例（true negative，TN）、假反例（false negative，FN）四种情形，令 TP、FP、TN、FN 分别表示其对应的训练数据数，则显然有 TP+FP+TN+FN=训练数据总数。分类结果的混淆矩阵如表 3-1 所示。

表 3-1　分类结果的混淆矩阵

真实情况	预测结果	
	正例	反例
正例	TP（真正例）	FN（假反例）
反例	FP（假正例）	TN（真反例）

查准率 P 与查全率 R 分别定义如下：

$$P = \frac{\mathrm{TP}}{\mathrm{TP} + \mathrm{FP}} \tag{3-7}$$

$$R = \frac{\mathrm{TP}}{\mathrm{TP} + \mathrm{FN}} \tag{3-8}$$

查准率和查全率是一对矛盾的度量，一般来说，查准率高时，查全率往往偏低；而查全率高时，查准率往往偏低。在很多情形下，可根据学习器的预测结果对训练数据进行排序，排在前面的是学习器认为最可能是正例的样本，排在最后的则是学习器认为最不可能是正例的样本。按此顺序逐个把样本作为正例进行预测，则每次可以计算出当前的查全率和查准率。以查准率为纵轴、查全率为横轴作图，得到查准率–查全率曲线，称 P-R 曲线，如图 3-2 所示。

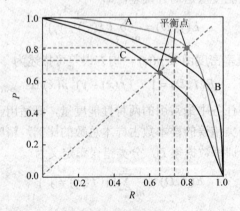

图 3-2　P-R 曲线

P-R 曲线直观地显示出学习器在样本总体上的查全率和查准率。在进行比较时若一个学习器的 P-R 曲线包围的面积小，则其性能较差，如图 3-2 中学习器 A 的性能优于学习器 C；如果两个学习器的 P-R 曲线发生了交叉，则其性能的高低取决于具体条件，如图 3-2 中学习器 A 和学习器 B 的性能比较要依赖具体条件。比较曲线围成面积的大小在一定程度上表征了学习器的查准率和查全率。

3. ROC 与 AUC

通常，很多学习器会为测试样本产生一个实值或概率预测结果，然后将这个预测结果与一个分类阈值进行比较，若大于该阈值则判作正例，否则判作反例。例如，神经网络在一般情形下是对每个测试样本预测出一个[0.0,1.0]的实值，将这个值与 0.5 进行比较，大于 0.5 则判作正例，否则判作反例。这个实值或概率预测结果的好坏，直接决定了学习器的泛化能力。实际上，根据这个实值或概率预测结果，可将测试样本进行排序，将最可能是正例的排在最前面，最不可能是正例的排在最后面。这样，分类过程就相当于在这个排序中以某个点将样本分为两部分，前一部分判作正例，后一部分判作反例。在不同的应用任务中，可根据任务需求采用不同的点，例如，若更重视查准率，则可选择排序中靠前的位置进行截断；若更重视查全率，则可选择靠后的位置进行截断。因此，排序本身的质量好坏，体现了综合考虑学习器在不同任务下的期望泛化性能的好坏，ROC 曲线（receiver operating characteristic curve，受试者工作特征曲线）就是从这个角度出发来研究学习器泛化性能的有力工具。

ROC 曲线与 P-R 曲线相似，根据学习器的预测结果对训练数据进行排序，按此顺序逐个把样本作为正例进行预测，每次计算出两个重要量的值，分别以它们为横、纵坐标作图，得到 ROC 曲线与 P-R 曲线的查准率和查全率，ROC 曲线的纵轴为真正例率（true positive rate，TPR），横轴为假正例率（false positive rate，FPR），基于表 3-1 中的符号，两者分别定义如下：

$$TPR = \frac{TP}{TP + FN} \tag{3-9}$$

$$FPR = \frac{FP}{TN + FP} \tag{3-10}$$

ROC 曲线如图 3-3 所示，显然，对角线对应于随机猜测模型，而点(0,1)则对应于将所有正例排在所有反例之前的理想模型。AUC（area under ROC curve）可通过对 ROC 曲线下

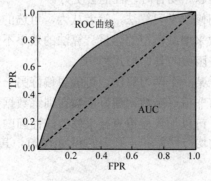

图 3-3　ROC 曲线与 AUC 示意

各部分的面积求和而得。与 P-R 曲线相似，若一个学习器的 ROC 曲线被另一个学习器的曲线完全包住，则后者的性能优于前者；若两个学习器的 ROC 曲线发生交叉，则难以判断两者的好坏，如果一定要进行比较，合理的判据是比较 ROC 曲线下的面积，即 AUC。

4. 超参数和验证集

大多数机器学习算法都有超参数，可以通过设置超参数控制算法的行为，也就是说，超参数的值不是通过学习算法本身学习出来的。有时一个选项被设为学习算法不用学习的超参数，是因为它太难优化了。更多的情况是，该选项必须是超参数，因为它不适合在训练集上学习。如果在训练集上学习超参数，这些超参数总是趋向于最大可能的模型容量，导致过拟合。

为了解决这个问题，需要一个训练算法观测不到的验证集样本。上面讨论过与训练数据相同分布的样本组成的测试集，它可以用来估计学习过程完成之后的学习器的泛化误差。其重点在于测试样本不能以任何形式参与到模型的选择中，包括设定超参数。基于这个原因，测试集中的样本不能用于验证集。

因此，从训练数据中构建验证集，将训练数据分成两个不相交的子集。其中一个用于学习参数，另一个作为验证集，用于估计训练中或训练后的泛化误差，更新超参数。用于学习参数的数据子集通常仍被称为训练集，尽管这会和整个训练过程用到的更大的数据集相混淆。用于挑选超参数的数据子集被称为验证集。通常，80%的训练数据用于训练，20%的训练数据用于验证。验证集是用来训练超参数的，但验证集的误差通常会比训练集误差小，因此验证集会低估泛化误差。所有超参数优化完成之后，泛化误差可能会通过测试集来估计。

在实际应用中，相同的测试集已经多次用于评估不同算法的性能，同时考虑学术界在该测试集上的各种尝试，最后可能也会对测试集有乐观的估计。原来的基准数据集由于过于陈旧，已经不能反映系统的真实性能。值得庆幸的是，学术界往往会转移到新的基准数据集上，这些数据集通常会更巨大、更具挑战性。

5. 正则化

学习理论表明机器学习算法能够在有限个训练集样本中很好地泛化。因此，必须在特定任务上设计性能良好的机器学习算法，建立一组学习算法的偏好来达到这个要求，当这些偏好和需要解决的学习问题相吻合时，性能会更好。

接下来，继续讨论如何修改学习算法，笔者认为，可选的办法是通过增加或减少学习算法中可选假设空间的函数来增减模型的容量。算法的效果不仅在很大程度上受假设空间的函数数量影响，也受这些函数的具体形式影响。

在假设空间中，相比于某一个学习算法，可能更偏好另一个学习算法。这意味着两个函数都是符合条件的，只有非偏好函数比偏好函数在训练数据集上效果明显好很多时，才会考虑非偏好函数。例如，可以加入权重衰减来修改线性回归的训练标准。带权重衰减的线性回归最小化训练集上的均方误差和正则项的和为 $J(w)$，其偏好于 L^2 范数较小的权重，即

$$J(w) = \text{MSE}_{\text{train}} + \lambda w^\text{T} w \tag{3-11}$$

式中，λ 为提前挑选的值，用于控制偏好小范数权重的程度。当 $\lambda=0$ 时，没有任何偏好。越大的 λ 偏好范数越小的权重。最小化 $J(w)$ 可以看作拟合训练数据和偏好小权重范数之间的权衡。这会使解决方案的斜率较小，或是将权重放在较少的特征上。可以训练具有不同 λ 值的高次多项式回归模型，例如，通过权重衰减控制模型欠拟合或过拟合的趋势，如图 3-4 所示。

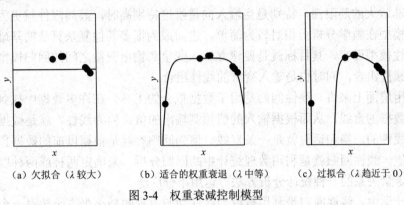

（a）欠拟合（λ 较大）　（b）适合的权重衰退（λ 中等）　（c）过拟合（λ 趋近于 0）

图 3-4　权重衰减控制模型

正则化一个学习函数 $f(x,\theta)$ 的模型，可以给代价函数添加被称为正则化项（regularizer）的惩罚。在权重衰减的例子中，正则化项是 $\Omega(w)=w^{\mathrm{T}}w$，很多其他可能的正则化表示对函数的偏好是比增减假设空间的成员函数更一般的控制模型容量的方法。可以将去掉假设空间中的某个函数看作是对不赞成这个函数的无限偏好。

在权重衰减示例中，通过在最小化的目标中额外增加一项，明确表示偏好权重较小的线性函数。有很多其他方法隐式或显式地表示对不同解的偏好。总而言之，这些不同的方法都被称为正则化。正则化是指修改学习算法，使其降低泛化误差而非训练误差，是机器学习领域的中心问题之一，只有优化能够与其重要性相媲美。

在机器学习领域没有最优的学习算法，也没有最优的正则化形式。反之，必须挑选一个非常适合所要解决任务的正则形式。深度学习中普遍的理念是大量任务（如所有人类能做的智能任务）也许都可以使用非常通用的正则化形式来有效解决。

3.3　线 性 回 归

线性回归是利用数理统计中的回归分析来确定两种或两种以上变量之间相互依赖定量关系的一种统计分析方法，运用十分广泛。回归分析按照自变量和因变量之间的关系类型，可分为线性回归分析和非线性回归分析。

在统计学中，线性回归是指利用线性回归方程的最小平方函数对一个或多个自变量和因变量之间的关系进行建模的一种回归分析。对于一个拥有多个观测的训练数据集而言，回归的目的就是预测与新的输入数据对应的一个或多个目标输出。

线性回归模型的基本特性：模型是参数的线性函数。最简单的线性回归模型即参数的线性函数，同时，也是输入变量的线性函数，或者叫作线性组合。如果想要获得更为强大的线性模型，可以通过使用一些输入向量 x 的基函数 $f(x)$ 的线性组合构建一个线性模型。由于这种模型是参数的线性函数，因此其数学分析相对较为简单，同时模型可以是输入变量的非线性函数。

从概率的角度来说，回归模型就是估计一个条件概率分布：$p(t|x)$。因为这个分布可以反映出模型对每一个预测值 t 关于对应 x 的不确定性。基于这个条件概率分布，对输入 x 估计其对应 t 的过程，就是估计最小化损失函数的期望的过程。对于线性模型而言，一般所选择的损失函数是平方损失。由于模型是线性的，因此在模式识别和机器学习的实际应用中存在非常大的局限性，特别是当输入向量维度特别高时，其局限性就更为明显。但同时，线性模型在数学分析上相对较为简单，进而成为很多其他复杂算法的基础。对于一个一般的线性模型而言，其目标就是要建立输入变量和输出变量之间的回归模型。该模型既是参数的线性组合，同时也是输入变量的线性组合。

从应用层面上来讲，线性回归是用于数据拟合的工具。在许多数据中找到一条能够拟合大部分数据的直线，从而根据输入的值预测输出的值。何为线性？就是数据拟合得到的结果是呈线性的，换句话说就是一条直线。何为回归？就是根据以前的数据预测出一个准确的输出值。线性回归就是利用数理统计中的回归分析，来确定两种或两种以上变量之间相互依赖定量关系的一种统计分析方法，运用十分广泛。

在统计学中，线性回归是利用被称为线性回归方程的最小平方函数对一个或多个自变量和因变量之间的关系进行建模的一种回归分析。这种函数是一个或多个回归系数的模型参数的线性组合。只有一个自变量的情况称为简单回归，多于一个自变量的情况称为多元回归。

回归分析是一种预测性的建模技术，它研究的是因变量（目标）和自变量（预测器）之间的关系。这种技术通常用于预测分析时间序列模型以及发现变量之间的因果关系。通常使用曲线或直线来拟合数据点，目的是使曲线到数据点的距离差异最小。

线性回归是回归问题中的一种，线性回归假设目标值与特征之间线性相关，即满足一个多元一次方程。通过构建损失函数，求解损失函数最小时的参数 w 和 b。一般可以表达为

$$\hat{y} = w \cdot x + b \tag{3-12}$$

式中，$\hat{y}$ 为预测值。自变量 x 和因变量 y 已知，如果想预测新增一个 x，那么其对应的 y 是多少呢？因此，构建这个函数关系的目的是通过已知的数据点求解线性模型中 w 和 b 两个参数。

求解最佳参数时，需要一个标准来对结果进行衡量，为此，需要定量化一个目标函数式，使得计算机可以在求解过程中不断优化。针对任何模型求解问题，最终都可以得到一组预测值 $\hat{y}$，对比已有的真实值 y，若数据行数为 n，则可以将损失函数定义为

$$L = \frac{1}{n} \sum_{i=1}^{n} (\hat{y}_i - y_i)^2 \tag{3-13}$$

即预测值与真实值之间平均的平方距离，统计中一般称其为均方误差（mean square error，MSE）。把之前的函数式代入损失函数，并将需要求解的参数 w 和 b 看作函数 L 的自变量，可得

$$L(w, b) = \frac{1}{n} \sum_{i=1}^{n} (w \cdot x_i + b - y_i)^2 \tag{3-14}$$

从式（3-14）中可以看出，数据拟合度越高损失函数的值越小，极限为 0。

3.4 逻辑回归

1. 逻辑回归概述

逻辑回归是统计学中的经典分类方法，可以用于二分类问题，也可以用于多分类问题，其中在二分类问题中更常用。逻辑回归又称逻辑回归分析，是一种广义的线性回归分析模型，常用于数据挖掘、疾病自动诊断、经济预测等领域。

二分类问题是指预测值只有 0 或 1 两个取值的问题，二分类问题可以扩展到多分类问题。例如，要做一个垃圾邮件过滤系统，若 x 是邮件的特征，则预测的 y 值就是邮件的类别（是垃圾邮件还是正常邮件）。对于类别，通常称为正类或负类，正类就是正常邮件，负类就是垃圾邮件。预测值和目标值越接近，表明模型的预测能力越好。

在线性回归中通常使用 0.5 作为阈值来判断正例和负例，但在有些情况下，如果继续使用 0.5 作为阈值就不合适了，会导致错误的样本分类。逻辑回归可以将预测范围从实数域压缩到（0,1）范围内，进而提升预测的准确率。

逻辑回归使用 Sigmoid 函数将预测值映射为（0,1）上的概率值，帮助判断结果，其数学形式为

$$g(z) = \frac{1}{1 + e^{-z}} \tag{3-15}$$

对应的函数曲线如图 3-5 所示。

从图 3-5 中可以看出，Sigmoid 函数是一个 s 形的曲线，它的取值范围为（0,1），在远离 0 的地方函数的值会很快接近 0 或 1，这个性质使得 Sigmoid 函数能够以概率的方式进行解释。

理想的预测过程：将属于 n 维空间的输入向量映射到实数轴上，然后通过取值在 0~1 范围内的函数输出事件发生的概率。其中，将输入向量映射到实数轴上的过程可以通过向量 $\boldsymbol{\theta} \in \mathbb{R}^n$ 与输入向量的内积来完成。因此，将 Sigmoid 函数做修改，得到如下假设函数：

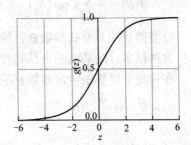

图 3-5 Sigmoid 函数曲线

$$h_{\boldsymbol{\theta}}(\boldsymbol{x}) = g(\boldsymbol{\theta}^{\mathrm{T}}\boldsymbol{x}) = \frac{1}{1 + e^{-\boldsymbol{\theta}^{\mathrm{T}}\boldsymbol{x}}} \tag{3-16}$$

因为

$$\theta_0 + \theta_1 x_1 + \cdots + \theta_n x_n = \sum_{i=1}^{n} \theta_i x_i = \boldsymbol{\theta}^{\mathrm{T}}\boldsymbol{x} \tag{3-17}$$

可以对 $h_{\boldsymbol{\theta}}(\boldsymbol{x})$ 作如下解释：$h_{\boldsymbol{\theta}}(\boldsymbol{x})$ 表示在输入 $\boldsymbol{x}$ 的情况下，预测 $\boldsymbol{y} = 1$ 的概率，因此，对于输入 $\boldsymbol{x}$ 分类结果为类别 1 和类别 0 的概率分别为

$$\begin{cases} P(\boldsymbol{y} = 1 \mid \boldsymbol{x}; \boldsymbol{\theta}) = h_{\boldsymbol{\theta}}(\boldsymbol{x}) \\ P(\boldsymbol{y} = 0 \mid \boldsymbol{x}; \boldsymbol{\theta}) = 1 - h_{\boldsymbol{\theta}}(\boldsymbol{x}) \end{cases} \tag{3-18}$$

逻辑回归的代价函数为

$$\text{Cost}(h_\theta(\boldsymbol{x}), \boldsymbol{y}) = \begin{cases} -\log(h_\theta(\boldsymbol{x})), & \boldsymbol{y} = 1 \\ -\log(1 - h_\theta(\boldsymbol{x})), & \boldsymbol{y} = 0 \end{cases} \tag{3-19}$$

Cost 函数的曲线如图 3-6 所示。

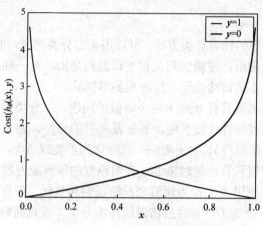

图 3-6　Cost 函数曲线图

Cost 函数可以简写为

$$\text{Cost}(h_\theta(\boldsymbol{x}), \boldsymbol{y}) = -\boldsymbol{y} \log h_\theta(\boldsymbol{x}) - (1 - \boldsymbol{y}) \log(1 - h_\theta(\boldsymbol{x})) \tag{3-20}$$

从而可以得到 J 函数：

$$J(\boldsymbol{\theta}) = \frac{1}{m} \sum_{i=1}^{n} \text{Cost}(h_\theta(x_i), y_i) = -\frac{1}{m} \sum_{i=1}^{n} (y_i \log h_\theta(x_i) + (1 - y_i) \log(1 - h_\theta(x_i))) \tag{3-21}$$

分类的目的是寻找参数 $\boldsymbol{\theta}$，使得 $J(\boldsymbol{\theta})$ 的值最小，即 $\min_\theta J(\boldsymbol{\theta})$。通常来说，这一过程可选的方法很多，最基础的方法是使用梯度下降算法。

在梯度下降算法中，参数 $\boldsymbol{\theta}$ 的更新过程如下：

$$\theta_j := \theta_j - \alpha \frac{\delta}{\delta_{\theta_j}} J(\boldsymbol{\theta})$$

$$
\begin{aligned}
\frac{\delta}{\delta_{\theta_j}} J(\boldsymbol{\theta}) &= -\frac{1}{m} \sum_{i=1}^{m} \left(y_i \frac{1}{h_\theta(x_i)} \frac{\delta}{\delta_j} h_\theta(x_i) - (1 - y_i) \frac{1}{1 - h_\theta(x_i)} \frac{\delta}{\delta_\theta} h_\theta(x_i) \right) \\
&= -\frac{1}{m} \sum_{i=1}^{m} \left(y_i \frac{1}{g(\boldsymbol{\theta}^{\mathrm{T}} x_i)} - (1 - y_i) \frac{1}{1 - g(\boldsymbol{\theta}^{\mathrm{T}} x_i)} \right) \frac{\delta}{\delta_{\theta_j}} g(\boldsymbol{\theta}^{\mathrm{T}} x_i) \\
&= -\frac{1}{m} \sum_{i=1}^{m} \left(y_i \frac{1}{g(\boldsymbol{\theta}^{\mathrm{T}} x_i)} - (1 - y_i) \frac{1}{1 - g(\boldsymbol{\theta}^{\mathrm{T}} x_i)} \right) g(\boldsymbol{\theta}^{\mathrm{T}} x_i) (1 - g(\boldsymbol{\theta}^{\mathrm{T}} x_i)) \frac{\delta}{\delta_j} \boldsymbol{\theta}^{\mathrm{T}} x_i \\
&= -\frac{1}{m} \sum_{i=1}^{m} (y_i (1 - g(\boldsymbol{\theta}^{\mathrm{T}} x_i)) - (1 - y_i) g(\boldsymbol{\theta}^{\mathrm{T}} x_i)) x_i^j \\
&= -\frac{1}{m} \sum_{i=1}^{m} (y_i - g(\boldsymbol{\theta}^{\mathrm{T}} x_i)) x_i^j \\
&= \frac{1}{m} \sum_{i=1}^{m} (h_\theta(x_i) - y_i) x_i^j
\end{aligned}
\tag{3-22}
$$

最终得到参数更新形式为

$$\theta_j := \theta_j - \alpha \frac{1}{m} \sum_{i=1}^{m} \left(h_\theta(x_i) - y_i \right) x_i^j \tag{3-23}$$

2. 实现逻辑回归的主要算法

实现逻辑回归主要有三种算法：批量梯度下降算法、随机梯度下降算法和小批量梯度下降算法。

（1）批量梯度下降算法每次使用全量的训练集样本来更新模型参数，即给定一个步长，然后对所有样本的梯度和进行迭代。批量梯度下降算法最终得到的是局部极小值。线性回归的损失函数为凸函数，有且只有一个局部最小值，则这个局部最小值一定是全局最小值。因此，在线性回归中使用批量梯度下降算法，一定可以找到一个全局最优解。批量梯度下降算法的优点主要体现在易于并行实现上，总体迭代次数不多，但当样本数目很多时，训练过程会很慢，每次迭代需要耗费大量的时间。

（2）随机梯度下降算法每次从训练集中随机选择一个样本进行迭代并更新模型参数，因此，每次的学习是非常快速的，并且可以进行在线更新。随机梯度下降算法最大的缺点是每次更新可能并不会按照正确的方向进行，会带来优化波动（扰动）。不过从另一个方面来看，随机梯度下降所带来的波动对类似盆地的区域（即很多局部极小值点）可能会使优化的方向从当前的局部极小值点跳到另一个更好的局部极小值点，这样便可能使非凸函数最终收敛于一个较好的局部极值点，甚至全局极值点。随机梯度下降算法具有训练速度快、每次迭代计算量小等特点。

（3）小批量梯度下降算法，即 Mini-batch 梯度下降算法，该算法综合了批量梯度下降算法与随机梯度下降算法，在每次更新速度与更新次数中间取得一个平衡，其每次更新从训练集中随机选择 $b\,(b<m)$ 个样本进行学习。

3.5　人工神经网络

人工神经网络是 20 世纪 80 年代以来人工智能领域兴起的研究热点。它从信息处理角度对人脑神经元网络建立某种简单模型，按不同的连接方式组成不同的网络。在工程与学术界也常直接简称为神经网络或类神经网络。

在神经网络算法中，将神经元模拟成一个逻辑单元，神经网络是一种运算模型，由大量的节点（或称为神经元）之间相互连接构成。每个节点代表一种特定的输出函数，称为激励函数。每两个节点之间的连接都代表一个对于通过该连接信号的加权值，称为权重，这相当于人工神经网络的记忆。网络的输出则因网络的连接方式、权重值和激励函数的不同而不同。网络自身通常都是对自然界某种算法或函数的逼近，也可能是对一种逻辑策略的表达。

反向传播（back propagation，BP）算法是适合多层神经元网络的一种学习算法，它建立在梯度下降算法的基础上。BP 神经网络的输入/输出关系实质上是一种映射关系：一个 n 输入 m 输出的 BP 神经网络所完成的功能是从 n 维欧氏空间向 m 维欧氏空间中有限域的连续映射，这一映射具有高度非线性。它的信息处理能力来源于简单非线性函数的多次复合，因此具有很强的函数复现能力，这是 BP 算法得以应用的基础。

BP 算法主要由两个环节（激励传播、权重更新）反复循环迭代，直到网络对输入的响应达到预定的目标范围为止。

BP 算法的学习过程由正向传播过程和反向传播过程组成。在正向传播过程中，输入信息通过输入层经隐藏层，逐层处理并传向输出层。如果在输出层得不到期望的输出值，则取输出与期望误差的平方和作为目标函数，转入反向传播，逐层求出目标函数对各神经元权值的偏导数，构成目标函数对权值向量的梯量，作为修改权值的依据。网络的学习在权值修改过程中完成，误差达到所期望的值时，网络学习结束。

假设有一个三层 BP 神经网络，输入节点 x_i，隐藏层节点 y_j，输出节点 z_l；输入节点与隐藏层节点之间的网络权值为 w_{ji}；隐藏层节点与输出节点之间的网络权值为 v_{lj}；输出节点的期望值为 t_l，则隐藏层节点的输出为

$$y_j = f\left(\sum_i w_{ji}x_i - \theta_j\right) = f(\text{net}_j), \quad \text{net}_j = \sum_i w_{ji}x_i - \theta_j \tag{3-24}$$

输出节点为

$$z_l = f\left(\sum_j v_{lj}y_j - \theta_l\right) = f(\text{net}_l), \quad \text{net}_l = \sum_j v_{lj}y_j - \theta_l \tag{3-25}$$

于是，输出节点误差为

$$E = \frac{1}{2}\sum_l (t_l - z_l)^2 = \frac{1}{2}\sum_l \left(t_l - f\left(\sum_j v_{lj}y_j - \theta_l\right)\right)^2$$

$$= \frac{1}{2}\sum_l \left(t_l - f\left(\sum_l v_{lj}f\left(\sum_i w_{ji}x_i - \theta_j\right) - \theta_l\right)\right)^2 \tag{3-26}$$

由式（3-26）可知，网络误差为各层权值 w_{ji}、v_{lj} 的函数，因此，通过调整权值可以改变误差 E，直到达到精度要求。显然，调增权值的原则是使误差不断减少，使权值的调整量与误差的梯度下降（负梯度）成正比。

误差函数对输出节点求导，公式如下：

$$\frac{\partial E}{\partial v_{lj}} = \sum_{k=1}^n \frac{\partial E}{\partial z_k} \cdot \frac{\partial z_k}{\partial v_{lj}} = \frac{\partial E}{\partial z_l} \cdot \frac{\partial z_l}{\partial v_{lj}} \tag{3-27}$$

式中，E 是多个 z_k 的函数，但只有 z_l 与 v_{lj} 有关，各 z_k 相互独立。其中，第一项求导为

$$\frac{\partial E}{\partial z_l} = \frac{1}{2}\sum_k \left[-2(t_k - z_k) \cdot \frac{\partial z_k}{\partial z_l}\right]$$

$$= -\sum_k \left[(t_k - z_k) \cdot \frac{\partial z_k}{\partial z_l}\right]$$

$$= -(t_l - z_l) \tag{3-28}$$

第二项求导为

$$\frac{\partial z_l}{\partial v_{lj}} = \frac{\partial z_l}{\partial \text{net}_l} \cdot \frac{\partial \text{net}_l}{\partial v_{lj}} = f'(\text{net}_l) \cdot y_j \tag{3-29}$$

因此，式（3-27）的结果为

$$\frac{\partial E}{\partial v_{lj}} = \frac{\partial E}{\partial z_l} \cdot \frac{\partial z_l}{\partial v_{lj}} = -(t_l - z_l) \cdot f'(\text{net}_l) \cdot y_j \tag{3-30}$$

误差函数对隐藏层节点求导，公式如下：

$$\frac{\partial E}{\partial w_{ji}} = \sum_l \sum_j \frac{\partial E}{\partial z_l} \cdot \frac{\partial z_l}{\partial y_j} \cdot \frac{\partial y_j}{\partial w_{ji}} \tag{3-31}$$

式中，E 是多个 z_l 的函数，针对某一个 w_{ji}，对应一个 y_j，它与所有 z_l 有关。其中，第一项求导为

$$\begin{aligned} \frac{\partial E}{\partial z_l} &= \frac{1}{2} \sum_k \left[-2(t_k - z_k) \cdot \frac{\partial z_k}{\partial z_l} \right] \\ &= -\sum_k \left[(t_k - z_k) \cdot \frac{\partial z_k}{\partial z_l} \right] \\ &= -(t_l - z_l) \end{aligned} \tag{3-32}$$

第二项求导为

$$\frac{\partial z_l}{\partial y_j} = \frac{\partial z_l}{\partial \text{net}_l} \cdot \frac{\partial \text{net}_l}{\partial y_j} = f'(\text{net}_l) \cdot \frac{\partial \text{net}_l}{\partial y_j} = f'(\text{net}_l) \cdot v_{lj} \tag{3-33}$$

第三项求导为

$$\frac{\partial y_j}{\partial w_{ji}} = \frac{\partial y_j}{\partial \text{net}_j} \cdot \frac{\partial \text{net}_j}{\partial w_{ji}} = f'(\text{net}_j) \cdot x_i \tag{3-34}$$

因此，式（3-31）的结果为

$$\begin{aligned} \frac{\partial E}{\partial w_{ji}} &= \sum_l \sum_j \frac{\partial E}{\partial z_l} \cdot \frac{\partial z_l}{\partial y_j} \cdot \frac{\partial y_j}{\partial w_{ji}} \\ &= -\sum_l (t_l - z_l) \cdot f'(\text{net}_l) \cdot v_{lj} \cdot f'(\text{net}_j) \cdot x_i \\ &= -\sum_l \delta_l v_{lj} \cdot f'(\text{net}_j) \cdot x_i \end{aligned} \tag{3-35}$$

设隐藏层节点误差公式为

$$\delta'_j = f'(\text{net}_j) \cdot \sum_l \delta_l v_{lj} \tag{3-36}$$

则式（3-31）的结果为

$$\frac{\partial E}{\partial w_{ji}} = -\delta'_j x_i \tag{3-37}$$

由于权值的修正 Δw_{ji}、Δv_{lj} 正比于误差函数沿梯度下降，即

$$\Delta v_{lj} = -\eta \frac{\partial E}{\partial v_{lj}} = \eta \delta_l y_j \tag{3-38}$$

$$\begin{cases} v_{lj}(k+1) = v_{lj}(k) + \Delta v_{lj} = v_{lj}(k) + \eta \delta_l y_j \\ \delta_l = -(t_l - z_l) \cdot f'(\text{net}_l) \end{cases} \tag{3-39}$$

$$\Delta w_{ji} = -\delta'_j \frac{\partial E}{\partial w_{ji}} = \eta' \delta'_j x_i \tag{3-40}$$

$$\begin{cases} w_{ji}(k+1) = w_{ji}(k) + \Delta w_{ji} = w_{ji}(k) + \eta' \delta'_j x_i \\ \delta'_j = f'(\text{net}_j) \cdot \sum_l \delta_l v_{lj} \end{cases} \tag{3-41}$$

其中，隐藏层节点误差 δ'_i 中的 $\sum_l \delta_l v_{lj}$ 表示输出节点 z_l 的误差 δ_l 通过权值 v_{lj} 向节点 y_j 反向传播成为隐藏层节点的误差。

BP 神经网络自身具有以下优点。

（1）BP 神经网络实质上实现了一个从输入到输出的映射功能，而数学理论已经证明它具有实现任何复杂非线性映射的功能，这使得它特别适合用于求解内部机制复杂的问题。

（2）BP 神经网络能够通过学习带正确答案的实例集自动提取"合理的"求解规则，即具有自学习能力和自适应能力。

（3）BP 神经网络具有泛化能力。所谓泛化能力，是指在设计模式分类器时，既要考虑网络能够保证对所需对象进行正确分类，还要关心网络在经过训练后，能否对未见过的模式或有噪声污染的模式进行正确分类。BP 神经网络具有将学习成果应用于新知识的能力，即具有泛化能力。

（4）BP 神经网络能够保证在其局部或部分神经元受到破坏后，对全局的训练结果不会产生很大的影响，也就是说即使系统在受到局部损伤时还是可以正常工作的，即 BP 神经网络具有一定的容错能力。

BP 神经网络在具有以上优点的同时，也存在以下一些缺点。

（1）局部极小化问题。从数学角度看，传统的 BP 神经网络是一种局部搜索的优化方法，它要解决的是一个复杂的非线性问题。网络的权值是通过沿局部改善的方向逐渐进行调整的，这样会使算法陷入局部极值，权值收敛到局部极小点，从而导致网络训练失败。此外，BP 神经网络对初始网络权重非常敏感，当以不同的权重初始化网络时，其往往会收敛于不同的局部极小点，这也是很多学者每次训练得到不同结果的根本原因。

（2）算法效率低，收敛速度慢。由于 BP 神经网络算法本质上是梯度下降算法，它所要优化的目标函数是非常复杂的，因此，必然会出现"锯齿形现象"，这使得 BP 算法效率不高；又由于优化的目标函数很复杂，它必然会在神经元输出接近 0 或 1 的情况下，出现一些平坦区，在这些区域内，权值误差改变很小，使训练过程几乎停顿。在 BP 神经网络模型中，为了使网络执行 BP 算法，不能使用传统的一维搜索方法求每次迭代的步长，必须把步长的更新规则预先赋予网络，这种方法也会引起算法低效。

（3）网络结构选择问题。BP 神经网络结构的选择至今尚无一种统一且完整的理论指导，一般只能由经验选定。若网络结构选择过大，训练中效率不高，可能会出现过拟合现象，造成网络性能低，容错性下降；若网络结构选择过小，则又可能会造成网络不收敛。

（4）样本依赖性问题。BP 神经网络模型的逼近和推广能力与学习样本的典型性密切相关，而从问题中选取典型样本实例组成训练集是一个很困难的过程。

3.6 决 策 树

决策树是一种基本的分类方法，表示基于各种不同的特征对实例进行分类的过程，可以认为是一种 if…then 规则的集合。学习时，利用训练数据，根据损失函数最小化的原则，挑选合适的特征从下至上建立一个树状分类模型——决策树模型。在预测时，利用得到的决策树模型，对新的数据进行分类。

决策树本质上是一种分类规则。决策树模型在形状上由节点和有向边构成。其中，节点分为三类：根节点、内部节点和叶节点。在方向上，通常称决策树图的顶端为下，图的底部为上。根节点即为其最下面的节点，叶节点则为最上面的表示分类的节点。中部的其余节点称为内部节点，表示特征或属性。决策树的路径对应分类的规则，这些路径有一个重要的性质：互斥并且完备。这意味着，每一个实例都必须有且仅有一条路径可以覆盖。

研究者希望找到一组与所有训练数据都不矛盾的分类规则。但事实是，这种能够完全正确分类的决策树可能不止一个，也可能一个也没有。因此，最终的目的是找到一个与训练数据矛盾较小，且具有很好的泛化能力的决策树。学习过程采用递归的形式，即重复地从特征集中选择一个最优特征，然后根据此特征对数据集进行分割，分割完成后将该特征从特征集中删除。

为了介绍以下信息增益的概念，现引入熵，熵用来表示随机变量的不确定性。假设一个离散型随机变量的概率分布为

$$P(x = x_i) = P_i, \quad i = 1, 2, \cdots, n \tag{3-42}$$

则该随机变量 x 的熵定义公式为

$$H(x) = -\sum_{i=1}^{n} P_i \log P_i \tag{3-43}$$

熵越大，随机变量的不确定性越大，其分布也越分散。条件熵 $H(y \mid x)$ 表示在已知随机变量 x 的条件下随机变量 y 的不确定性。形式上由 x 的各个取值情况下 y 的熵加权和构成，即

$$H(y \mid x) = \sum_{i=1}^{n} P_i H(y \mid x = x_i) \tag{3-44}$$

在选择最优特征时，信息增益用来度量各个特征的好坏。特征集 A 对训练数据集 D 的信息增益 $g(D, A)$ 定义为训练数据集 D 的经验熵 $H(D)$ 与给定特征集 A 条件下经验条件熵 $H(D|A)$ 之差，即

$$g(D, A) = H(D) - H(D \mid A) \tag{3-45}$$

在学习的过程中，每当建立新的节点时，计算特征集中所有特征的信息增益，选取信息增益最大的特征为新的节点。

一般设训练数据集为 D，$|D|$ 表示其样本容量。训练数据集有 K 个类 C_k（$k = 1, 2, \cdots, K$），$|C_k|$ 为属于类 C_k 的样本个数，则

$$\sum_{k=1}^{K} |C_k| = |D| \tag{3-46}$$

设特征集 A 有 N 个不同类 D_i（$i = 1, 2, \cdots, N$），记 D_i 中属于 C_k 的样本集合为 D_{ik}，信息增益的算法按照如下步骤进行。

计算训练数据集 D 的经验熵 $H(D)$：

$$H(D) = -\sum_{k=1}^{K} \frac{|C_k|}{|D|} \cdot \log_2 \frac{|C_k|}{|D|} \tag{3-47}$$

计算特征集 A 对训练数据集 D 的经验条件熵 $H(D|A)$：

$$H(D \mid A) = -\sum_{i=1}^{N} \frac{|D_i|}{|D|} \cdot \sum_{k=1}^{K} \frac{|D_{ik}|}{|D_i|} \cdot \log_2 \frac{|D_{ik}|}{|D_i|} \tag{3-48}$$

然后根据式（3-45）计算信息增益 $g(D, A)$。

使用信息增益偏向于选择取值较多的特征。为了解决这个问题，可以使用信息增益比来取代信息增益。信息增益比即在信息增益的基础上除以该特征的经验熵，即

$$g_R(D, A) = \frac{g(D, A)}{H_A(D)} \tag{3-49}$$

式中，

$$H_A(D) = \sum_{i=1}^{N} \frac{|D_i|}{|D|} \cdot \log_2 \frac{|D_i|}{|D|} \tag{3-50}$$

以上是决策树经常用到的基本概念，下面详细介绍算法。

3.6.1　生成决策树的算法

决策树的生成是一个递归过程，在选择的过程中，以信息增益为标准的算法称为 ID3 算法，以信息增益比为标准的算法称为 C4.5 算法。ID3 详细算法如下。

输入：训练数据集 D，特征集 A，阈值 ε。

输出：决策树 T。

（1）检查 D 是否还可分，若不可分，则不再继续展开树，返回 T。

（2）检查 A 是否为空集，若为空集，则不再继续展开树，返回 T。

（3）计算 A 中各特征的信息增益，选择信息增益最大的特征 A_g，判断 A_g 是否小于阈值 ε。若小于，则不再继续展开树，返回 T。反之，将依照特征集 A 分割出来的各个子集 D_i 中实例最多的类作为标记，构建子节点，返回 T。

（4）对第 i 个节点，以 D_i 为训练数据集，以 $A - A_g$ 为特征集，重复步骤（1）～（3）。将步骤（3）中的信息增益改为信息增益比即为 C4.5 算法。

3.6.2　决策树的剪枝算法

由上述算法生成的决策树对训练数据的分类比较准确，但对未知数据的预测有时可能会不太理想。原因是在学习的过程中过多地考虑了对训练数据的正确分类程度，导致出现了过拟合的现象，构建出了过于复杂的决策树。因此，需要减掉一些子树或叶节点，将其父节点作为叶节点，从而简化决策树模型。在极小化决策函数或损失函数的过程中不断剪枝，直至决策函数达到最小值。

在学习过程中，设树 T 的叶节点的个数为 $|T|$。t 是树 T 的节点，t 上有 N_t 个样本点，其中属于 k 类的样本点有 N_{tk} 个。$H_t(T)$ 为叶节点 t 上的经验熵，$\alpha \geqslant 0$ 为参数。决策树的损失函数定义如下：

$$C_\alpha(T) = \sum_{t=1}^{|T|} N_t H_t(T) + \alpha |T| \tag{3-51}$$

将式（3-51）右侧的第一项记为

$$C(T) = -\sum_{t=1}^{|T|} \sum_{k=1}^{K} N_{tk} \log \frac{N_{tk}}{N_t} \tag{3-52}$$

进一步表示为

$$C_\alpha(T) = C(T) + \alpha|T| \tag{3-53}$$

式中，$C(T)$ 为该决策树对训练数据的预测误差，即对训练数据的拟合度；$|T|$ 为模型的复杂度（对训练数据拟合得越好，模型越复杂）；$\alpha(\alpha \geq 0)$ 控制两者的关系。因此，在给定 α 的条件下，决策函数表示对模型的复杂度和对数据的拟合程度的平衡。详细算法如下。

输入：生成算法产生的整棵树 T，参数 α。

输出：剪枝后的新树 T_α。

（1）计算每个叶节点在保留该节点的情况下树 T_A 的损失函数及其缩回父节点后的决策树 T_B 的损失函数：

$$C_\alpha(T_A) \geq C_\alpha(T_B) \tag{3-54}$$

则进行剪枝，返回新树 T_B。

（2）重复进行步骤（1），直至无法剪枝为止。

3.6.3 CART 模型

以上仅对离散型属性进行了讨论。当输出值为连续取值时，上述方法将不再适用。接下来引入分类与回归树（classification and regression tree，CART）模型，它既可以用于分类，也可以用于回归，形式上与基本决策树类似，在个别点略有不同。

CART 模型生成的过程就是递归地建立二叉决策树的过程。对回归树采用平方误差最小化准则，对分类树采用基尼（Gini）指数最小化准则。

给定如下训练数据集：

$$D = \{(x_1, y_1), (x_2, y_2), \cdots, (x_n, y_n)\} \tag{3-55}$$

式中，$x_i, y_i (i = 1, 2, \cdots, n)$ 为连续型随机变量的可能取值。考虑生成一个回归树，该回归树将输入空间划分为 M 个单元，在每个单元上有固定的输出值 c_m。

依然采用启发式的方法对输入空间进行划分，即在整个过程中不断地对输入空间进行划分，直至满足条件为止。不妨先选择第 j 个特征和它的取值 s 作为切分变量和切分点。并定义以下两个区域：

$$R_1(j, s) = \{x \mid x^j \leq s\}, \quad R_2(j, s) = \{x \mid x^j > s\} \tag{3-56}$$

显然，每个单元的输出最优值是该单元所有实例输出的平均值，即

$$\hat{c}_m = \text{ave}(y_i \mid x_i \in R_m), m = 1, 2 \tag{3-57}$$

当切分确定时，用平方误差 $\sum_{x_i \in R_m} (y_i - f(x_i))^2$ 来表示回归树对训练数据的预测误差。因此，寻找最优切分点即寻找平方误差最小的切分点，即

$$\min\left[\min \sum_{x_i \in R_1}(y_i - c_1)^2 + \min \sum_{x_i \in R_2}(y_i - c_2)^2\right] \tag{3-58}$$

找到最优切分点后，将输入空间分为两个区域。接着，对每个区域重复上述过程，直至满足停止条件为止，这样的回归树称为最小二乘回归树。

在 ID3 算法和 C4.5 算法中，一个特征使用后，将不再继续使用，这样的快速切分方式影响算法的准确率，CART 分类树生成算法则能有效避免这一问题。

在分类问题中，假设有 K 个类，样本点属于第 k 类的概率为 p_k，则概率分布的 Gini

指数定义如下：

$$\text{Gini}(p) = \sum_{k=1}^{K} p_k(1-p_k) \tag{3-59}$$

Gini 指数与熵类似，值越大，样本集合的不确定性越大。对熵的表达式进行泰勒展开后，忽略高阶无穷小就是 Gini 指数的表达式。在计算中通常使用 Gini 系数作为评判标准来生成 CART 分类树。具体过程如下。

（1）选取任意特征集 A，对于其每一个取值 a，根据 $A(x)$ 是否等于 a 这个条件将训练数据划分为两个空间，然后计算特征集 A 的 Gini 指数，即

$$D_1 = \{(x,y)\in D \mid A(x)=a\}, \ D_2 = D - D_1 \tag{3-60}$$

（2）选择 Gini 指数最小的 a，从现节点中生成子节点和非子节点，对子节点再次进行步骤（1），重复进行，直至满足停止条件为止。

注：停止条件是节点中样本个数小于预定阈值或样本 Gini 指数小于预定阈值。

3.6.4 CART 剪枝

CART 剪枝与之前的剪枝不同。CART 剪枝先将生成的树从上至下每次减去一棵子树，剪到只剩一个根节点的树 A_n，共生成 $n+1$ 棵子树。然后，使用这些子树预测另外一个独立数据集，选择误差最小的那一个。

定义一个子树的损失函数：

$$C_\alpha(T) = C(T) + \alpha|T| \tag{3-61}$$

对于一棵决策树的每一个节点 t 来说，下面有一棵子树 T_t，现考虑其存在的必要性。剪枝后的损失函数为

$$C_\alpha(t) = C(t) + \alpha \tag{3-62}$$

剪枝前的损失函数为

$$C_\alpha(T_t) = C(T_t) + \alpha|T| \tag{3-63}$$

式中，α 为参数，随着 α 的逐渐增大，模型复杂度的惩罚就越来越大。将剪枝前后损失函数相等的 α 定义为误差增益，即

$$\alpha = \frac{C(t)-C(T_t)}{|T_t|-1} \tag{3-64}$$

根据式（3-64）可知，α 越小，意味着剪枝前后对训练数据的拟合度变化越小，而复杂度的变化却越大。因此，在 α 比较小的节点剪枝有利于获得更优的决策树。CART 剪枝算法描述如下。

输入：CART 算法生成的决策树 T_0。

输出：最优决策树 T。

（1）设 $k=0$，$T=T_0$，α 的初始值为无穷大。

（2）自上而下计算内部节点 $g(t)$：

$$g(t) = \frac{C(t)-C(T_t)}{|T_t|-1} \tag{3-65}$$

（3）比较 α 和 $g(t)$，若 $g(t)<\alpha$，对该节点进行剪枝，用多数表决法决定其类，得到树 T_k，令 $k=k+1$，$\alpha=g(t)$。

（4）重复进行步骤（2）和步骤（3），直至 T_k 是一个根节点或一棵由两个叶节点构成的树。得到一个子树序列，$T_1, T_2, \cdots, T_n$。

（5）利用交叉验证法选择最优子树。

3.7　贝叶斯分类

贝叶斯分类是一类分类算法的总称，这类分类算法均以贝叶斯定理为基础，故统称为贝叶斯分类。贝叶斯分类器的分类原理是根据某对象的先验概率，利用贝叶斯公式计算出其后验概率，即计算出该对象属于某一类的概率，然后选择具有最大后验概率的类作为该对象所属的类。贝叶斯分类器在许多分类问题中都能获得很好的性能，只要各类别的条件概率排序正确，无须精准的概率值即可得到正确的分类结果。

3.7.1　贝叶斯决策论与极大似然估计

1. 贝叶斯决策论

贝叶斯决策论是概率论框架下实施决策的基本方法，对分类问题来说，在所有相关概率都已知的条件下，贝叶斯决策论考虑如何基于这些概率和误判损失选择最优分类标记。

假设有 N 种可能的类别标记，即 $\gamma = \{c_1, c_2, \cdots, c_N\}$，$\lambda_{ij}$ 是将一个真实标记为 c_j 的样本误分类为 c_i 所产生的损失。基于后验概率 $P(c_i \mid x)$ 可获得将样本 x 分类为 c_i 所产生的期望损失，也就是在样本 x 上的条件风险，即

$$R(c_i \mid x) = \sum_{j=1}^{N} \lambda_{ij} P(c_j \mid x) \tag{3-66}$$

寻求最优分类标记的过程就是寻找一个判定标准 h，使总体条件风险最小化，即

$$R(h) = E_x \big[R(h(x) \mid x) \big] \tag{3-67}$$

于是产生了贝叶斯判定准则：为最小化总体风险，需要在每个样本上选择能使条件风险最小的类别标记，即

$$h^*(x) = \underset{c \in \gamma}{\arg\min}\, R(c \mid x) \tag{3-68}$$

此时，$h^*(x)$ 称为样本 x 的贝叶斯最优分类器，与之对应的总体风险称为贝叶斯风险。$1 - R(h^*)$ 反映了分类器所能达到的最好性能，即通过机器学习所能达到的模型精度上限。

为了使分类错误率最小，采用下式进行计算：

$$\lambda_{ij} = \begin{cases} 0, & i = j \\ 1, & \text{其他} \end{cases} \tag{3-69}$$

此时有

$$R(c \mid x) = 1 - P(c \mid x) \tag{3-70}$$

于是，最小化分类错误率的贝叶斯最优分类器为

$$h^*(x) = \underset{c \in \gamma}{\arg\max}\, P(c \mid x) \tag{3-71}$$

即对于每个样本 x，选择能使后验概率 $P(c \mid x)$ 最大的类别标记。

通常情况下 $P(c \mid x)$ 很难直接获得，利用贝叶斯公式对上述公式进行化简后可得到

$$h^*(x) = \underset{c \in \gamma}{\mathrm{argmax}}\, P(c \mid x) = \underset{c \in \gamma}{\mathrm{argmax}}\, \frac{P(x \mid c)P(c)}{P(x)} \tag{3-72}$$

式中，$P(c)$ 为先验概率；$P(x \mid c)$ 为样本 x 关于类别 c 的条件概率。这就是后验概率最大化准则，即根据期望风险最小化原则就可以得到后验概率最大化准则。在某些情况下，可以假定 γ 中每个假设有相同的先验概率，这样在式（3-72）中可以进行进一步简化，这在朴素贝叶斯分类中将得以体现。

综上，当前求最小化分类错误率的问题转化成了求解先验概率 $P(c)$ 和条件概率 $P(x \mid c)$ 的估计问题。先验概率 $P(c)$ 表达了样本空间中各类样本所占的比例，根据大数定理，当训练集包含充足的独立同分布样本时，$P(c)$ 可以通过各类样本出现的频率进行估计，整个问题就变成了求解条件概率 $P(x \mid c)$ 的问题。

2. 极大似然估计

极大似然估计源自频率学派，他们认为参数虽然未知，但却是客观存在的规定值，因此，可以通过优化似然函数等准则确定参数数值。

令 D_c 表示训练数据集 D 中第 c 类样本组成的集合，假设这些样本是独立同分布的，则参数 θ_c（θ_c 是唯一确定条件概率 $P(x \mid c)$ 的参数向量）对数据集 D_c 的似然函数为

$$P(D_c \mid \theta_c) = \prod_{x \in D_c} P(x \mid \theta_c) \tag{3-73}$$

为了防止连乘造成下溢的现象，通常采用对数似然（log-likelihood），即

$$\mathrm{LL}(\theta_c) = \log P(D_c \mid \theta_c) = \sum_{x \in D_c} \log P(x \mid \theta_c) \tag{3-74}$$

此时参数 θ_c 的极大似然估计 $\hat{\theta}_c$ 为

$$\hat{\theta}_c = \underset{\theta_c}{\mathrm{argmax}}\, \mathrm{LL}(\theta_c) \tag{3-75}$$

使用极大似然方法估计参数虽然简单，但是其结果的准确性严重依赖于每个问题所假设的概率分布形式是否符合潜在的真实数据分布，因此很可能会产生误导性的结果。

3.7.2 贝叶斯分类器

1. 朴素贝叶斯分类器

不难发现，使用贝叶斯公式来估计后验概率最大的困难是难以从现有的训练样本中准确地估计出条件概率 $P(x \mid c)$ 的概率分布。朴素贝叶斯分类器（naive Bayesian classifier）为了避开这个障碍，利用朴素贝叶斯方法对条件概率分布做了条件独立性的假设，即对于已知类别，假设它们所有属性相互独立。因此，贝叶斯判定准则可以写为

$$h^*(x) = \underset{c \in \gamma}{\mathrm{argmax}}\, P(c \mid x) = \underset{c \in \gamma}{\mathrm{argmax}}\, \frac{P(c)}{P(x)} \prod_{i=1}^{d} P(x_i \mid c) = \underset{c \in \gamma}{\mathrm{argmax}}\, P(c) \prod_{i=1}^{d} P(x_i \mid c) \tag{3-76}$$

式（3-76）即朴素贝叶斯分类器的表达式。显然，朴素贝叶斯分类器的训练过程就是基于训练数据集 D 来估计类的先验概率 $P(c)$，并为每个属性估计条件概率 $P(x_i \mid c)$。

对于离散属性，令 D_{c,x_i} 表示 D_c 中在第 i 个属性上取值为 x_i 的样本组成的集合，则条件概率 $P(x_i \mid c)$ 可估计如下：

$$P(x_i \mid c) = \frac{|D_{c,x_i}|}{|D_c|} \qquad (3\text{-}77)$$

对于连续属性可以考虑采用概率密度函数，假定 $P(x_i \mid c) \sim N(\mu_{c,i}, \sigma_{c,i}^2)$，则有

$$P(x_i \mid c) = \frac{1}{\sqrt{2\pi}\sigma_{c,i}} \exp\left(-\frac{(x_i - \mu_{c,i})^2}{2\pi\sigma_{c,i}^2}\right) \qquad (3\text{-}78)$$

朴素贝叶斯分类算法主要分成以下三步。

（1）计算先验概率 $P(c)$ 和条件概率 $P(x_i \mid c)$。

（2）计算后验概率 $P(c \mid x)$。

（3）确定样本 x 的类 $h^*(x) = \underset{c \in \gamma}{\text{argmax}} \, P(c) \prod_{i=1}^{d} P(x_i \mid c)$。

2. 拉普拉斯修正

为了避免其他属性携带的信息被训练集中未出现的属性值"抹去"，在估计概率值时通常要进行"平滑"，常采用拉普拉斯修正（Laplacian correction）。

令 N 表示训练数据集 D 中可能的类别，N_i 表示第 i 个属性可能的取值数，则先验概率和条件概率可以修正为

$$\hat{P}(c) = \frac{|D_c| + 1}{|D| + N} \qquad (3\text{-}79)$$

$$\hat{P}(x_i \mid c) = \frac{|D_{c,x_i}| + 1}{|D_c| + N_i} \qquad (3\text{-}80)$$

显然，拉普拉斯修正避免了因训练数据集样本不充分而导致概率估值为零的问题，并且在训练数据集变大时，修正过程引入先验的影响也会逐渐减小，直至可以忽略，使估值趋近于实际概率值。

3. 半朴素贝叶斯分类器

在实际生产生活中，由朴素贝叶斯分类器所定义的"属性条件独立性假设"往往是不成立的，因此采用半朴素贝叶斯分类器（semi-naive Bayesian classifier）对朴素贝叶斯分类器进行修正。

半朴素贝叶斯分类器的基本想法是适当考虑一部分属性之间的相互依赖信息，从而既不需要完全联合概率计算，也不至于彻底忽略比较强的属性依赖关系。独依赖估计（one-dependent estimator，ODE）是半朴素贝叶斯分类器最常用的一种策略，即假设每个属性在类别之外最多仅依赖一个其他属性，即

$$P(c \mid x) \propto P(c) \prod_{i=1}^{d} P(x_i \mid c, pa_i) \qquad (3\text{-}81)$$

式中，pa_i 为 x_i 所依赖的属性，称为 x_i 的父属性。于是问题就转化为如何确定每个属性的父属性。有以下几种常见的依赖关系。

（1）SPODE。假设所有属性都依赖于同一个属性，称为"超父"。

（2）TAN。在最大带权生成树算法的基础上，计算任意两个属性之间的条件互信息，以属性为节点构建完全图。将任意两个节点之间边的权重设定为条件互信息，构建完全图

的最大带权生成树，挑选根变量，将边置为有向边，最终加入类别节点，增加由父节点到每个属性的有向边。

（3）AODE。基于集成学习机制的独依赖分类器，尝试将每个属性作为超父来构建SPODE，然后将具有足够训练数据支撑的SPODE集成起来作为最终结果。

3.7.3 贝叶斯网

贝叶斯网也称为"信念网"，一个贝叶斯网 B 由结构 G 和参数 θ 两部分构成，即 $B =<G,\theta>$，网络结构 G 是一个有向无环图，若两个属性之间有直接依赖关系，则它们由一条边连接起来，用参数 θ 定量描述这种依赖关系。

贝叶斯网为不确定学习和推断提供了基本框架，通常被看作生成式模型，并因其强大的表示能力、良好的可解释性而受到广泛关注。

贝叶斯网的结构有效地表达了属性之间的条件独立性，给定父节点集并假设贝叶斯网的每个属性与它的非后裔属性相互独立，于是贝叶斯网的属性的联合概率分布可定义为

$$P_B(x_1,x_2,\cdots,x_d) = \prod_{i=1}^{d} P_B(x_i \mid \pi_i) = \prod_{i=1}^{d} \theta_{x_i|\pi_i} \tag{3-82}$$

为分析有向图变量之间的条件独立性，可使用"有向分离"方法，即找出有向图中的所有V形结构，在两个父节点之间加上一条无向边，再将有向图转化为一个无向图，生成一个"道德图"。基于道德图能够直观、迅速地找到变量之间的条件独立性。

贝叶斯网学习的首要任务就是根据训练数据集找到最合适的贝叶斯网，因此，需要定义一个评分函数，用以评估贝叶斯网与训练数据集的契合程度，然后基于评分函数寻找最优的贝叶斯网。

评分函数常基于信息论准则，即将学习问题看作一个数据压缩任务，目的是找到一个能以最短编码长度描述训练数据集的模型。对贝叶斯网而言，应该选择综合编码长度最短的贝叶斯网，也就是最小描述长度（minimal description length，MDL）准则。给定训练数据集 $D = \{x_1, x_2, \cdots, x_m\}$，则贝叶斯网 $B =<G,\theta>$ 在 D 上的评分函数可以写为

$$s(B \mid D) = f(\theta)|B| - \text{LL}(B \mid D) \tag{3-83}$$

式中，$f(\theta)|B|$ 为用于计算编码贝叶斯网 B 所需的字节数；$\text{LL}(B \mid D)$ 为计算 B 所对应的概率分布 P_B 对 D 的拟合情况。于是，学习任务就转化为最小化评分函数 $s(B \mid D)$。

在现实应用中，贝叶斯网的近似推断常使用吉布斯采样完成。吉布斯采样在贝叶斯网所有变量的联合状态空间与证据一致的子空间中进行"随机漫步"，每一步仅依赖于前一步的状态。这是一个马尔可夫链，当 t 趋近于无穷大时一定收敛于一个平稳分布。

但是，由于马尔可夫链通常需要很长时间才能趋于平稳分布，因此，吉布斯采样算法的收敛速度较慢，如果贝叶斯网中存在极端概率，则不能保证马尔可夫链存在平稳分布，可能会给出错误的估计结果。

在现实任务中，贝叶斯分类器有多种使用方法，若任务对预测速度要求较高，则对于给定训练数据集，可以将分类器涉及的概率估计提前预估出来加以储存；若任务数据交替频繁，可以采用"懒惰学习"的方式，待收到预测请求时再根据当前数据进行概率估计；若数据不断增加，则可以在现有的估值基础上，仅对新增加样本的属性值所涉及的概率估值进行技术修正即可实现增量学习。

3.8　支持向量机

支持向量机（support vector machine，SVM）是一种二分类模型。它的基本模型是定义在特征空间上间隔最大的线性分类器，间隔最大使它有别于感知机。支持向量机学习方法包含构建由简至繁的模型，如线性可分支持向量机、线性支持向量机和非线性支持向量机。简单模型是复杂模型的基础也是复杂模型的特殊情况。

3.8.1　线性可分支持向量机

1. 线性可分支持向量机的定义

给定一个特征空间上的训练数据集：

$$T = \{(x_1, y_1), (x_2, y_2), \cdots, (x_N, y_N)\} \tag{3-84}$$

式中，$x_i \in X = \mathbb{R}^n$（$i = 1, 2, \cdots, N$），x_i 为第 i 个特征向量，也称为实例；$y_i \in Y = \{+1, -1\}$（$i = 1, 2, \cdots, N$），y_i 为 x_i 的类标记，当 $y_i = +1$ 时，称 x_i 为正例，当 $y_i = -1$ 时，称 x_i 为负例；(x_i, y_i) 为样本点。

假设训练数据集是线性可分的。学习的目标是在特征空间中找到一个分离超平面，能将实例分到不同的类。分离超平面对应于方程 $w \cdot x + b = 0$，它由法向量 w 和截距 b 决定，可用 (w, b) 来表示。分离超平面将特征空间划分为正负两类，法向量指向的一侧为正类，另一侧为负类。

当训练数据集线性可分时，存在无穷个分离超平面可将两类数据正确分开。感知机利用误分类最小的策略，求得分离超平面，不过这时的解有无穷个。线性可分支持向量机利用间隔最大化求最优分离超平面，这时，解是唯一的。

下面给出线性可分支持向量机的定义：给定线性可分训练数据集，通过间隔最大化或等价地求解相应的凸二次规划问题学习得到的分离超平面为

$$w^* \cdot x + b^* = 0 \tag{3-85}$$

相应的分类决策函数为

$$f(x) = \text{sign}(w^* \cdot x + b^*) \tag{3-86}$$

称为线性可分支持向量机。

如图 3-7 所示的二维特征空间中的分类问题，图中方块表示正例，圆点表示负例。训练数据集线性可分，即有许多直线能将两类数据正确划分。线性可分支持向量机对应着将两类数据正确划分并且间隔最大的直线。

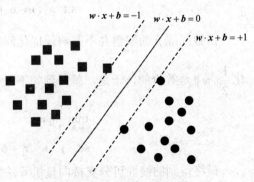

图 3-7　二维特征空间图

2. 函数间隔和几何间隔

1）函数间隔

对于给定的训练数据集 T 和分离超平面 (w, b)，定义分离超平面 (w, b) 关于样本点

(x_i, y_i) 的函数间隔为

$$\hat{\gamma}_i = y_i(\boldsymbol{w} \cdot \boldsymbol{x}_i + \boldsymbol{b}) \tag{3-87}$$

定义分离超平面$(\boldsymbol{w},\boldsymbol{b})$关于训练数据集 T 的函数间隔为该平面关于 T 中所有样本点 (x_i, y_i) 的函数间隔的最小值，即

$$\hat{\gamma} = \min_{i=1,2,\cdots,N} \hat{\gamma}_i \tag{3-88}$$

函数间隔可以表示分类预测的正确性及确信度，但是选择分离超平面时，只确定函数间隔还不够，因为只要成比例地改变 $\boldsymbol{w}$ 和 $\boldsymbol{b}$，如将它们改为 $2\boldsymbol{w}$ 和 $2\boldsymbol{b}$，超平面并没有改变，但函数间隔却变为原来的 2 倍。要解决这一问题，可以对分离超平面的法向量 $\boldsymbol{w}$ 加某些约束，如规范化（$\|\boldsymbol{w}\|=1$），使其间隔是确定的，这时函数间隔变为几何间隔。

2）几何间隔

对于给定的训练数据集 T 和分离超平面$(\boldsymbol{w},\boldsymbol{b})$，定义分离超平面$(\boldsymbol{w},\boldsymbol{b})$关于样本点 (x_i, y_i) 的几何间隔为

$$\gamma_i = y_i\left(\frac{\boldsymbol{w}}{\|\boldsymbol{w}\|} \cdot x_i + \frac{\boldsymbol{b}}{\|\boldsymbol{w}\|}\right) \tag{3-89}$$

定义分离超平面$(\boldsymbol{w},\boldsymbol{b})$关于训练数据集 T 的几何间隔为该平面关于 T 中所有样本点 (x_i, y_i) 的几何间隔的最小值，即

$$\gamma = \min_{i=1,2,\cdots,N} \gamma_i \tag{3-90}$$

3. 间隔最大化

支持向量机学习的基本思想是求解能够正确划分训练数据集并且几何间隔最大的分离超平面。这里的间隔最大化又称为硬间隔最大化。求解最大间隔分离超平面可以表示为下面的约束最优化问题，即

$$\max_{\boldsymbol{w},\boldsymbol{b}} \gamma$$
$$\text{s.t.} \quad y_i\left(\frac{\boldsymbol{w}}{\|\boldsymbol{w}\|} \cdot x_i + \frac{\boldsymbol{b}}{\|\boldsymbol{w}\|}\right) \geqslant \gamma, \quad i=1,2,\cdots,N \tag{3-91}$$

考虑几何间隔和函数间隔的关系式，可将这个问题改写为

$$\max_{\boldsymbol{w},\boldsymbol{b}} \frac{\hat{\gamma}}{\|\boldsymbol{w}\|}$$
$$\text{s.t.} \quad y_i(\boldsymbol{w} \cdot \boldsymbol{x}_i + \boldsymbol{b}) \geqslant \hat{\gamma}, \quad i=1,2,\cdots,N \tag{3-92}$$

函数间隔$\hat{\gamma}$的取值并不影响最优化问题的解，因此，取$\hat{\gamma}=1$，并且最大化$\dfrac{1}{\|\boldsymbol{w}\|}$和最小化$\dfrac{1}{2}\|\boldsymbol{w}\|$是等价的，于是，就得到如下最优化问题：

$$\min_{\boldsymbol{w},\boldsymbol{b}} \frac{1}{2}\|\boldsymbol{w}\|$$
$$\text{s.t.} \quad y_i(\boldsymbol{w} \cdot \boldsymbol{x}_i + \boldsymbol{b}) - 1 \geqslant 0, \quad i=1,2,\cdots,N \tag{3-93}$$

最终得到的线性可分支持向量机算法如下。

输入：线性可分训练数据集

$$T = \{(x_1, y_1), (x_2, y_2), \cdots, (x_N, y_N)\} \qquad (3\text{-}94)$$

式中，$x_i \in X = \mathbb{R}^n$，$y_i \in Y = \{+1, -1\}$，$i = 1, 2, \cdots, N$。

输出：最大间隔分离超平面和分类决策函数。

（1）构造并求解如下最优化问题：

$$\min_{w,b} \frac{1}{2} \| w \| \qquad (3\text{-}95)$$
$$\text{s.t.} \ \ y_i(w \cdot x_i + b) - 1 \geqslant 0, \ \ i = 1, 2, \cdots, N$$

求得最优解 w^*、b^*。

（2）得到如下分离超平面和分类决策函数：

$$w^* \cdot x + b^* = 0 \qquad (3\text{-}96)$$
$$f(x) = \text{sign}(w^* \cdot x + b^*) \qquad (3\text{-}97)$$

4. 支持向量和间隔边界

在线性可分的情况下，训练数据集的样本点中与分离超平面距离最近的样本点的实例称为支持向量。支持向量是使约束式等号成立的点，即

$$y_i(w \cdot x_i + b) - 1 = 0 \qquad (3\text{-}98)$$

如图 3-8 所示，H_1 和 H_2 之间的距离称为间隔，大小为 $\dfrac{2}{\| w \|}$。间隔依赖于分离超平面的法向量。

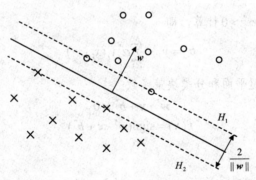

图 3-8　距离间隔图

在决定分离超平面时只有支持向量起作用，其他实例点并未起作用。如果移动支持向量将改变所求的解，在间隔边界以外移动实例点，甚至去掉这些点，解不会改变。由于支持向量在确定分离超平面中起着决定性的作用，因此将这种分类模型称为支持向量机。

5. 对偶问题

为了求解线性可分支持向量机的最优化问题，应用拉格朗日对偶性，通过求解对偶问题得到原始问题的最优解，这就是线性可分支持向量机的对偶算法。对偶问题往往更容易求解，并且自然引入核函数，进而推广到非线性分类问题。

引入拉格朗日乘子，构建如下拉格朗日函数：

$$L(\boldsymbol{w},\boldsymbol{b},\boldsymbol{\alpha}) = \frac{1}{2}\|\boldsymbol{w}\| - \sum_{i=1}^{N}\alpha_i y_i(\boldsymbol{w}\cdot x_i + \boldsymbol{b}) + \sum_{i=1}^{N}\alpha_i \qquad (3\text{-}99)$$

根据拉格朗日对偶性，原始问题的对偶问题是极大极小问题，即

$$\max_{\boldsymbol{\alpha}}\min_{\boldsymbol{w},\boldsymbol{b}} L(\boldsymbol{w},\boldsymbol{b},\boldsymbol{\alpha}) \qquad (3\text{-}100)$$

通过对上述极大极小问题的求解，可以得到线性可分支持向量机的对偶问题，具体算法如下。

输入：线性可分训练数据集

$$T = \{(x_1,y_1),(x_2,y_2),\cdots,(x_N,y_N)\} \qquad (3\text{-}101)$$

式中，$x_i \in X = \mathbb{R}^n$，$y_i \in Y = \{+1,-1\}$，$i = 1,2,\cdots,N$。

输出：最大间隔分离超平面和分类决策函数。

（1）构造并求解约束最优化问题：

$$\min_{\boldsymbol{\alpha}} \frac{1}{2}\sum_{i=1}^{N}\sum_{j=1}^{N}\alpha_i\alpha_j y_i y_j (x_i\cdot x_j) - \sum_{i=1}^{N}\alpha_i$$

$$\text{s.t.} \sum_{i=1}^{N}\alpha_i y_i = 0, \quad \alpha_i \geqslant 0, \quad i = 1,2,\cdots,N \qquad (3\text{-}102)$$

求得最优解 $\boldsymbol{\alpha}^* = \left(\alpha_1^*,\alpha_2^*,\cdots,\alpha_N^*\right)^{\mathrm{T}}$。

（2）计算权重：

$$\boldsymbol{w}^* = \sum_{i=1}^{N}\alpha_i^* y_i x_i \qquad (3\text{-}103)$$

并选择 $\boldsymbol{\alpha}^*$ 的一个正分量 $\alpha_j^* > 0$ 计算，即

$$\boldsymbol{b}^* = y_j - \sum_{i=1}^{N}\alpha_i^* y_i (x_i\cdot x_j) \qquad (3\text{-}104)$$

（3）得到如下分离超平面和分类决策函数：

$$\boldsymbol{w}^*\cdot x + \boldsymbol{b}^* = 0 \qquad (3\text{-}105)$$

$$f(x) = \text{sign}(\boldsymbol{w}^*\cdot x + \boldsymbol{b}^*) \qquad (3\text{-}106)$$

3.8.2 线性支持向量机

1. 线性支持向量机原始算法

线性可分支持向量机对于线性不可分的训练数据集是不适用的。此时，函数间隔大于等于1的不等式约束并不都能成立，需要将硬间隔最大化修改为软间隔最大化。

假设特征空间上的训练集与 3.8.1 节中基本类似，只是此时的假设训练数据集不是线性可分的。通常情况是由于训练数据集中有一些特异点，将这些特异点除去后，剩下大部分的样本点组成的集合是线性可分的。

为了解决上述不等式约束不成立的问题，可以对每一个样本点 (x_i,y_i) 引入一个松弛变量 $\xi_i \geqslant 0$，使函数间隔加上松弛变量大于等于 1，因此，约束条件变为

$$y_i(\boldsymbol{w}\cdot x_i + \boldsymbol{b}) \geqslant 1 - \xi_i, \quad i = 1,2,\cdots,N \qquad (3\text{-}107)$$

同时，每一个松弛变量 ξ_i，用于支付一个代价 (ξ_i)，目标函数由原来的 $\frac{1}{2}\|\boldsymbol{w}\|$ 变为

$$\frac{1}{2}\|\boldsymbol{w}\|+C\sum_{i=1}^{N}\xi_i \tag{3-108}$$

这里，C 称为惩罚参数，一般由应用问题决定，C 值大时对误分类的惩罚增大，C 值小时对误分类的惩罚减小。

由此，可以得到线性不可分的支持向量机原始问题，即

$$\min_{\boldsymbol{w},\boldsymbol{b},\xi}\frac{1}{2}\|\boldsymbol{w}\|+C\sum_{i=1}^{N}\xi_i \tag{3-109}$$
$$\text{s.t. } y_i(\boldsymbol{w}\cdot\boldsymbol{x}_i+\boldsymbol{b})\geqslant 1-\xi_i,\ \xi_i\geqslant 0,\ i=1,2,\cdots,N$$

求解上述问题得到 $\boldsymbol{w}^*$、$\boldsymbol{b}^*$，从而得到如下分离超平面和分类决策函数：

$$\boldsymbol{w}^*\cdot\boldsymbol{x}+\boldsymbol{b}^*=0 \tag{3-110}$$
$$f(\boldsymbol{x})=\text{sign}(\boldsymbol{w}^*\cdot\boldsymbol{x}+\boldsymbol{b}^*) \tag{3-111}$$

2. 学习的对偶算法

上述原始问题的对偶问题为

$$\min_{\boldsymbol{\alpha}}\frac{1}{2}\sum_{i=1}^{N}\sum_{j=1}^{N}\alpha_i\alpha_j y_i y_j(x_i\cdot x_j)-\sum_{i=1}^{N}\alpha_i \tag{3-112}$$
$$\text{s.t. }\sum_{i=1}^{N}\alpha_i y_i=0,\ 0\leqslant\alpha_i\leqslant C,\ i=1,2,\cdots,N$$

如果上述对偶问题的一个解为 $\boldsymbol{\alpha}^*=\left(\alpha_1^*,\alpha_2^*,\cdots,\alpha_N^*\right)^{\text{T}}$，若存在 $\boldsymbol{\alpha}^*$ 的一个分量 α_j^*（$0<\alpha_j^*<C$），则 $\boldsymbol{w}^*$、$\boldsymbol{b}^*$ 可按下面两式求得：

$$\boldsymbol{w}^*=\sum_{i=1}^{N}\alpha_j^* y_i x_i \tag{3-113}$$

$$\boldsymbol{b}^*=y_j-\sum_{i=1}^{N}\alpha_i^* y_i(x_i\cdot x_j) \tag{3-114}$$

进而得到分离超平面和决策函数。

3.8.3 非线性支持向量机

1. 核技巧

非线性支持向量机主要用于解决非线性分类问题。非线性分类问题是指那些只有利用非线性模型才能很好地进行分类的问题，如图 3-9 所示。

非线性分类问题的解决方法通常是进行一个非线性变换，将非线性分类问题变为线性分类问题，然后通过解决线性分类问题来求解原来的非线性分类问题。

非线性支持向量机通过核技巧进行空间映射，即将输入空间（如欧氏空间 $\mathbb{R}^n$ 或离散集合 X）对应于一个特征空间（如希尔伯特空间 $\mathcal{H}$），使得输入空间中的超曲面模型对应于特征空间中的超平面模型。

设 X 是输入空间，$\mathcal{H}$ 是特征空间，如果存在一个从 X 到 $\mathcal{H}$ 的映射，即

$$\phi(x):X\to\mathcal{H} \tag{3-115}$$

使得对于所有的 $x,z\in X$，函数 $K(x,z)$ 满足如下条件：

$$K(x,z) = \phi(x) \cdot \phi(z) \qquad (3\text{-}116)$$

则称 $K(x,z)$ 为核函数，$\phi(x)$ 为映射函数，$\phi(x) \cdot \phi(z)$ 为 $\phi(x)$ 和 $\phi(z)$ 的内积。

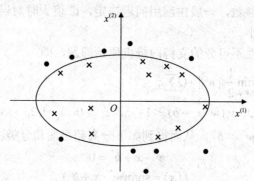

图 3-9 非线性分类问题

核技巧的想法是，在学习与预测中只定义核函数，而不显式定义映射函数。在线性支持向量机的对偶问题中，无论是目标函数还是决策函数，都只涉及输入实例之间的内积。因此，对偶问题目标函数中的内积 $x_i \cdot x_j$ 可以用核函数 $K(x_i,x_j) = \phi(x_i) \cdot \phi(x_j)$ 来代替。这等价于经过映射函数将原来的输入空间变换为一个新的特征空间，将输入空间中的内积 $x_i \cdot x_j$ 变换为特征空间中的内积 $\phi(x_i) \cdot \phi(x_j)$。

在新的特征空间中，从训练样本中学习线性支持向量机。当映射函数是非线性函数时，学习到的含有核函数的支持向量机是非线性分类模型。也就是说，在核函数给定的条件下，可以利用解线性分类问题的方法求解非线性分类问题的支持向量机。学习是隐式地在特征空间中进行的，不需要显式地定义特征空间和映射函数，这样的技巧称为核技巧。

2. 非线性支持向量机的定义

非线性支持向量机定义的具体算法如下。

输入：线性可分训练数据集

$$T = \{(x_1,y_1),(x_2,y_2),\cdots,(x_N,y_N)\} \qquad (3\text{-}117)$$

式中，$x_i \in X = \mathbb{R}^n$，$y_i \in Y = \{+1,-1\}$，$i = 1,2,\cdots,N$。

输出：分类决策函数。

（1）选取适当的核函数 $K(x,z)$ 和适当的参数 C，构造并求解最优化问题，即

$$\min_{\alpha} \frac{1}{2} \sum_{i=1}^{N} \sum_{j=1}^{N} \alpha_i \alpha_j y_i y_j K(x_i,x_j) - \sum_{i=1}^{N} \alpha_i$$

$$\text{s.t.} \sum_{i=1}^{N} \alpha_i y_i = 0, \quad 0 \leqslant \alpha_i \leqslant C, \quad i = 1,2,\cdots,N \qquad (3\text{-}118)$$

求得最优解 $\boldsymbol{\alpha}^* = \left(\alpha_1^*,\alpha_2^*,\cdots,\alpha_N^*\right)^{\mathrm{T}}$。

（2）选择 $\boldsymbol{\alpha}^*$ 的一个正分量 $0 < \alpha_j^* < C$ 计算求得 $\boldsymbol{b}^*$，即

$$\boldsymbol{b}^* = y_j - \sum_{i=1}^{N} \alpha_i^* y_i K(x_i,x_j) \qquad (3\text{-}119)$$

（3）构造决策函数：

$$f(\boldsymbol{x}) = \text{sign}\left(\sum_{i=1}^{N} \alpha_j^* y_i K(x_i, x_j) + b^*\right) \qquad (3\text{-}120)$$

当 $K(x_i, x_j)$ 是正定核函数时，解存在。

3.8.4　支持向量机在实际应用中的优缺点

支持向量机是机器学习领域中应用广泛、效果显著的分类器之一，其主要优点如下。

（1）避开了高维空间的复杂性，通过核函数映射可以降低高维问题求解的难度。

（2）基于结构风险最小化原则，避免过学习问题，泛化能力强。

（3）支持向量机求解的是一个凸优化问题，因此，局部最优解一定是全局最优解。

（4）泛化能力好，通常在小样本训练集上能够得到比其他方法更好的结果。支持向量机本身的优化目标是结构化风险最小，而不是经验风险最小，因此，通过"大间隔"的概念，得到对数据分布的结构化描述，降低了对数据规模和数据分布的要求。

支持向量机的主要缺点如下。

（1）训练速度慢。

（2）核函数的确定还没有明确的方案。目前来说，核函数的选取具有一定的随意性。实际上，在不同的应用领域，核函数通常具有不同的形式，因此，在选取核函数时应该把领域知识考虑进来。

（3）对于数据量比较大的训练集，效果不一定比其他的分类器好。

3.9　集　成　学　习

集成学习通过构建并结合多个学习器来完成学习任务，有时也被称为多分类器系统。集成学习的一般结构：先产生一组"个体学习器"，再用某种策略将它们结合起来。个体学习器通常由一个现有的学习算法从训练数据中产生。

如果集成中只包含同种类型的个体学习器，如"决策树集成"中全是决策树，这样的集成是"同质"的。同质集成中的个体学习器亦称为"基学习器"，相应的学习算法称为"基学习算法"。集成也可以包含不同类型的个体学习器，这样的集成是"异质"的。异质集成中的个体学习器由不同的学习算法生成，这时不再是基学习算法。相应地，个体学习器一般不称为基学习器，常称为组件学习器或直接称为个体学习器。

历史上，曾提出"强可学习"和"弱可学习"的概念。例如，在概率近似正确的学习框架中，一个概念（一个分类），如果存在一个多项式的学习算法能够学习它，并且正确率很高，那么就称这个概念是强可学习的；一个概念，如果存在一个多项式的学习算法能够学习它，学习的正确率仅比随机猜测（0.5）略好，那么就称这个概念是弱可学习的。

目前的集成学习方法大致可分为两类，即个体学习间存在强依赖关系必须串行生成的序列化方法，以及个体学习器间不存在强依赖关系可同时生成的并行化方法。前者的代表是 Boosting 算法，后者的代表是 Bagging 算法和随机森林（random forest，RF）算法。

3.9.1　Boosting 算法

Boosting 算法是一组可将弱学习器提升为强学习器的算法。这组算法的工作机制为：

首先从初始训练数据集中训练出一个基学习器，再根据基学习器的表现对训练样本分布进行调整，使之前基学习器做错的训练样本在后续受到更多关注；然后基于调整后的样本分布训练下一个基学习器。如此重复进行，直至基学习器数目达到实现指定的值 T，最终对这 T 个基学习器进行加权结合。

这样，对于提升算法来说，有两个问题需要回答：一是在每一轮如何改变训练数据的权值分布；二是如何将弱分类器组合成一个强分类器。

Boosting 算法中最著名的代表是 AdaBoosting。对于提升算法的两个问题，AdaBoosting 算法首先提高那些被前一轮弱分类器错误分类样本的权值，降低那些被正确分类样本的权值；其次采用加权多数表决的方法。具体操作方法是：加大分类误差率小的弱分类器的权值，使其在表决中起较大的作用；减小分类误差大的弱分类器的权值，使其在表决中起较小的作用。AdaBoosting 算法的具体流程如下。

输入：训练数据集 $T = \{(x_1, y_1),(x_2, y_2),\cdots,(x_N, y_N)\}$，其中，$x_i \in X = \mathbb{R}^n$，$y_i \in Y = \{+1, -1\}$，$i = 1, 2, \cdots, N$；弱学习算法。

输出：最终分类器 $G(x)$。

（1）初始化训练数据集的权值分布，即

$$D_1 = \{w_{11}, w_{12}, \cdots, w_{1i}, \cdots, w_{1N}\} \tag{3-121}$$

式中，$w_{1i} = \dfrac{1}{N}$，$i = 1, 2, \cdots, N$

（2）对 $m = 1, 2, \cdots, M$：

① 使用具有权值分布 D_m 的训练数据集学习，得到基本分类器：

$$G_m(x): X \to \{-1, +1\} \tag{3-122}$$

② 计算 $G_m(x)$ 在训练数据集上的分类错误率：

$$e_m = P = \sum_{i=1}^{N} w_{mi} I, \quad G_m(x_i) \neq y_i \tag{3-123}$$

式中，I 表示不等式成立时值为 1，否则值为 0。

③ 计算 $G_m(x)$ 的系数：

$$\alpha_m = \frac{1}{2}\ln\frac{1-e_m}{e_m} \tag{3-124}$$

④ 更新训练数据集的权值分布：

$$D_{m+1} = \{w_{m+1,1}, w_{m+1,2}, \cdots, w_{m+1,i}, \cdots, w_{m+1,N}\} \tag{3-125}$$

式中，$w_{m+1,i} = \dfrac{w_{m,i}}{Z_m}\exp\left(-\alpha_m y_i G_m(x_i)\right)$，$i = 1, 2, \cdots, N$。其中，$Z_m$ 是规范化因子：

$$Z_m = \sum_{i=1}^{N} w_{mi}\exp\left(-\alpha_m y_i G_m(x_i)\right) \tag{3-126}$$

它使 D_{m+1} 成为一个概率分布。

（3）构建基本分类器的线性组合：

$$f(x) = \sum_{m=1}^{M}\alpha_m G_m(x) \tag{3-127}$$

得到最终分类器：

$$G(x) = \text{sign}(f(x)) = \text{sign}\left(\sum_{m=1}^{M} \alpha_m G_m(x)\right) \tag{3-128}$$

对 AdaBoosting 算法作如下说明。

· 步骤（1）假设训练数据集具有均匀的权值分布，即每个训练样本在基本分类器的学习中作用相同，这一假设保证第一步能够在原始数据上学习基本分类器 $G_1(x)$。

· 步骤（2）AdaBoosting 反复学习基本分类器，在每一轮 $m = 1, 2, \cdots, M$ 顺次地执行①～④四个操作。

· 在步骤（2）的②中，计算基本分类器 $G_m(x)$ 在加权训练数据集上的分类误差率：

$$e_m = P_{(G_m(x_i) \neq y_i)} = \sum_{i=1}^{N} w_{mi} I, \ G_m(x_i) \neq y_i \tag{3-129}$$

式中，w_{mi} 表示第 m 轮中第 i 个实例的权值，$\sum_{i=1}^{N} w_{mi} = 1$。

· 在步骤（2）的③中，计算基本分类器 $G_m(x)$ 的系数 α_m。α_m 表示 $G_m(x)$ 在最终分类器中的重要性。由式 $\alpha_m = \dfrac{1}{2} \ln \dfrac{1 - e_m}{e_m}$ 可知，当 $e_m \leqslant \dfrac{1}{2}$ 时，$\alpha_m \geqslant 0$，并且 α_m 随着 e_m 的减小而增大，因此分类误差率越小的基本分类器在最终分类器中的作用越大。

样本权值本质上是样本的数量分布，要使其影响到弱分类器，可以通过下两种方法实现。

第一，修改弱分类器的代码，使其支持带权值的训练样本。不同的弱分类器修改方式不相同，一般要修改损失函数，将样本的权值赋给对应样本的损失函数。

第二，对于无法接受带权样本的基学习算法，可以通过 Bootstrap 随机抽样，抽样的概率等于样本的权值。

AdaBoosting 算法的优点如下。

（1）精度高。

（2）可以使用各种方法构建子分类器，AdaBoosting 算法提供的是框架。

（3）当使用简单分类器时，计算的结果是可以理解的，而且弱分类器构造极其简单。

（4）不用做特征筛选。

（5）不用担心过拟合。

AdaBoosting 算法的缺点如下。

（1）AdaBoosting 算法的迭代次数（弱分类器数目）不太好设定，可使用交叉验证进行确定。

（2）训练数据不平衡会导致分类精度下降。

（3）训练比较耗时，每次重新选择当前分类器的最好切分点。训练数据量比较大，而且对时效性有一定的要求，因此，这一点至关重要。在实际中会根据具体的训练时间来确定是否使用该算法，以及选用什么样的基本分类器。

3.9.2　Bagging 算法

Bagging 算法是并行式集成学习算法中最著名的代表，其名字是由 Boostrap Aggregating 缩写而来，由名字可以看出该方法基于自助采样法：给定包含 m 个样本的数据集，先随机取出一个样本放入采样集中，再把该样本放回初始数据集，使得下次采样时该样本仍有可能被选中，这样，经过 m 次随机采样操作后，得到含 m 个样本的采样集，初始训练集中有的样本在采样集中多次出现，有的则从未出现。

Bagging 算法的基本流程如下：首先，采样出 T 个含 m 个训练样本的采样集；其次，基于每个采样集训练一个基学习器；最后，将这 T 个基学习器进行结合得到最终的训练结果。至于对基学习器的结果进行结合，Bagging 通常在分类问题中采用简单投票法，在回归问题中采用简单平均法。

3.9.3 随机森林算法

随机森林算法是 Bagging 算法的一个扩展变体。随机森林算法中使用了决策树作为基学习器来构建 Bagging 算法，除此之外还在决策树的训练过程中引入了随机属性选择。

如果当前节点属性集合中有 d 个属性，传统决策树在选择划分属性时是在这 d 个属性中选择一个最优属性。随机属性选择是指先在 d 个属性中选择 k 个属性，然后从选出的 k 个属性中选择最优属性用于划分。通常推荐 k 的取值为 $k = \log_2 d$。

样本的随机性和属性的随机性在一定程度上保证了基训练器之间的独立性，提高了随机森林算法的整体泛化能力。

随机森林算法的主要优点：简单，容易实现，并且计算开销小，能够有效地运行在大数据集上处理具有高维特征的数据，并且不需要降维，在很多现实任务中展现出强大的性能，被誉为"代表集成学习技术水平的方法"。

随机森林算法的主要缺点：模型规模大，很容易就会花费成百上千兆字节的内存，最后会因为评估速度慢而结束。

3.10 构建机器学习算法

几乎所有的深度学习算法都可以用一个相当简单的方式来描述：特定的数据集、代价函数、优化过程和模型。例如，线性回归算法由 x 和 y 构成的数据集组成，则代价函数为

$$J(\boldsymbol{w},\boldsymbol{b}) = -\mathbb{E}_{\boldsymbol{x},\boldsymbol{y} \sim \hat{p}_{\text{data}}} \log p_{\text{model}}(\boldsymbol{y} \mid \boldsymbol{x}) \tag{3-130}$$

模型为

$$p_{\text{model}}(\boldsymbol{y} \mid \boldsymbol{x}) = \mathcal{N}(\boldsymbol{y}; \boldsymbol{x}^{\mathrm{T}}\boldsymbol{w} + \boldsymbol{b}, 1) \tag{3-131}$$

在大多数情况下，优化算法可以定义为求解代价函数梯度为零的正规方程。由于可以替换独立于其他组件的大多数组件，因此，能得到很多不同的算法。

通常代价函数至少含有一项使学习过程进行统计估计的成分。最常见的代价函数是负对数似然，代价函数也可能含有附加项，如正则化项，可以将权重衰减加到线性回归的代价函数中，即

$$J(\boldsymbol{w},\boldsymbol{b}) = \lambda \| \boldsymbol{w} \|^2 - \mathbb{E}_{\boldsymbol{x},\boldsymbol{y} \sim \hat{p}_{\text{data}}} \log p_{\text{model}}(\boldsymbol{y} \mid \boldsymbol{x}) \tag{3-132}$$

该优化仍然有闭式解，如果将该模型变成非线性的，那么大多数代价函数不再能通过闭式解优化。这就需要选择一个迭代数值来进行优化，如梯度下降等。组合模型、代价和优化算法的配方同时适用于监督学习和无监督学习。线性回归示例说明了其是如何适用于

监督学习的。无监督学习时，需要定义一个只包含 x 的数据集、一个合适的无监督代价和一个模型。例如，通过指定如下损失函数可以得到 PCA（principal component analysis，主成分分析）方法的第一个主向量。

$$J(w) = \mathbb{E}_{x \sim \hat{p}_{data}} \| x - r(x; w) \| \tag{3-133}$$

将模型定义为重构函数：

$$r(x) = w^{\mathrm{T}} x w \tag{3-134}$$

式中，w 有范数为 1 的限制。

在某些情况下，由于计算原因，不能实际计算代价函数。在这种情况下，只要有近似其梯度的方法，那么，仍然可以使用迭代数值优化近似最小化目标。尽管有时候不明显，但大多数学习算法都用到了上述方式。如果一个机器学习算法看上去特别独特或是手动设计的，那么通常需要使用特殊的优化方法进行求解。有些模型，如决策树或 k-均值，需要特殊的优化，因为它们的代价函数有平坦区域，不适合通过基于梯度的优化去最小化。在认识到大部分机器学习算法可以使用上述方法描述后，可以将不同算法视为出于相同原因解决相关问题的一类方法，而不是一长串各个不同的算法。

第 4 章　深度学习算法

简单的传统机器学习算法在许多重要问题上表现良好，但它们无法解决人工智能的核心问题，如在语音识别和对象识别等场景中的应用。深度学习算法的发展动力之一是传统机器学习算法在一些人工智能问题上的泛化能力不足。

在处理高维数据时，传统机器学习算法很难在新样本上实现泛化，而且传统机器学习算法中的泛化机制不适用于高维空间中的复杂函数。这些空间往往需要巨大的计算开销，深度学习算法的目标就是解决这些问题以及其他一些困难。

4.1　深度学习的挑战

机器学习目前面临的挑战包括：维数灾难、高维特征空间和数据量问题，大数据量计算困难问题，寻求最优解困难问题和可解释性差问题等。本节针对当前很多人关心的几个重要问题，如维数灾难、局部不变性和平滑正则化、流形学习等做了分析，以引起深入思考。

1. 维数灾难

维数灾难又名维度诅咒，是一个最早由理查德·贝尔曼（Richard Bellman）在考虑优化问题时首次提出来的术语，用来描述当（数学）空间维度增加时，分析和组织高维空间（通常有成百上千维）因体积指数增加而遇到各种问题场景。这样的难题在低维空间中不会遇到，如物理空间通常只用三维来建模。当数据的维数很高时，很多机器学习问题变得相当困难。特别值得注意的是，一组变量不同的可能配置数量会随着变量数目的增加呈指数级增长。

维数灾难会发生在涉及计算机科学的许多地方，在机器学习中尤其如此。由维数灾难带来的一个挑战是统计挑战。统计挑战产生于某个参数的可能配置数目远大于训练样本的数目。为了充分理解这个问题，假设输入空间被分成单元格：当空间是低维时，可以通过大部分数据占据的少量单元格去描述这个空间；当泛化到新数据点时，再通过检测和新输入点在相同单元格中的训练样本，判断如何处理新数据点。例如，如果要估计某处的概率密度，可以返回该处单位体积单元格内训练样本的数目除以训练样本的总数。

如果希望对一个样本进行分类，可以返回相同单元格中训练样本最多的类别。如果是做回归分析，可以平均该单元格中样本对应的目标值。

2. 局部不变性和平滑正则化

为了更好地泛化，机器学习算法需要由先验信念引导学习什么类型的函数。此前，已经看到过由模型参数的概率分布形成的先验。通俗地讲，先验信念直接影响函数本身，通过它们对函数的影响来间接改变参数。此外，先验信念还间接地体现在选择一些偏好某类函数的算法中。其中最广泛使用的隐式先验也称为局部不变性先验。这个先验表明学习的函数不应在小区域内发生很大的变化。许多简单算法完全依赖于此先验达到良好的泛化，但是结果并不能推广去解决人工智能级别任务中的统计挑战。

3. 流形学习

流形是一个机器学习中有很多内在想法的重要概念。流形是指连接在一起的区域。在数学上，它指的是一组点，且每个点都有其邻域。给定一个任意的点，其流形局部看起来像是欧几里得空间。在日常生活中，通常将地球视为二维平面，但实际上它是三维空间中的球状流形。对每个点周围邻域的定义暗示着存在某种变换能够将该点从当下位置移动到其邻域位置。例如，在地球表面上可以朝东南西北四个方向走。尽管术语“流形”有正式的数学定义，但是机器学习更倾向于松散地定义一组点，只需要考虑少数嵌入在高维空间中的自由度或维数就能很好地近似。其中的每一维都对应着局部的变化方向。如图 4-1 所示，训练数据位于二维空间中的一维流形中，从一个二维空间的分布中抽取数据样本，这些样本实际上聚集在一维流形附近，像一个缠绕的带子，实线代表学习器应该推断的隐式流形。

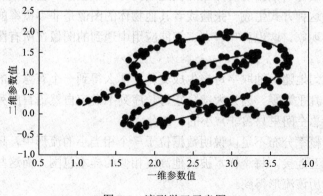

图 4-1　流形学习示意图

在机器学习中，允许流形的维数从一个点到另一个点有所变化。这经常发生于流形和自身相交的情况中。例如，数字"8"形状的流形在大多数位置只有一维，但在中心的相交处却有两维。

如果想通过机器学习算法来学习在整个 N 维空间上变化的函数，那么很多机器学习问题看上去都是无法解决的。流形学习算法通过一个假设来克服这个障碍，该假设认为 N 维空间中大部分区域都是无效的输入，有意义的输入只分布在包含少量数据点子集构成的一组流形中，而学习函数的输出中，有意义的变化都沿着流形的方向或仅发生在切换到另一流形时。流形学习最初用于连续数值和无监督学习的环境，尽管这个概率集中的想法也能够泛化到离散数据和监督学习的设定之下，也就是关键假设仍然是概率质量高度集中。

数据位于低维流形的假设并不是完全对的。但是一般认为在人工智能的一些场景中，如涉及处理图像、声音或者文本时，流形假设至少是近似对的。这个假设的支持证据包含两类观察结果。

第一个支持流形假设的论点是现实生活中的图像、文本、声音的概率分布都是高度集中的。均匀的噪声从来不会与这类领域的结构化输入类似。图 4-2 所示为均匀采样的点，这些点看上去像是没有信号时模拟电视上的静态模式。

图 4-2　随机地均匀抽取图像

随机均匀抽取图像（根据均匀分布随机地选择每一个像素）会得到噪声图像。尽管在人工智能应用中以这种方式生成一张脸或者其他物体的图像是非零概率的，但是实际上从来没有观察到这种现象。这也意味着人工智能应用中遇到的图像在所有图像空间中的占比是可以忽略不计的。

同样，如果均匀地随机抽取字母来生成文件，那么得到一个有意义的英语文档的概率是多少？答案是：几乎为零。因为大部分字母长序列不对应自然语言序列；自然语言序列的分布在字母序列总空间里只占非常小的一部分。

当然，集中的概率分布不足以说明数据位于一个相当小的流形中，还必须确保遇到的样本和其他样本相互连接，每个样本被其他高度相似的样本包围，而这些高度相似的样本可以通过变换来遍历该流形得到。

第二个支持流形假设的论点是至少能够非正式地想象这些邻域和变换。在图像中，会认为有很多可能的变换仍然允许描绘出图片空间的流形，如可以逐渐变暗或变亮、逐步移动或旋转图中的对象、逐渐改变对象表面的颜色等。在大多数应用中很有可能会涉及多个流形，例如，人脸图像的流形不太可能连接到猫脸图像的流形。

当数据位于低维流形中时，使用流形中的坐标而非 N 维空间中的坐标表示机器学习数据更为自然。在日常生活中，可以认为道路是嵌在三维空间中的一维流形，用一维道路中的地址号码确定地址，而非三维空间中的坐标。提取这些流形中的坐标是非常具有挑战性的，但是很有希望改进许多机器学习算法。这个一般性原则能够用在很多情况中。

图 4-3 是 QMUL Multiview Face 数据集中的训练样本，其中的物体是移动的，从而覆盖对应两个旋转角度的二维流形。对这个数据集进行流行学习是希望通过学习算法能够发现并且厘清这些流形坐标。

图 4-3　人脸的流形结构

深度学习有着悠久的历史和许多愿景，很多研究人员提出的方法和目标目前尚未实现。因此，关注那些已在工业中大量使用的技术方法是非常现实的问题。

现代深度学习为监督学习提供了一个强大的框架。通过向深度网络中添加更多层并向层内添加更多单元可以表示复杂性不断增加的函数。因此，给定足够大的模型和足够大的标准训练数据集，通过深度学习将输入向量映射到输出向量，就能完成大多数人工能够迅速处理的任务。对于不能被描述为将一个向量与另一个向量相关联的任务，或者对于人们来说足够困难并需要时间思考和反复琢磨才能完成的任务，现在仍然超出深度学习的能力范围。

描述参数化函数近似技术是深度学习的核心，几乎所有现代实际应用的深度学习背后都用到了这一技术。例如，描述用于表示这些函数的前馈深度网络模型，提出正则化和优化这种模型的高级技术，并将这些模型扩展到大输入（如高分辨率图像或长时间序列）样本中。又如，提出实用方法的一般准则，这有助于设计、构建和配置一些涉及深度学习的应用。

4.2　机器学习的应用

机器学习主要解决计算机视觉、语音识别、自然语言处理（NLP）和其他商业领域中的应用问题。本节讨论在许多重要的 AI 应用中所需的大规模神经网络的实现，以及深度学习已经成功应用的几个特定领域。尽管深度学习的一个目标是设计能够处理各种任务的算法，然而，截至目前深度学习的应用仍然需要一定程度的优化。例如，计算机视觉中的任务对每一个样本都需要处理大量的输入特征（像素），NLP 任务的每一个输入特征都需要对大量的可能值（词汇表中的词）建模。

4.2.1　大规模深度学习

深度学习的基本思想基于联结主义。尽管机器学习模型中单个生物性的神经元或者说单个特征不是智能的，但是大量的神经元或特征作用在一起往往能够表现出智能，因此必须着重强调神经元的数量必须很大这个事实。相比 20 世纪 80 年代，神经网络如今的精度以及处理任务的复杂度都有一定提升，其中一个关键因素就是网络规模的巨大提升。在过去的几十年中，网络规模是以指数级的速度递增的。然而，如今的人工神经网络的规模也仅仅和昆虫的神经系统差不多。由于规模的大小对于神经网络来说至关重要，因此，深度学习需要高性能的硬件设施和软件来实现。

1. 快速的 CPU 实现

传统的神经网络是用单台机器的 CPU 来训练的。如今，这种做法通常被视为是不可取的。现在，使用图形处理器（graphics processing unit，GPU）或者多台机器的 CPU 连接在一起进行计算。在使用这种配置之前，为了论证 CPU 无法承担神经网络所需的巨大计算量，研究者们付出了巨大的努力。

2011 年，有研究者通过调整定点运算的实现方式获得了三倍于一个强浮点运算系统的速度。因为各个新型 CPU 都有各自不同的特性，所以有时候采用浮点运算实现会更快。一条重要的准则就是，通过特殊设计的数值运算，可以获得巨大的回报。除了选择定点运算或浮点运算以外，其他的策略还包括通过优化数据结构避免高速缓存缺失和使用向量指令等。如果模型规模不会限制模型表现（不会影响模型精度），机器学习的研究者们一般忽略这些实现的细节。

2. GPU 实现

现代许多神经网络的实现基于 GPU。GPU 最初是为图形应用开发的专用硬件组件。视频游戏系统的消费市场刺激了图形处理硬件的发展，它为适应视频游戏所设计的特性也可以使神经网络的计算受益。

视频游戏的渲染要求许多操作能够快速并行地执行。环境和角色模型通过一系列顶点的 3D 坐标确定。为了将大量的 3D 坐标转化为 2D 显示器上的坐标，显卡必须并行地对许多顶点执行矩阵乘法与除法。之后，显卡必须并行地在每个像素上执行许多计算，以此来确定每个像素点的颜色。在这两种情况下，计算都是非常简单的，并且不涉及 CPU 通常遇到的复杂分支运算。例如，同一个刚体内的每个顶点都会乘上相同的矩阵；也就是说，不需要通过 if 语句来判断确定每个顶点需要乘哪个矩阵。各个计算过程之间也是完全相互独立的，因此，能够实现并行操作。计算过程还涉及处理大量内存缓冲以及描述每一个需要被渲染对象的纹理（颜色模式）的位图信息。

与上述的实时图形算法相比，神经网络算法所需的性能特性是相同的。神经网络算法通常涉及大量参数、激活值、梯度值的缓冲区，其中每个值在每一次训练迭代中都要完全更新。这些缓冲太大，会超出传统的桌面计算机的高速缓存容量，因此内存带宽通常会成为主要瓶颈。相比于 CPU，GPU 的一个显著优势是其极高的内存带宽。神经网络的训练算法通常并不涉及大量的分支运算与复杂的控制指令，因此更适合在 GPU 硬件上训练。由于神经网络能够被分为多个单独的神经元，并且独立于同一层内其他神经元进行处理，因此神经网络从 GPU 的并行特性中受益匪浅。

GPU 硬件最初专为图形任务而设计。随着时间的推移，GPU 也变得更灵活，允许定制的子程序处理转化顶点坐标或计算像素颜色的任务。原则上，GPU 不要求这些像素值实际基于渲染任务。只要将计算的输出值作为像素值写入缓冲区，GPU 就能用于科学计算。2005 年，有研究者就在 GPU 上实现了一个两层全连接的神经网络，并获得了相对基于 CPU 基准方法的三倍加速，也论证了相同的技术可以用来加速监督卷积网络的训练。

在通用 GPU 发布以后，使用显卡训练神经网络的热度开始爆炸性地增长。这种通用 GPU 可以执行任意代码，而并非仅仅渲染子程序。NVIDIA 公司的 CUDA（compute unified device architecture，统一计算设备架构）编程语言可以用一种像 C 语言一样的语言实现任意代码。由于相对简便的编程模型、强大的并行能力以及巨大的内存带宽，通用 GPU 为研究者提供了训练神经网络的理想平台。在理想平台发布以后不久，这个平台就迅速被深度学习的研究者所采纳。

如何在通用 GPU 上编写高效的代码依然是一个难题。在 GPU 上获得良好表现所需的技术与 CPU 上的技术不同。例如，基于 CPU 的良好代码通常被设计为尽可能从高速缓存中读取更多的信息。然而在 GPU 中，大多数可写内存位置并不会被高速缓存，因此计算某个值两次往往会比计算一次然后从内存中读取更快。GPU 代码是多线程的，不同线程之间必须仔细协调好。例如，如果能够把数据级联起来，那么涉及内存的操作一般会更快。当几个线程同时需要读/写一个值时，像这样的级联会作为一次内存操作出现。不同的 GPU 可能采用不同的级联读/写数据的方式。通常来说，如果在 n 个线程中，线程 i 访问的是第 $i+j$ 处的内存，其中 j 是 2 的某个幂次的倍数，那么内存操作就易于级联。具体的设定在不同的 GPU 型号中有所区别。GPU 另一个常见的设定是使一个组中的所有线程都同时执行同一指令，这意味着 GPU 难以执行分支操作，线程被分为一个个称作 warp 的小组。warp 中的每个线程在每一个循环中执行同一指令，因此当同一个 warp 中的不同线程需要执行不同的指令时，需要使用串行而非并行的方式。

由于实现高效 GPU 代码的困难性，研究人员应该组织好工作流程，避免对每一个新的模型或算法都编写新的 GPU 代码。通常来讲，人们会选择建立一个包含高效操作（如卷积和矩阵乘法）的软件库解决这个问题，然后再从库中调用所需的操作确定模型。

3. 大规模的分布式实现

在许多情况下，单个机器的计算资源是有限的。因此，把训练或推断任务分摊到多个机器上进行分布式推断是容易实现的，因为每一个输入的样本都可以在单独的机器上运行，这也被称为数据并行。同样，模型并行也是可行的，其中多个机器共同运行一个数据点，每个机器负责模型的一部分。对于推断和训练，这些都是可行的。

在训练过程中，数据并行某种程度上来说更加困难。对于随机梯度下降的单步来说，可以增加小批量的大小，但是从优化性能的角度来说，得到的回报通常并不会线性增长。使用多个机器并行地计算多个梯度下降步骤是一个更好的选择。

梯度下降的标准定义完全是一个串行的过程：第 t 步的梯度是第 $t-1$ 步所得参数的函数。这个问题可以使用异步随机梯度下降法解决。在这个方法中，几个处理器的核共用存有参数的内存。每一个核在无锁状态下读取这些参数并计算对应的梯度，然后更新这些参数。由于一些核把其他的核更新的参数覆盖了，因此这种方法减少了每一步梯度下降所获得的平均提升。但由于更新步数的速率增加了，总体上还是加快了学习过程。2012 年，有研究者率先提出了多机器无锁的梯度下降法，其中参数由参数服务器管理而非存储在共用的内存中。分布式的异步梯度下降法保留了训练深度神经网络的基本策略，并被工业界很多机器学习组使用。学术界的深度学习研究者通常无法负担那么大规模的分布式学习系统，但是一些研究仍关注于如何在校园环境中使用相对廉价的硬件系统构造分布式网络。

4. 模型压缩

在许多商业应用的机器学习模型中，一个时间和内存开销较小的推断算法比一个时间和内存开销较小的训练算法更为重要。对于那些不需要个性化设计的应用来说，只需要一次性地训练模型就可以被成千上万的用户使用。在许多情况下，相比于开发者，终端用户的可用资源往往更有限。例如，开发者可以使用巨大的计算机集群训练一个语音识别网络，然后将其部署到移动手机上。

减少推断所需开销的一个关键策略是模型压缩。模型压缩的基本思想是用一个更小的模型取代原始耗时的模型，从而使用来存储与评估所需的内存与运行时间更少。当原始模型的规模很大，且需要防止过拟合时，模型压缩就可以起作用。在许多情况下，拥有最小泛化误差的模型往往是多个独立训练而成的模型的集成。评估所有集成成员的成本很高。有时候，当单个模型很大（如使用 Dropout 正则化）时，其泛化能力也会很好。

这些巨大的模型能够学习到某个函数 $f(x)$，但选用的参数数量超过了任务所需的参数数量。只是因为训练样本数是有限的，所以模型的规模才变得必要。只要拟合了这个函数 $f(x)$，就可以通过将 $f(x)$ 作用于随机采样点 x 来生成有无穷多个训练样本的训练集。然后，使用这些样本训练一个新的更小的模型，使其能够在这些点上拟合 $f(x)$。为了更加充分地利用这个新的小模型的容量，最好从类似于真实测试数据（之后将提供给模型）的分布中采样 x。这个过程可以通过损坏训练样本或从原始训练数据训练的生成模型中采样完成。此外，还可以在原始训练数据上训练一个更小的模型，但只是为了复制模型的其他特征，如在不正确类上的后验分布。

5. 动态结构

一般来说，加速数据处理系统的一种策略是构造一个系统，这个系统用动态结构描述图中处理输入所需的计算过程。在给定一个输入的情况下，数据处理系统可以动态地决定运行神经网络系统的哪一部分。单个神经网络内部同样也存在动态结构，给定输入信息，决定特征（隐藏单元）哪一部分用于计算。这种神经网络中的动态结构有时被称为条件计算。由于模型结构许多部分可能只跟输入的一小部分有关，因此只计算那些需要的特征就可以起到加速的目的。

动态结构计算是一种基础的计算机科学方法，广泛应用于软件工程项目。应用于神经网络的最简单的动态结构基于决定神经网络或其他机器学习模型中的哪些子集需要应用于特定的输入。在分类器中加速推断的可行策略是使用级联的分类器。当目标是检测罕见对象（或事件）是否存在时，可以应用级联策略。要确定对象是否存在，必须使用具有高容量、高运行成本的复杂分类器。然而，由于对象是罕见的，通常可以使用更少的计算拒绝不包含对象的输入。在这些情况下，可以训练一个序列分类器，序列中的第一个分类器具有低容量，训练具有高召回率。换句话说，当它们被训练为确保对象存在时，不会错误地拒绝输入。序列中的最后一个分类器被训练为具有高精度。在测试时，按照顺序运行分类器进行推断，一旦级联中的任何一个拒绝它，就选择抛弃。总的来说，允许使用高容量模型以较高的置信度验证对象的存在，而不是强制为每个样本付出完全推断的成本。

在这种情况下，由于系统中的一些个体成员具有高容量，因此，系统作为一个整体显然也具有高容量。还可以使用另一种级联的分类器，其中每个单独的模型具有低容量，但是由于许多小型模型的组合，整个系统具有高容量。维奥拉-琼斯目标检测框架使用级联的增强决策树实现了适合在手持数字相机中使用的快速并且鲁棒的面部检测器。本质上，级联分类器使用滑动窗口来定位面部。分类器会检查许多窗口，如果这些窗口内不包含面部则被拒绝。级联的另一个版本是使用早期模型来实现一种硬注意力机制：级联的先遣成员定位对象，然后级联的后续成员在给定对象位置的情况下执行进一步处理。例如，Google 使用两步级联从街景视图图像中转换地址编号；首先，使用一个机器学习模型查找地址编号；然后，使用另一个机器学习模型将其转录。

决策树本身是动态结构的一个例子，因为树中的每个节点决定应该使用哪个子树来评估输入。一个结合深度学习和动态结构的简单方法是训练一个决策树，其中每个节点使用神经网络做出决策，但是这种方法并没有实现加速推断计算的目标。

另外，在给定当前输入的情况下，也可以使用选通器选择使用哪一个专家网络来计算输出。这个想法的第一个版本被称为专家混合体，其中选通器为每个专家输出一个概率或权重（通过非线性的 Softmax 函数获得），并且最终输出由各个专家输出的加权组合获得。在这种情况下，使用选通器不会降低计算成本，但如果每个样本的选通器选择单个专家，就会获得一个特殊的硬专家混合体，可以加速推断和训练。当选通器决策的数量很小时，这个策略效果会很好，因为它不是组合的。但是当选择不同的单元或参数子集时，不可能使用软开关，因为它需要枚举和计算输出所有的选通器配置。

为了解决这个问题，有研究者探索了几种方法来训练组合的选通器。Element AI 联合创始人约书亚·本吉奥（Yoshua Bengio）等提出使用选通器概率梯度的若干估计器；本杰明·培根（Benjamin Bacon）等使用强化学习技术（策略梯度）学习一种条件的 Dropout 形式（作用于隐藏单元块），在减少实际的计算成本的同时不会对近似的质量产生负面影响。另一种动态结构是开关，其中的隐藏单元可以根据具体情况从不同单元接收输入。这种动态路由方法可以理解为注意力机制。截至目前，硬性开关的使用在大规模应用中还没有被证明是有效的。

较为先进的方法一般采用对许多可能的输入使用加权平均，因此，不能完全得到动态结构带来的计算益处。使用动态结构化系统的主要障碍是，系统针对不同的输入使用不同的代码分支会导致并行度降低。这意味着网络中只有很少的操作可以被描述为对样本小批量的矩阵乘法或批量卷积。虽然可以通过写更多的专用子程序，来使用不同的核对样本做卷积，或使用不同的权重列乘以设计矩阵的每一行，但是这些专用的子程序也难以高效地实现。由于缺乏高速缓存的一致性，CPU 实现会十分缓慢。

此外，由于缺乏级联的内存操作以及 warp 成员使用不同分支时需要串行化操作，GPU

的实现也会很慢。在一些情况下，可以通过将样本分组，并且都采用相同的分支，用同时处理这些样本组的方式来缓解这些问题。在离线环境中，这是最小化处理固定量样本所需时间的一项可接受的策略。然而在实时系统中，样本必须连续处理，对工作负载进行分区可能会导致负载均衡问题。例如，如果分配一台机器处理级联中的第一步，另一台机器处理级联中的最后一步，那么第一台机器将倾向于过载，最后一台机器将倾向于欠载。如果每个机器被分配用于实现神经决策树的不同节点，也会出现类似的问题。

6. 深度网络的专用硬件

自从早期的神经网络研究出现以来，硬件设计者已经致力于研发可以加速神经网络算法的训练或推断的专用硬件。不同形式专用硬件的研究已经持续了几十年，如专用集成电路的数字（基于数字的二进制表示）、模拟（基于以电压或电流表示连续值的物理实现）和混合实现（组合数字和模拟组件）的各种硬件。近年来，更灵活的现场可编程门阵列（其中电路的具体细节可以在制造完成后写入芯片）也得到了长足发展。虽然 CPU 和 GPU 上的软件实现通常使用 32 位或 64 位的精度来表示浮点数，但是长期以来使用较低的精度在更短的时间内完成推断也是可行的。激励研究者对深度网络专用硬件进行研究的另一个因素是单个 CPU 或 GPU 核心的进展速度已经减慢，并且最近计算速度的改进来自核心的并行化（无论 CPU 还是 GPU）。

与上一个神经网络时代（20 世纪 90 年代）不同，神经网络的硬件实现跟不上进展快速且价格低廉的通用 CPU 的脚步。因此，在针对诸如手机等低功率设备开发硬件并应用于公众应用（如具有语音、计算机视觉或自然语言功能的设施等）时，研究专用硬件能够进一步推动其发展。基于反向传播神经网络的低精度实现的工作表明，8 位和 16 位之间的精度足以满足使用或训练基于反向传播的深度神经网络的要求。显而易见，与推断相比训练需要更高的精度，并且数字化某些形式的动态定点表示能够减少需要的存储空间。传统的定点数被限制在一个固定的范围之内（其对应于浮点表示中的给定指数），动态定点表示在一组数字（如一个层中的所有权重）之间共享该范围。使用定点代替浮点表示并且每个数使用较少的比特能够减少执行乘法所需的硬件表面积、功率需求和计算时间。乘法现在已经是使用或训练反向传播的现代深度网络中要求最高的操作。

4.2.2 计算机视觉

一直以来，计算机视觉就是深度学习应用中最活跃的研究方向之一。因为视觉是一个对人类以及许多动物毫不费力，但对计算机却充满挑战的任务。深度学习中许多流行的标准基准任务包括对象识别和光学字符识别。

计算机视觉是一个具有非常广阔发展前景的领域，其中包括多种处理图片的方式以及应用方向。计算机视觉的应用广泛：从复现人类视觉能力（如识别人脸）到创造全新的视觉能力。举个后者的例子，近期一个新的计算机视觉应用是从视频中可视物体的振动中识别出相应的声波。大多数计算机视觉领域的深度学习研究未曾关注过这样一个奇异的应用，它扩展了图像的应用范围，而不是仅仅关注于人工智能中较小的核心目标——复制人类的能力。无论是报告图像中存在哪个物体，还是给图像中每个对象周围添加注释性的边框，或从图像中转录符号序列，或给图像中的每个像素标记它所属对象的标识，大多数计算机视觉中的深度学习往往用于对象识别或某种形式的检测。由于生成模型已经是深度学习研究的指导原则,因此,还有大量图像合成工作使用了深度模型。尽管图像合成(无中生有)通常不包括在计算机视觉内,但是,能够进行图像合成的模型通常用于图像恢复,即修复图像中的缺陷或从图像中移除对象这样的计算机视觉任务。

1. 预处理

由于原始输入往往以深度学习架构难以表示的形式出现,许多应用领域需要复杂精细的预处理。计算机视觉通常只需要相对较少的这种预处理。图像应该被标准化,从而使它们的像素都在相同并且合理的范围内,如[0;1]或[−1;1]。将[0;1]中的图像与[0;255]中的图像混合通常会导致失败。将图像格式化为具有相同的比例严格来说是唯一一种必要的预处理方法。许多计算机视觉架构需要标准尺寸的图像,因此,必须裁剪或缩放图像以适应该尺寸。然而,严格来说即使是这种重新调整比例的操作并不总是必要的。一些卷积模型接受可变大小的输入并动态地调整它们的池化区域大小以保持输出大小恒定。其他卷积模型具有可变大小的输出,其尺寸随输入自动缩放,例如,对图像中的每个像素进行去噪或标注的模型。

数据集增强可以被看作是一种只对训练集做预处理的方式。数据集增强是减少大多数计算机视觉模型泛化误差的一种极好的方法。在测试时可用的一个相关想法是将同一输入的许多不同版本传给模型(如在稍微不同的位置处裁剪的相同图像),并且在模型的不同实例上决定模型的输出。后一个想法可以被理解为集成方法,并且有助于减少泛化误差。其他种类的预处理需要同时应用于训练集和测试集,其目的是将每个样本置于更规范的形式,以便减少模型需要考虑的变化量。减少数据中的变化量既能够减少泛化误差,也能够减小拟合训练集所需模型的大小。更简单的任务可以通过更小的模型来解决,而更简单的解决方案泛化能力一般更好。这种类型的预处理通常被设计为去除输入数据中的某种可变性,这对于人工设计者来说是容易描述的,并且人工设计者能够保证不受任务影响。当使用大型数据集和大型模型训练时,这种预处理通常是不必要的,并且最好只让模型学习哪些变化性应该保留。例如,用于分类 ImageNet 的 AlexNet 系统仅具有一个预处理步骤:对每个像素减去训练样本的平均值。

2. 对比度归一化

在许多任务中,对比度是能够安全移除的最为明显的变化源之一。简单地说,对比度指的是图像中亮像素和暗像素之间差异的大小,量化图像对比度有许多方式。在深度学习中,对比度通常指的是图像或图像区域中像素的标准差。假设有一个张量表示的图像 X,其中 $X_{i,j,1}$ 表示第 i 行第 j 列红色的强度,$X_{i,j,2}$ 表示对应的绿色的强度,$X_{i,j,3}$ 表示对应的蓝色的强度。整个图像的对比度为

$$\sqrt{\frac{1}{3rc}\sum_{i=1}^{r}\sum_{j=1}^{c}\sum_{k=1}^{3}\left(X_{i,j,k}-\overline{X}\right)^{2}} \tag{4-1}$$

式中,

$$X \in \mathbb{R}^{r\times c\times 3}, \quad \overline{X}=\frac{1}{3rc}\sum_{i=1}^{r}\sum_{j=1}^{c}\sum_{k=1}^{3}X_{i,j,k} \tag{4-2}$$

全局对比度归一化（global contrast normalization，GCN）旨在通过从每个图像中减去其平均值，然后重新缩放，使得其像素上的标准差等于某个常数 s 防止图像具有变化的对比度。这种方法非常复杂，因为没有缩放因子可以改变零对比度图像（所有像素都具有相等强度的图像）的对比度。具有非常低但非零对比度的图像通常几乎没有信息内容。在这种情况下，以真实标准差仅能放大传感器噪声或压缩伪像。这种现象启发我们，需要引入一个小的正则化参数 λ 来平衡估计的标准差。或者，至少可以约束分母使其大于等于 ϵ。给定一个输入图像 X，全局对比度归一化产生输出图像 X'，定义如下：

$$X'_{i,j,k} = s\frac{X_{i,j,k} - \bar{X}}{\max\left\{\epsilon, \sqrt{\lambda + \dfrac{1}{3rc}\sum_{i=1}^{r}\sum_{j=1}^{c}\sum_{k=1}^{3}\left(X_{i,j,k} - \bar{X}\right)^2}\right\}} \tag{4-3}$$

从大图像中剪切感兴趣的对象所组成的数据集不可能包含任何强度几乎恒定的图像。在这些情况下，通过设置 $\lambda = 0$ 来忽略小分母问题是安全的，并且在非常罕见的情况下为了避免除以 0，可以将 ϵ 设置为一个非常小的值，如 10^{-8}。这也是 Goodfellow 在 CIFAR-10 数据集上所使用的方法。随机剪裁的小图像更可能具有几乎恒定的强度，使得激进的正则化更有用。在处理从 CIFAR-10 数据中随机选择的小区域时，使用 $\epsilon = 0$、$\lambda = 10$。

尺度参数 s 通常可以设置为 1，例如，使所有样本上每个像素的标准差接近 1，式（4-3）中的标准差仅仅是对图片 L^2 范数的重新缩放（假设图像的平均值已经被移除）。更偏向于根据标准差而不是 L^2 范数定义 GCN，因为标准差包括除以像素数量这一步，从而基于标准差的 GCN 能够使用与图像大小无关的固定的 s。

然而，观察到 L^2 范数与标准差成比例，可以把 GCN 理解为到球壳的一种映射，如图 4-4 所示。这可能是一个有用的属性，因为神经网络往往更好地响应空间方向，而不是精确的位置。响应相同方向上的多个距离需要具有共线权重向量但具有不同偏置的隐藏单元。这样的情况对于学习算法来说可能是困难的。此外，许多浅层的图模型把多个分离的模式表示在一条线上会出现问题。GCN 采用一个样本一个方向而不是不同的方向和距离来避免这些问题。

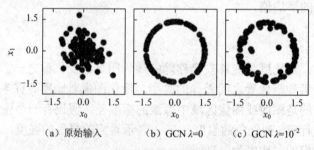

　　　(a) 原始输入　　　 (b) GCN $\lambda = 0$ 　　　(c) GCN $\lambda = 10^{-2}$

图 4-4　GCN 将样本投影到一个球上

在图 4-4 中，左图为原始输入数据，可能拥有任意范数，当 $\lambda = 0$ 时，GCN 可以完美地将所有非零样本投影到球上，这里令 $s = 1$、$\epsilon = 10^{-8}$。由于使用的 GCN 基于归一化标准差而不是基于 L^2 范数，因此所得到的球并不是单位球。右图 $\lambda > 0$ 的正则化 GCN 将样本投影到球上，但是并没有完全丢弃其范数中的变化。s 和 ϵ 的取值与之前一样。

与直觉相反的是，存在被称为球面化的预处理操作，并且它不同于 GCN。并不会使数据位于球形壳上，而是将主成分重新缩放以具有相等的方差，使得 PCA 使用的多变量正态分布具有球形等高线，通常被称为白化。

GCN 常常不能突出想要突出的图像特征，如边缘和角。如果有一个场景，包含一个大的黑暗区域和一个大的明亮区域（如一个城市广场有一半的区域处于建筑物的阴影之中），则 GCN 将确保暗区域的亮度与亮区域的亮度之间存在较大的差异。然而，它不能确保暗区内的边缘突出。这催生了局部对比度归一化（local contrast normalization, LCN）。LCN 确保对比度在每个小窗口上被归一化，而不是作为整体在图像上被归一化。

LCN 和 GCN 的比较如图 4-5 所示。LCN 的各种定义都是可行的。在所有情况下，可以通过减去邻近像素的平均值并除以邻近像素的标准差来修改每一个像素。在一些情况下，要计算以当前要修改的像素为中心的矩形窗口中所有像素的平均值和标准差。在其他情况下，使用的则是以要修改的像素为中心的高斯权重的加权平均和加权标准差。在彩色图像的情况下，一些策略单独处理不同的颜色通道，而其他策略组合来自不同通道的信息以使每一个像素归一化。

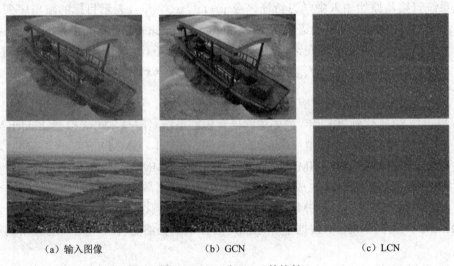

(a) 输入图像 　　　　　　　　(b) GCN 　　　　　　　　(c) LCN

图 4-5　LCN 和 GCN 的比较

GCN 的效果很巧妙，它使得所有图片的尺度都差不多，这减轻了学习算法处理多个尺度的负担。LCN 更多地改变了图像，丢弃了所有相同强度的区域，这使得模型能够只关注于边缘。较好的纹理区域（如第二行的屋子）可能会由于归一化核的过高带宽而丢失一些细节。

LCN 通常可以通过使用可分离卷积计算特征映射的局部平均值和局部标准差，然后在不同的特征映射上使用逐元素的减法和除法。LCN 是可微分的操作，并且还可以作为一种非线性作用应用于网络隐藏层，以及应用于输入的预处理操作。

与 GCN 一样，通常需要正则化 LCN 来避免出现除以零的情况。事实上，因为 LCN 通常作用于较小的窗口，所以正则化更加重要。较小的窗口更可能包含彼此几乎相同的值，因此，更可能具有零标准差。

3. 数据集增强

通过增加训练集的额外副本来增加训练集的大小，进而改进分类器的泛化能力。这些额外副本可以通过对原始图像进行一些变化来生成，但是并不改变其类别。对象识别这个分类任务特别适合这种形式的数据集增强，因为类别信息对于许多变换是不变的，而实际上可以简单地对输入应用诸多几何变换。如前所述，分类器可以受益于随机转换或旋转，某些情况下输入的翻转可以增强数据集。在专门的计算机视觉应用中，存在很多更高级的用于数据集增强的变换。这些方案包括图像中颜色的随机扰动以及对输入数据进行的非线性几何变形。

4.2.3 语音识别

语音识别的任务是将一段包括自然语言发音的声学信号投影到对应说话人的词序列上。令 $X = (x^{(1)}, x^{(2)}, \cdots, x^{(T)})$ 表示语音的输入向量（传统做法以 20ms 为一帧分割信号）。许多语音识别系统通过特殊的手工设计方法预处理输入信号，从而提取特征，但是某些深度学习系统直接从原始输入中学习特征。令 $y = (y_1, y_2, \cdots, y_N)$ 表示目标的输出序列（通常是一个词或字符的序列）。自动语音识别（automatic speech recognition，ASR）任务指的是构造一个函数 f_{ASR}^*，使它能够在给定声学序列 X 的情况下计算最有可能的语言序列 y，即

$$f_{\mathrm{ASR}}^*(X) = \underset{y}{\arg\max}\, P^*(y \mid X = x) \tag{4-4}$$

式中，P^* 为给定输入值 X 时对应目标 y 的真实条件分布。

从 20 世纪 80 年代到 2012 年，最先进的语音识别系统是隐马尔可夫模型（hidden Markov model，HMM）和高斯混合模型（Gaussian mixture model，GMM）的结合。GMM 对声学特征和音素之间的关系建模，HMM 对音素序列建模。GMM-HMM 模型将语音信号视作由如下过程生成：首先，HMM 生成一个音素的序列以及离散的子音素状态（如每一个音素的开始、中间和结尾）；然后 GMM 把每一个离散状态转化为一个简短的声音信号。尽管 GMM-HMM 一直在 ASR 中占据主导地位，语音识别仍然是神经网络成功应用的第一个领域。

从 20 世纪 80 年代末到 90 年代初，大量语音识别系统使用了神经网络。当时，基于神经网络的 ASR 的表现和 GMM-HMM 系统的表现差不多。例如，在数据集上达到了 26% 的音素错误率。从那时起，TIMIT 成为音素识别的一个基准数据集，其在语音识别中的作用和 MNIST 在对象识别中的作用差不多。然而，由于语音识别软件系统中复杂的工程因素以及在基于 GMM-HMM 的系统中已经付出的巨大努力，工业界并没有迫切转向神经网络的需求。直到 2010 年，学术界和工业界的研究者更多的还是用神经网络为 GMM-HMM 系统学习一些额外的特征。

之后，随着更大更深的模型以及更大的数据集的出现，通过使用神经网络代替 GMM 实现将声学特征转化为音素（或者子音素状态）的过程可以大大提高识别的精度。从 2009 年开始，语音识别的研究者将一种无监督学习的深度学习方法应用于语音识别。这种深度学习方法基于训练一个被称作受限玻尔兹曼机（restricted Boltzmann machine，RBM）的无向概率模型，实现对输入数据建模。为了完成语音识别任务，无监督的预训练被用来构造

一个深度前馈网络（deep feedforward network，DFN），这个神经网络的每一层都是通过训练 RBM 来初始化的。这些网络的输入是从一个固定规格的输入窗（以当前帧为中心）的谱声学中抽取出来的，用于预测当前帧所对应的 HMM 状态的条件概率。训练这样的神经网络能够显著提高 TIMIT 数据集的识别率，并将音素级别的错误率从大约 26%降到约 20.7%。

对于基本的电话识别工作流程的一个扩展工作是添加说话人自适应相关特征的方法，这可以进一步降低错误率。紧接着的工作则将结构从音素识别（TIMIT 所主要关注的）转向了大规模词汇语音识别，这不仅包括识别音素，还包括识别大规模词汇的序列。语音识别上的深度网络从最初的使用RBM进行预训练发展到了使用整流线性单元和Dropout等技术。从那时开始，工业界的几个语音研究组开始寻求与学术圈的研究者合作。杰弗里·辛顿等描述了这些合作所带来的突破性进展，这些技术现在被广泛应用于产品中，如移动手机端。

随后，当研究组使用了越来越大的带标签的数据集，加入了各种初始化训练方法以及调试深度神经网络的结构之后，他们发现这种无监督的预训练方式是没有必要的，或者说不能带来任何显著的改进。

用语音识别中识词的错误率来衡量语音识别性能上的这些突破是史无前例的。在这之前长达十年左右的时间内，尽管数据集的规模是随时间增长的，但基于 GMM-HMM 系统的传统技术已经停滞不前，这导致语音识别领域快速转向对深度学习的研究。在大约两年的时间内，工业界大多数语音识别产品都包含了深度神经网络，这种成功也激发了 ASR 领域对深度学习算法和结构新一波的研究浪潮，并且影响至今。其中的一个创新点是卷积网络的应用，卷积网络在时域与频域上复用了权重，改进了之前仅在时域上使用重复权值的时延神经网络。这种新的二维卷积模型并不是将输入的频谱当作一个长的向量，而是当成一个图像，其中一个轴对应时间，另一个轴对应谱分量的频率。

完全抛弃 HMM 并转向研究端到端的深度学习语音识别系统是至今仍然活跃的另一个重要推动。这个领域突破了一个深度的长短期记忆循环神经网络，使用了帧-音素排列的推断。一个深度循环神经网络每个时间步的各层都有状态变量，两种展开图的方式导致两种不同的深度：一种是普通的根据层的堆叠衡量的深度，另一种是根据时间展开衡量的深度。这个工作把 TIMIT 数据集上音素的错误率记录降到了 17.7%。另一个端到端的深度学习语音识别方向的最新方法是让系统学习如何利用语音层级的信息排列声学层级的信息。

4.2.4　自然语言处理

NLP 让计算机能够使用人类语言。为了让简单的程序能够进行高效明确的解析，计算机程序通常读取和发出特殊化的语言，而自然的语言通常是模糊的，并且可能不遵循形式的描述。NLP 中的应用（如机器翻译），学习者需要读取一种人类语言的句子，并用另一种人类语言发出等同的句子。许多 NLP 应用程序基于语言模型，语言模型定义了关于自然语言中的字、字符或字节序列的概率分布。

与本章讨论的其他应用一样，通用的神经网络技术可以成功地应用于 NLP。然而，为了实现卓越的性能并扩展到大型应用程序中，一些领域特定的策略也很重要。为了构建自然语言的有效模型，通常必须使用专门处理序列数据的技术。在很多情况下，将自然语言视为一系列词，而不是单个字符或字节序列，因为可能的词总数会非常大，基于词的语言模型必须在极高的维度和稀疏的离散空间上操作。为了使这种空间上的模型在计算和统计意义上都高效，目前研究者开发出了以下几种策略。

1. n-gram

语言模型定义了自然语言中标记序列的概率分布。根据模型的设计，标记可以是词、字符甚至是字节。标记总是离散的实体，最早成功的语言模型是基于固定长度序列的标记模型，称为 n-gram。一个 n-gram 是一个包含 n 个标记的序列。

基于 n-gram 的模型定义一个条件概率，即给定前 $n-1$ 个标记后的第 n 个标记的条件概率。该模型使用这些条件分布的乘积定义较长序列的概率分布，即

$$P(x_1, x_2, \cdots, x_\tau) = P(x_1, x_2, \cdots, x_{n-1}) \prod_{t=n}^{\tau} P(x_t | x_{t-n+1}, x_{t-n+2}, \cdots, x_{t-1}) \tag{4-5}$$

这个分解可以由概率的链式法则证明，初始序列 $P(x_1, x_2, \cdots, x_{n-1})$ 的概率分布可以通过带有较小 n 值的不同模型建模。

训练 n-gram 模型是简单的，因为最大似然估计可以通过简单统计每个可能的 n-gram 在训练集中出现的次数来获得。一直以来，基于 n-gram 的模型都是统计语言模型的核心模块。

对于小的 n 值，模型有特定的名称：$n=1$ 称为一元语法、$n=2$ 称为二元语法、$n=3$ 称为三元语法。这些名称源于相应数字的拉丁前缀和希腊后缀。

通常会同时训练 n-gram 模型和 $(n-1)$-gram 模型。这使下式可以简单地通过查找两个存储的概率来计算。

$$P(x_t | x_{t-n+1}, x_{t-n+2}, \cdots, x_{t-1}) = \frac{P_n(x_{t-n+1}, x_{t-n+2}, \cdots, x_t)}{P_{n-1}(x_{t-n+1}, x_{t-n+2}, \cdots, x_{t-1})} \tag{4-6}$$

为了在 P_n 中精确再现推断，训练 P_{n-1} 时必须省略每个序列的最后一个字符。

n-gram 模型最大似然的基本限制是：在许多情况下从训练集计数估计得到的 P_n 很可能为零，即使元组 $(x_{t-n+1}, x_{t-n+2}, \cdots, x_t)$ 可能出现在测试集中。这会导致两种不同的灾难性后果：当 P_{n-1} 为零时，该比率是未定义的，因此，模型甚至不能产生有意义的输出；当 P_{n-1} 非零而 P_n 为零时，测试样本的对数似然为 $-\infty$。为避免这两种灾难性的后果，大多数 n-gram 模型采用某种形式的平滑。

平滑技术将概率质量从观察到的元组转移到类似的未观察到的元组，其中一种基本技术基于向所有可能的下一个符号值添加非零概率质量。这个方法证明了计数参数具有均匀或 Dirichlet 先验的贝叶斯推断。另一个非常流行的想法是包含高阶和低阶 n-gram 模型的混合模型，其中高阶模型提供更多的容量，低阶模型尽可能避免零计数。如果上下文 $x_{t-n+k}, x_{t-n+k+1}, \cdots, x_{t-1}$ 的频率太小而不能使用高阶模型，回退方法就是查找低阶 n-gram。更正式地说，它们通过上下文 $x_{t-n+k}, x_{t-n+k+1}, \cdots, x_{t-1}$ 估计 x_t 上的分布，并增加 k 直到找到足够可靠的估计。

经典的 n-gram 模型特别容易引起维数灾难，这是因为存在 $|V|^n$ 可能的 n-gram，而且 $|V|$ 通常很大。即使有大量训练数据和适当的 n，大多数 n-gram 也不会出现在训练集中。经典 n-gram 模型的一种观点是执行最近邻查询。换句话说，它可以被视为局部非参数预测器，类似于 k-最近邻。语言模型的问题甚至比普通模型更严重，因为任何两个不同的词在 one-hot

向量空间中的距离彼此相同。因此，难以大量利用来自任意邻居的信息——只有重复相同上下文的训练样本才对局部泛化有用。为了克服这些问题，语言模型必须能够在一个词和其他语义相似的词之间共享知识。

为了提高 n-gram 模型的统计效率，基于类的语言模型引入词类别的概念，然后属于同一类别的词共享词之间的统计强度。这个想法使用了聚类算法，基于与其他词同时出现的频率，将该组词分成集群或类。随后，模型可以在条件竖杠的右侧使用词类 ID 而不是单个词 ID。混合（或回退）词模型和类模型的复合模型也是可能的。尽管词类提供了在序列之间泛化的方式，但其中一些词被另一个相同类的词替换，导致该表示丢失了很多信息。

2. 神经语言模型

神经语言模型（neural language model，NLM）是一类用来克服维数灾难的语言模型，它使用词的分布式表示对自然语言序列建模。不同于基于类的 n-gram 模型，神经语言模型能够识别两个相似的词，并且不丧失将每个词编码为彼此不同的词的能力。神经语言模型共享一个词（及其上下文）和其他类似词（和上下文之间）的统计强度。模型是每个词学习的分布式表示，允许模型处理具有类似共同特征的词来实现这种共享。例如，如果词 dog 和词 cat 映射到具有许多属性的表示中，则包含词 cat 的句子可以告知模型对包含词 dog 的句子做出预测，反之亦然。因为这样的属性很多，所以存在许多泛化的方式可以将信息从每个训练语句传递到指数数量的语义相关语句中。维数灾难需要模型泛化到指数多的句子（指数相对句子长度而言）。该模型通过将每个训练句子与指数数量的类似句子相关联来克服这个灾难。

有时这些词表示称为词嵌入，在这个解释下，可将原始符号视为维度等于词表示的空间中的点。词表示将这些点嵌入较低维的特征空间中。在原始空间中，每个词由一个 one-hot 向量表示，因此，每对词之间的欧氏距离都是 $\sqrt{2}$。在嵌入空间中，经常出现在类似上下文（或共享由模型学习的一些特征的任何词对）中的词彼此接近。这通常导致具有相似含义的词变得邻近。图 4-6 所示为将放大了的学到的词嵌入空间特定区域的二维可视化图，可以看到语义相似的词如何映射到彼此接近的表示中。

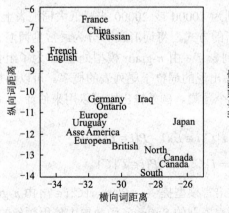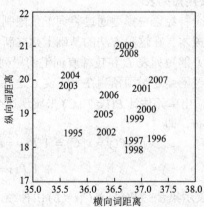

图 4-6　词嵌入的二维可视化图

图 4-6 是从神经机器翻译模型获得的词嵌入的二维可视化图。此图在语义相关词的特

定区域放大，它们具有彼此接近的嵌入向量。

注意：这些嵌入是为了可视化才表示为二维的。在实际应用中，嵌入通常具有更高的维度并且可以同时捕获词之间的多种相似性。

其他领域的神经网络也可以定义嵌入。例如，卷积网络的隐藏层提供图像嵌入。因为自然语言最初不在实值向量空间上，所以 NLP 从业者通常对嵌入更感兴趣。隐藏层在表示数据的方式上提供了更质变的戏剧性变化。使用分布式表示来改进 NLP 模型的基本思想不必局限于神经网络，它还可以用于图模型，其中分布式表示的是多个潜变量的形式。

3. 高维输出

在许多自然语言应用中，通常希望以模型产生的词（而不是字符）作为输出的基本单位。对于大词汇表，由于词汇量很大，在词的选择上表示输出分布的计算成本可能非常高。在许多应用中，词汇表 V 包含数十万词。表示这种分布的朴素方法是应用一个仿射变换，将隐藏表示转换到输出空间，然后应用 Softmax 函数。假设词汇表 V 的大小为 $|V|$，因为其输出维数为 $|V|$，描述该仿射变换线性分量的权重矩阵非常大。这造成了表示该矩阵的高存储成本，以及与之相乘的高计算成本。因为 Softmax 函数要在所有 $|V|$ 输出之间归一化，所以在训练及测试时执行全矩阵乘法是必要的——不能仅计算与正确输出的权重向量的点积。因此，输出层的高计算成本在训练期间（计算似然性及其梯度）和测试期间（计算所有或所选词的概率）都有出现。对于专门的损失函数，可以有效地计算梯度，但是应用于传统 Softmax 函数输出层的标准交叉熵损失时会出现许多困难。

假设 h 是用于预测输出概率 $\hat{y}$ 的顶部隐藏层。如果使用学到的权重 W 和学到的偏置 b 参数化从 h 到 $\hat{y}$ 的变换，则仿射 Softmax 函数输出层执行以下两式：

$$a_i = b_i + \sum_j W_{ij} h_j, \ \forall i \in \{1, 2, \cdots, |V|\} \tag{4-7}$$

$$\hat{y}_i = \frac{e^{a_i}}{\sum_{i'=1}^{|V|} e^{a_{i'}}} \tag{4-8}$$

1）使用短列表

第一个神经语言模型通过将词汇量限制为 10000 或 20000 来降低大词汇表上 Softmax 函数的高成本。在这种方法的基础上建立新的方式，将词汇表 V 分为最常见词汇（由神经网络处理）的短列表 L 和较稀有词汇的尾列表 T（由 n-gram 模型处理）。为了组合这两个预测，神经网络还必须预测在上下文 C 之后出现的词位于尾列表的概率。可以添加额外的 Sigmoid 输出单元估计 $P(i \in T \mid C)$ 来实现这个预测。额外输出则可以用来估计 V 中所有词的概率分布，即

$$P(y = i \mid C) = \mathbf{1}_{i \in L} P(y = i \mid C; i \in L)(1 - P(i \in T \mid C))$$
$$+ \mathbf{1}_{i \in T} P(y = i \mid C; i \in T) P(i \in T \mid C) \tag{4-9}$$

式中，1 表示集合；$P(y = i \mid C; i \in L)$ 由神经语言模型提供；$P(y = i \mid C; i \in T)$ 由 n-gram 模型提供。稍做修改，这种方法也可以在神经语言模型的 Softmax 函数层中使用额外的输出值，而不是单独的 Sigmoid 单元。短列表方法有一个明显缺点——神经语言模型的潜在泛化优势仅限于最常用的词，这个缺点引发了对处理高维输出替代方法的探索。

2）分层 Softmax

减少大词汇表 V 上高维输出层计算负担的经典方法是分层分解概率。$|V|$ 因子可以降低到像 $\log|V|$ 一样低，而无须执行与 $|V|$ 成比例数量（与隐藏单元数量 n_h 也成比例）的计算。弗雷德里克·莫林和约书亚·本吉奥将这种因子分解方法引入神经语言模型中。

这种层次结构是先建立词的类别，然后建立词类别的类别，最后建立词类别的类别的类别等。这些嵌套类别构成一棵树，其叶子为词。在平衡树中，树的深度为 $\log|V|$。选择一个词的概率是由路径（从树根到包含该词叶子的路径）上的每个节点通向该词分支概率的乘积给出的。图 4-7 是一个简单的例子。杰弗里·辛顿也描述了使用多个路径来识别单个词的方法，以便更好地建模具有多个含义的词。计算词的概率则涉及导向该词中的所有路径之和。

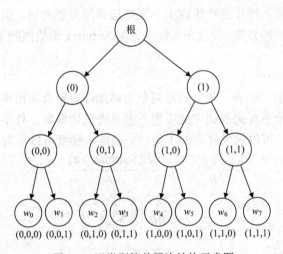

图 4-7　词类别简单层次结构示意图

为了预测树的每个节点所需的条件概率，通常在树的每个节点处使用逻辑回归模型，并且为所有这些模型提供与输入相同的上下文 C。因为正确的输出编码在训练集中可以使用监督学习训练逻辑回归模型。通常使用标准交叉熵损失，对应于最大化正确判断序列的对数似然。

因为可以高效地计算输出对数似然（低至 $\log|V|$ 而不是 $|V|$），所以也可以高效地计算梯度。这不仅包括关于输出参数的梯度，而且还包括关于隐藏层激活的梯度。

优化树结构最小化期望的计算数量是可能的，但通常不切实际。给定词的相对频率，信息理论的工具可以指定如何选择最佳的二进制编码。为此，可以构造树，使与词相关联的位数量近似等于该词频率的对数。然而在实践中，节省计算通常事倍功半，因为输出概率的计算仅是神经语言模型中总计算的一部分，如图 4-7 所示。

图 4-7 是词类别简单层次结构的示意图，其中的八个词 $w_0, w_1, \cdots, w_7$ 组织成三级层次结构。树的叶子表示实际特定的词，内部节点表示词的组别。任何节点都可以通过二值决策序列（0=左，1=右）索引，从根到达节点。超类(0)包含类(0,0)和(0,1)，其中分别包含词 $\{w_0, w_1\}$ 和 $\{w_2, w_3\}$ 的集合。类似地；超类(1)包含类(1,0)和(1,1)，其中分别包含词 $\{w_4, w_5\}$ 和 $\{w_6, w_7\}$。如果树充分平衡，则最大深度（二值决策的数量）与词数 $|V|$ 的对数同阶，即从 $|V|$ 个词中选一个词出来只需执行 $O(\log|V|)$ 次操作（从根开始的路径上的每个节点操作一次）。在该

示例中，乘三次概率就能计算词 y 的概率，这三次概率与从根到节点 y 的路径上每个节点向左或向右的二值决策相关联。令 $b_i(y)$ 为遍历树移向 y 时的第 i 个二值决策。对输出 y 进行采样的概率可以通过条件概率的链式法则分解为条件概率的乘积，其中每个节点由这些位的前缀索引。

一个仍然有点开放的问题是如何更好地定义这些词类，或者如何定义一般的词层次结构。早期工作使用现有的层次结构，但也可以理想地与神经语言模型联合学习层次结构。学习层次结构很困难。对数似然的精确优化似乎难以解决，因为词层次的选择是离散的，不适于基于梯度的优化。然而，可以使用离散优化来近似地最优化词类的分割。分层 Softmax 函数的一个重要优点是，它在训练期间和测试期间（如果在测试时想计算特定词的概率）都带来了计算上的好处。当然即使使用分层 Softmax 函数，计算所有 $|V|$ 个词概率的成本仍是很高的。另一个重要的操作是在给定上下文中选择最可能的词，但是树结构不能为这个问题提供高效精确的解决方案，并且在实践中分层 Softmax 函数倾向于更差的测试结果（相对基于采样的方法）。

3）重要采样

加速神经语言模型训练的一种方式是避免明确地计算所有未出现在下一个位置上的词对梯度的贡献。每一个不正确的词在此模型下都具有低的概率，枚举所有这些词的计算成本可能会很高；相反，可以仅采样词的子集。一般地，梯度可以写为

$$\frac{\partial \log P(y \mid C)}{\partial \theta} = \frac{\partial \log \operatorname{Softmax}_y(\boldsymbol{a})}{\partial \theta}$$

$$= \frac{\partial}{\partial \theta} \log \frac{e^{a_y}}{\sum_i e^{a_i}}$$

$$= \frac{\partial}{\partial \theta}\left(a_y - \log \sum_i e^{a_i}\right)$$

$$= \frac{\partial a_y}{\partial \theta} - \sum_i P(y = i \mid C) \frac{\partial a_i}{\partial \theta} \tag{4-10}$$

式中，$\boldsymbol{a}$ 为 preSoftmax 激活（或得分）向量，每个词对应一个元素。第一项是正相（positive phase）项，推动 a_y 向上；第二项是负相（negative phase）项，对于所有 i 以权重 $P(i \mid C)$ 推动 a_i 向下。由于负相项是期望值，可以通过蒙特卡罗采样估计得出。然而，这需要从模型本身采样，从模型中采样需要对词汇表中所有的 i 计算 $P(i \mid C)$，这正是试图避免的。

也可以从另一个分布中采样，这个分布称为提议分布（记为 q），并通过适当的权重校正从错误分布采样中引入的偏差。这是一种更通用重要采样技术，但即使其更精确也不一定有效，因为需要计算权重 p_i / q_i，其中的 $p_i = P(i \mid C)$ 只能在计算所有得分 a_i 后才能计算。这个应用采取的解决方案称为有偏重要采样，其中重要性权重被归一化加和为 1。当对负词 n_i 进行采样时，相关联的梯度被加权为

$$w_i = \frac{p_{n_i} / q_{n_i}}{\sum_{j=1}^N p_{n_j} / q_{n_j}} \tag{4-11}$$

这些权重用于对来自 q 的 m 个负样本给出适当的重要性，以形成负相估计对梯度的贡

献，即

$$\sum_{i=1}^{|V|} P(i \mid C)\frac{\partial a_i}{\partial \theta} \approx \frac{1}{m}\sum_{i=1}^{m} w_i \frac{\partial a_{n_i}}{\partial \theta} \tag{4-12}$$

一元语法或二元语法分布与提议分布 q 工作得一样好。从数据估计这种分布的参数是很容易的。在估计参数之后，也可以非常高效地从这样的分布中进行采样。

重要采样不仅可以加速具有较大 Softmax 输出的模型，也可以加速具有大稀疏输出层的训练，其中输出是稀疏向量而不是 n 选 1。例如，词袋具有稀疏向量 v，其中 v_i 表示词汇表中的词 i 是否存在于文档中，或指示词 i 出现的次数。由于各种原因，训练产生这种稀疏向量的机器学习模型的成本可能很高。在学习的早期，模型可能不会真的使输出真正稀疏。此外，将输出的每个元素与目标的每个元素进行比较，可能是描述训练的损失函数最自然的方式。这意味着稀疏输出并不一定能带来计算上的好处，因为模型可以选择使大多数输出非零，并且所有这些非零值需要与相应的训练目标进行比较（即使训练目标是零）。2011年有研究者证明可以使用重要采样加速这种模型。

4）噪声对比估计和排名损失

为了减少训练大词汇表的神经语言模型的计算成本，研究者还提出了其他基于采样的方法。例如，将神经语言模型每个词的输出视为一个得分，并试图使正确词的得分 a_y 比其他词的得分 a_i 排名更高。提出的排名损失函数则用下式计算：

$$L = \sum_i \max(0, 1 - a_y + a_i) \tag{4-13}$$

如果观察到正确词的得分 a_y 远超过其他词的得分 a_i（相差大于 1），则第 i 项梯度为零。这个准则的缺点是不提供估计的条件概率，条件概率在很多应用中是有用的，包括语音识别和文本生成（包括诸如翻译的条件文本生成任务）。

4. 结合 n-gram 和神经语言模型

n-gram 模型相对于神经网络的主要优点是具有更高的模型容量（通过存储非常多的元组频率），并且处理样本只需要非常少的计算量（通过查找只匹配当前上下文的几个元组）。如果使用哈希表或树来访问计数，那么用于 n-gram 的计算量几乎与容量无关。相比之下，将神经网络的参数数目加倍通常也会加倍计算时间。当然，避免每次计算时使用所有参数的模型是一个例外。嵌入层每次只索引单个嵌入，因此可以增加词汇量，而不会增加每个样本的计算时间。一些其他模型，如平铺卷积网络，可以在减少参数共享程度的同时添加参数以保持相同的计算量。然而，基于矩阵乘法的典型神经网络层需要与参数数量成比例的计算量。因此，增加容量的一种简单方法是将两种方法结合，由神经语言模型和 n-gram 语言模型组成集成。

集成学习领域提供了许多方法来组合集成成员的预测，包括统一加权和在验证集上选择权重。集成可以扩展为包括大量模型，也可以将神经网络与最大熵模型配对并联合训练。该方法可以被视为训练具有一组额外输入的神经网络，额外输入直接连接到输出并且不连接到模型的任何其他部分。额外输入是指输入上下文中特定 n-gram 是否存在的指示器，因此，这些变量是非常高维且非常稀疏的。模型容量的增加是巨大的，但是处理输入所需的额外计算量是很小的（因为额外输入非常稀疏）。

5. 神经机器翻译

机器翻译是指用一种自然语言读取句子并产生同等含义的另一种自然语言的句子的技术。机器翻译系统通常涉及许多组件，在高层次，第一个组件通常会提出许多候选翻译，但是由于语言之间的差异，其中的许多翻译是不符合语法的。例如，许多语言在名词后放置形容词，因此直接翻译成英语时，它们会产生诸如 apple red 的短语。提议机制提出建议翻译的许多变体，理想情况下应包括 red apple。翻译系统的第二个组件（语言模型）评估提议的翻译，并可以评估 red apple 比 apple red 更好。

最早的机器翻译神经网络探索中已经纳入了编码器和解码器的想法，而翻译中神经网络的第一个大规模有竞争力的用途是通过神经语言模型升级翻译系统的语言模型。之前，大多数机器翻译系统在该组件中使用 n-gram 模型。机器翻译中基于 n-gram 的模型不仅包括传统的回退 n-gram 模型，而且包括最大熵语言模型，其中给定上下文中常见的词，在 affine-softmax 层预测下一个词。

传统语言模型仅报告自然语言句子的概率。因为机器翻译涉及给定输入句子产生输出句子，所以将自然语言模型扩展为条件模型是有意义的。如前所述，可以直接扩展一个模型，该模型定义某些变量的边缘分布，以便在给定上下文 C（C 可以是单个变量或变量列表）的情况下定义该变量的条件分布。谷歌的 AI 研究人员雅各布·德夫林（Jacob Devlin）等在一些统计机器翻译的基准中击败了最先进的技术，他给定源语言中的短语 $s_1, s_2, \cdots, s_k$ 后使用 MLP（multilayer perceptron，多层感知机）对目标语言的短语 $t_1, t_2, \cdots, t_k$ 进行评分。这个 MLP 估计 $P(t_1, t_2, \cdots, t_k \mid s_1, s_2, \cdots, s_k)$ 替代了条件 n-gram 模型提供的估计。

基于 MLP 方法的缺点是需要将序列预处理为固定长度。为了使翻译更加灵活，通常希望模型允许可变的输入长度和输出长度，循环神经网络（recurrent neural networks，RNN）具备这种能力。在所有情况下，一个模型首先读取输入序列并产生概括输入序列的数据结构，称这个概括为上下文 C，C 可以是向量列表，也可以是向量或张量。

为生成以源句为条件的整句，模型必须具有表示整个源句的方式。早期模型只能表示单个词或短语。从表示学习的观点来看，具有相同含义的句子具有类似表示是有用的，无论它们是以源语言还是以目标语言书写的。研究者首先使用卷积和 RNN 的组合探索该策略。然后使用 RNN 对所提议的翻译进行打分或生成翻译句子，并将这些模型扩展到更大的词汇表。

使用注意力机制并对齐数据片段，使用固定大小的表示概括非常长的句子（如 60 个词）的所有语义细节是非常困难的。这需要使用足够大的 RNN，并且用足够长时间训练得很好才能实现。然而，更高效的方法是先读取整个句子或段落（以获得正在表达的上下文和焦点），然后一次翻译一个词，每次聚焦于输入句子的不同部分来收集产生下一个输出词所需的语义细节。

基于注意力机制的系统有以下三个组件。

（1）读取器读取原始数据（如源语句中的源词）并将其转换为分布式表示，其中一个特征向量与每个词的位置相关联。

（2）存储器存储读取器输出的特征向量列表，可以被理解为包含事实序列的存储器，之后不必以相同的顺序从中检索，也不必访问全部。

（3）最后一个程序利用存储器的内容顺序执行任务，每个时间步聚焦于某个（或某几个）存储器元素的内容（具有不同权重）。

上述的第三个组件可以生成翻译语句。

当一种语言的句子中的词与另一种语言翻译的句子中的相应词对齐时，可以使对应的词嵌入相关联。早期的工作表明，可以学习将一种语言中的词嵌入与另一种语言中的词相关联的翻译矩阵中，与传统的基于短语表的频率计数方法相比，这种方法产生的对齐错误率较低。更早的工作也对跨语言词向量进行了研究，这种方法存在很多扩展，例如，允许在更大的数据集上训练的更高效的跨语言对齐，如图 4-8 所示。

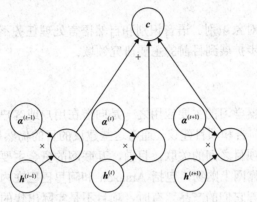

图 4-8　现代注意力机制

图 4-8 所示的现代注意力机制，本质上是加权平均。注意力机制对具有权重 $\boldsymbol{\alpha}^{(t)}$ 的特征向量 $\boldsymbol{h}^{(t)}$ 进行加权平均形成上下文向量 $\boldsymbol{c}$。在一些应用中，特征向量 $\boldsymbol{h}$ 是神经网络的隐藏单元，但它们也可以是模型的原始输入。权重 $\boldsymbol{\alpha}^{(t)}$ 由模型本身产生。通常是区间[0, 1]中的值，并且旨在仅仅集中在单个 $\boldsymbol{h}^{(t)}$ 周围，使加权平均能够精确地读取接近一个特定时间步的特征向量。权重 $\boldsymbol{\alpha}^{(t)}$ 通常由模型另一部分发出的相关性得分应用 Softmax 函数后产生。注意力机制在计算上需要比直接索引期望的 $\boldsymbol{h}^{(t)}$ 付出更高的代价，但直接索引不能使用梯度下降算法训练。基于加权平均的注意力机制是平滑、可微的近似，可以使用现有优化算法训练。

6. 发展历史

在对反向传播的第一次探索中，大卫·鲁梅尔哈特（David Everett Rumelhart）等提出了分布式表示符号的思想，其中符号对应族成员的身份，而神经网络捕获族成员之间的关系，训练样本形成三元组，如(Colin, Mother, Victoria)。神经网络的第一层学习每个族成员的表示。例如，Colin 的特征可能代表 Colin 所在的族树、所在树的分支、来自哪一代等。可以将神经网络认为是将这些属性关联在一起的计算学习规则，以获得期望预测。模型则可以进行预测，如推断谁是 Colin 的母亲。

有学者将符号嵌入的想法扩展到对词的嵌入，这些嵌入使用奇异值分解（singular value decomposition，SVD）学习之后，将通过神经网络学习。NLP 的历史是以流行表示（对模型输入不同方式的表示）的变化为标志的。在早期对符号和词建模的工作之后，神经网络在 NLP 上一些最早的应用将输入表示为字符序列。约书亚·本吉奥等将焦点重新引到对词的建模上并引入了神经语言模型，这能够产生可解释的词嵌入。这些神经模型已经从在一小组符号上的定义表示（20 世纪 80 年代）扩展到现代应用中的数百万字（包括专有名词和拼写错误）。

最初，使用词作为语言模型的基本单元可以改进语言建模的性能，而今，新技术不断推动基于字符和基于词的模型向前发展。神经语言模型背后的思想已经扩展到多个自然语言处理应用中，如解析、词性标注、语义角色标注、分块等。随着 t-SNE 降维算法的发展以及引入的专用于可视化词嵌入的应用，用于分析语言模型嵌入的二维可视化成为一种流行的工具。

4.2.5 其他应用

与前面讨论的标准对象识别、语音识别和自然语言处理任务不同，本节介绍深度学习的一些其他应用，进一步扩展到目前的主要研究领域。

1. 推荐系统

信息技术部门中机器学习的主要应用之一是向潜在用户或客户推荐项目。这可以分为两种主要的应用：在线广告和项目建议（通常这些建议的目的仍然是为了销售产品）。这两者都依赖预测的用户和项目之间的关联。目前，互联网的资金主要来自各种形式的在线广告，经济的主要部分依靠网上购物，包括 Amazon 和阿里巴巴在内的公司都使用了机器学习（包括深度学习）推荐它们的产品。有时，项目不是实际出售的产品，如在社交网络上显示的帖子、推荐观看的电影、推荐的笑话、推荐的专家建议、匹配视频游戏的玩家或匹配约会的人等。

通常，这种关联问题可以作为监督学习问题来处理：给出一些关于项目和关于用户的信息，预测感兴趣的行为，如用户点击广告、输入评级、单击"喜欢"按钮、购买产品，在产品上花钱、花时间访问产品页面等。通常这最终会归结到回归问题（预测一些条件期望值）或概率分类问题（预测一些离散事件的条件概率）。

早期推荐系统的工作依赖于这些预测输入的最小信息：用户 ID 和项目 ID。在这种情况下，唯一的泛化方式依赖于不同用户或不同项目的目标变量值之间的模式相似性。假设用户 1 和用户 2 都喜欢项目 A、B、C，由此，可以推断出用户 1 和用户 2 具有类似的偏好。如果用户 1 喜欢项目 D，那么这可以强烈提示用户 2 也喜欢 D。基于此原理的算法称为协同过滤。非参数方法（如基于估计偏好模式之间相似性的最近邻方法）和参数方法都可能用来解决这个问题。参数方法通常依赖于为每个用户和每个项目学习分布式表示（也称为嵌入）。目标变量的双线性预测（如评级）是一种简单的参数方法，这种方法非常成功，通常被认为是最先进系统的组成部分，一般通过用户嵌入和项目嵌入之间的点积（可能需要使用仅依赖于用户 ID 或项目 ID 的常数来校正）获得预测。令 $\hat{R}$ 是包含预测的矩阵，A 矩阵行中具有用户嵌入，B 矩阵列中具有项目嵌入。令 b 和 c 是分别包含针对每个用户（表示用户平常坏脾气或积极的程度）以及每个项目（表示其大体受欢迎程度）的偏置向量。因此，双线性预测为

$$\hat{R}_{u,i} = b_u + c_i + \sum_j A_{u,j} B_{j,i} \tag{4-14}$$

通常，研究者希望最小化预测评级和实际评级之间的平方误差。当用户嵌入和项目嵌

入首次缩小到低维度（两个或三个）时，就可以方便地可视化，或者可以将用户或项目彼此进行比较。除了这些具有分布式表示的双线性模型之外，第一次用于协同过滤的神经网络之一是基于 RBM 的无向概率模型。RBM 是 Netflix 比赛获胜方法的一个重要组成部分。神经网络社群中也已经探索了对评级矩阵进行因子分解的更高级变体。

然而，协同过滤系统有一个基本限制：当引入新项目或新用户时，缺乏评级历史意味着无法评估其与其他项目或用户的相似性，或者说无法评估新用户和现有项目的联系。这被称为冷启动推荐问题。解决冷启动推荐问题的一般方式是引入单个用户和项目的额外信息。例如，该额外信息可以是用户简要信息或每个项目的特征。使用这种信息的系统被称为基于内容的推荐系统。从丰富的用户特征或项目特征集到嵌入的映射可以通过深度学习架构来学习。

专用的深度学习架构，如卷积网络已经应用于从丰富的内容中提取特征，如提取用于音乐推荐的音乐音轨。在该工作中，卷积网络将声学特征作为输入并计算相关歌曲的嵌入。该歌曲嵌入和用户嵌入之间的点积则可以预测用户是否将收听该歌曲。

当向用户推荐时，会产生超出普通监督学习范围的问题，并进入强化学习的领域。理论上，许多推荐问题是，当使用推荐系统收集数据时，得到一个有偏向且不完整的用户偏好观，即通常只能看到用户对推荐给他们的项目的反应，而不是其他项目。此外，在某些情况下，可能无法获得未进行推荐的用户的任何信息。例如，在广告竞价中，可能是广告的建议价格低于最低价格阈值，或者没有赢得竞价，因此广告不会显示。

更重要的是，不知道推荐其他项目会产生什么结果。这就像训练一个分类器那样，为每个训练样本挑选一个类别（通常是基于模型最高概率的类别），然后只能获得该类别正确与否的反馈。显然，每个样本传达的信息少于监督的情况（其中真实标签是可以直接访问的），因此，需要更多的样本。另外，如果不够小心，即使收集越来越多的数据，得到的系统也可能仍会继续选择错误的决定，因为正确的决定最初只有很低的概率。直到学习者选择正确的决定之前，该系统都无法学习正确的决定。这类似于强化学习的情况，即仅观察到所选动作的奖励，一般来说，强化学习会涉及许多动作和许多奖励的序列。例如，至少要知道用户的身份，并且要选择一个项目。从上下文到动作的映射也称为策略，学习者和数据分布（现在取决于学习者的动作）之间的反馈循环是强化学习研究的中心问题。

强化学习需要权衡利用与探索：利用是指从目前学到的最好策略中采取动作，也就是即将获得高奖励的动作；探索是指采取行动以获得更多的训练数据。

探索可以以许多方式实现，如从覆盖可能动作的整个空间的随机动作到基于模型的方法，该方法基于预期回报和模型对该回报不确定性的量来计算动作的选择。许多因素决定了人们喜欢探索或利用的程度，最突出的因素之一是感兴趣的时间尺度：如果代理只有短暂的时间积累奖励，那么就会利用已有的资源；如果代理有很长的时间积累奖励，那么就会开展更多的探索，以便后面使用更多的知识来规划未来的动作。

监督学习在探索和利用之间没有权衡，因为监督信号总是指定哪个输出对于所有输入都是正确的。众所周知标签是最好的输出，没有必要尝试不同的输出来确定是否优于模型当前的输出。

除了权衡探索和利用之外，强化学习背景下出现的另一个困难是难以评估和比较不同的策略。强化学习包括学习者和环境之间的相互作用。这个反馈回路意味着使用固定的测试集输入评估学习者的表现不是直接的，而策略本身确定将看到哪些输入。

2. 知识表示、推理和回答

因为使用符号和词嵌入，深度学习方法在语言模型、机器翻译和自然语言处理方面非常成功。这些嵌入表示关于单个词或概念的语义知识，研究前沿是为短语或词与事实之间的关系开发嵌入技术。搜索引擎已经使用机器学习来实现这一目的，但是要改进这些更高级的表示还有许多工作要做。

一个有趣的研究方向是确定如何训练分布式表示才能捕获两个实体之间的关系。在数学中，二元关系是一组有序的对象，集合中的对象具有这种关系，而那些不在集合中的对象则不具有这种关系。例如，可以在实体集{1, 2, 3}上定义关系"小于"以定义有序对的集合 $S=\{(1, 2), (1, 3), (2, 3)\}$。一旦这个关系被定义，可以像动词一样使用它。因为$(1,2)\in S$，1 小于 2；$(2,1)\notin S$，不能说 2 小于 1。

当然，彼此相关的实体不必是数字。可以定义关系 is_a_type_of 包含如（狗，哺乳动物）的元组。在 AI 的背景下，将关系看作句法上简单且高度结构化的语言。关系起到动词的作用，而关系的两个参数发挥着主体和客体的作用，这些句子是一个三元组标记的形式：(subject, verb, object)，其值是$(entity_i, relation_j, entity_k)$。还可以定义属性，类似于关系的概念，但只需要一个参数：$(entity_i, attribute_j)$

例如，可以定义 has_fur 属性，并将其应用于狗这样的实体。许多应用中需要表示关系和推理，如何在神经网络中做到这一点？

机器学习模型需要训练数据，可以通过推断了解非结构化自然语言组成的训练数据集中实体之间的关系，也可以使用明确定义关系的结构化数据库。当数据库用于将日常生活中的常识或关于应用领域的专业知识传达给人工智能系统时，这种数据库称为知识库，如 GeneOntology。实体和关系的表示可以将知识库中的三元组作为训练样本来学习，并且将最大化捕获它们的联合分布作为训练目标。

除了训练数据，还需要定义训练的模型族。一种常见的方法是将神经语言模型扩展到模型实体和关系。神经语言模型通过学习提供每个词的分布式表示的向量。它们还通过学习这些向量的函数来学习词之间的相互作用，如哪些词可能出现在词序列之后等。通过学习每个关系的嵌入向量可以将这种方法扩展到实体和关系中。事实上，建模语言和通过关系编码建模知识的联系非常接近，研究人员可以同时使用知识库和自然语言句子训练这样的实体表示，或组合来自多个关系型数据库的数据。与这种模型相关联的特定参数有许多种，如用向量表示实体、用矩阵表示关系等，其思想是认为关系在实体上相当于运算符。或者，关系可以被认为是任何其他实体，允许关于关系作声明，但是更灵活的是将它们结合在一起并建模联合分布的机制。

这种模型的实际短期应用是链接预测，如预测知识图谱中缺失的弧，这是基于旧事实推广新事实的一种形式。目前存在的大多数知识库都是通过人力劳动构建的，这往往使知识库缺失许多并且可能是大多数真正的关系。

由于数据集只有正样本（已知是真实的事实），因此很难评估链接预测任务上模型的性能。如果模型提出了不在数据集中的事实，则不确定模型是犯了错误还是发现了一个新的以前未知的事实。如果将已知真实事实的留存集合与不能为真的其他事实相比较，则会有偏差。构造感兴趣的负样本（可能为假的事实）的常见方式是从真实事实开始，并创建该事实的损坏版本，如用随机选择的不同实体替换关系中的一个实体。通用的测试精度（10%度量）计算模型在该事实的所有损坏版本的前 10% 中选择正确事实的次数。知识库和分布式表示的另一个应用是词义消歧，这个任务是决定在某些语境中哪个词的意义是恰当的。

知识的关系结合一个推理过程和对自然语言的理解可以建立一个一般的问答系统。一般的问答系统必须能处理输入的信息和记住重要的事实，并以之后能检索和推理的方式组织起来。目前，记住和检索特定声明性事实的最佳方法是使用显式记忆机制。记忆网络最开始是被用来解决一个问答任务提出的一种扩展，使用门控循环单元（gate recurrent unit，GRU）循环网络将输入读入存储器并在给定存储器的内容后产生回答。

深度学习已经应用于其他许多应用，一般而言，使用代价函数的梯度寻找模型（近似于某些所期望的函数）的参数，当有足够多的训练数据时，这种方法是非常强大的。

4.3　深度前馈网络

4.3.1　基本概念

深度前馈网络也叫作前馈神经网络（feedforward neural network，DNN）或者 MLP，是典型的深度学习模型。前馈神经网络的目标是近似某个函数 $f^*(x)$。例如，对于分类器，$y = f^*(x)$ 将输入 x 映射到一个类别 y。前馈神经网络定义了一个映射 $y = f(x, \theta)$，并且学习参数 θ 的值，使它能够得到最佳的函数近似。

上述模型被称为是前向的，是因为信息流过 x 的函数，流经用于定义 $f(x)$ 的中间计算过程，最终到达输出 y。在模型的输出和模型本身之间并没有反馈连接，当前馈神经网络扩展成包含反馈连接时被称为循环神经网络。前馈神经网络对于机器学习的从业者是极其重要的，它们是许多重要商业应用的基础。例如，用于对照片中的对象进行识别的卷积神经网络（convolutional neural networks，CNN）就是一种专门的前馈神经网络。前馈神经网络是通往循环网络之路的概念基石，后者在自然语言的许多应用中发挥着巨大作用。

前馈神经网络被称作网络是因为它们通常由许多不同的函数复合在一起来表示。该模型与一个有向无环图相关联，而图描述了函数是如何复合在一起的。例如，有三个函数 $f^{(1)}$、$f^{(2)}$ 和 $f^{(3)}$ 连接在一个链上形成了 $f(x) = f^{(3)}(f^{(2)}(f^{(1)}(x)))$。这种链式结构是神经网络中最常用的结构。在这种情况下，$f^{(1)}$ 被称为网络的第一层、$f^{(2)}$ 被称为网络的第二层，以此类推。链的全长称为模型的深度，正是因为这个术语才出现了深度学习这个名字。前馈神经网络的最后一层被称为输出层。在神经网络训练的过程中，通常让 $f(x)$ 去匹配 $f^*(x)$ 的值。训练数据提供了在不同训练点上取值的、含有噪声的 $f^*(x)$ 的近似实例。每个样本 x 都伴随着一个标签 $y \approx f^*(x)$。训练样本直接指明了输出层在每一点 x 上必须做什么；它必须产生一个接近 y 的值。但是训练数据并没有直接指明其他层应该怎么做。学习算法必须决定如何使用这些层来产生想要的输出，但是训练数据并没有说每个单独的层应该做什么。相反，学习算法必须决定如何使用这些层来更好地实现 $f^*(x)$ 的近似。因为训练数据并没有给出这些层中的每一层所需要的输出，所以这些层被称为隐藏层。

最后，这些网络被称为神经网络是因为它们或多或少地受到神经科学的启发。网络中的每个隐藏层通常都是向量值的，这些隐藏层的维数决定了模型的宽度，向量的每个元素都可以被视为起到类似一个神经元的作用。可以把层想象成向量到向量的单个函数，也可以把层想象成由许多并行操作的单元组成，每个单元表示一个向量到标量的函数。每个单元在某种意义上类似一个神经元，它接收的输入来源于许多其他单元，并计算它自己的激活值。使用多层向量值表示的想法来源于神经科学，在计算 $f^{(i)}(x)$ 函数时，也或多或少地受到神经科学观测的指引，这些观测是关于生物神经元计算功能的。然而，现代的神经网络研究更多受到的是来自数学和工程学科的指引，并且神经网络的目标并不是完美地为大脑建模。最好将前馈神经网络想象成是为了实现统计泛化而设计出来的函数近似机，它偶尔从大脑中提取灵感，但并不是大脑功能的模型。

一种理解前馈神经网络的方式是从线性模型开始的，并考虑如何克服它的局限性。线性模型，如逻辑回归和线性回归，是非常吸引人的，因为无论是通过闭式解形式还是使用凸优化，它们都能高效且可靠地拟合。线性模型也有明显的缺陷，那就是该模型的能力被局限在线性函数中，因此它无法理解任何两个输入变量之间的相互作用。

为了扩展线性模型来表示 x 的非线性函数，可以不把线性模型用于 x 本身，而是用在一个变换后的输入 $\phi(x)$ 上，这里 ϕ 是一个非线性变换。同样，可以使用支持向量机中的核技巧，得到一个基于隐含地使用 ϕ 映射的非线性学习算法。还可以认为 ϕ 提供了一组描述 x 的特征，或者认为它提供了 x 的一个新的表示，剩下的问题就是如何选择映射 ϕ。

（1）其中一种选择是使用一个通用的 ϕ，如无限维的 ϕ，它隐含地用在基于径向基函数核的方法上。如果 $\phi(x)$ 具有足够高的维数，总是有足够的能力来拟合训练集，但是对于测试集的泛化往往不佳。非常通用的特征映射通常只基于局部光滑的原则，并且没有将足够的先验信息进行编码来解决高级问题。

（2）另一种选择是手动设计 ϕ。在深度学习出现以前，这一直是主流的方法。这种方法对于每个单独的任务都需要人们数十年的努力，从业者各自擅长特定的领域（如语音识别或计算机视觉），并且不同领域之间很难迁移。

（3）深度学习的策略是去学习 ϕ。在这种方法中，有一个模型 $y = f(x, \theta, w) = \phi(x, \theta)^{\mathrm{T}} w$。现在有两种参数：用于从一大类函数中学习 ϕ 的参数 θ，以及用于将 $\phi(x)$ 映射到所需输出的参数 w。这是深度前馈网络的一个例子，其中 ϕ 定义了一个隐藏层。这个方法是三种方法中唯一一种放弃了训练问题的凸性的，但是利大于弊。在这种方法中，将表示参数化为 $\phi(x, \theta)$，并且使用优化算法来寻找 θ，使它能够得到一个好的表示。如果想要的话，也可以通过使它变得高度通用以获得第一种方法的优点——只需使用一个非常广泛的函数族 $\phi(x, \theta)$。这种方法也可以获得第二种方法的优点，即设计者通过将他们的知识编码进网络来帮助泛化，只需要设计那些期望能够表现优异的函数族 $\phi(x, \theta)$ 即可。这种方法的优点是设计者只需要寻找正确的函数族，而不需要去寻找精确的函数。

通过学习特征来改善模型的一般化原则不仅适用于本章描述的前馈神经网络，而且适用于本书描述的所有种类的模型。前馈神经网络学习从 x 到 y 的确定性映射并且没有反馈连接，后面出现的其他模型会把这些原则应用到学习随机映射、学习带有反馈的函数以及学习单个向量的概率分布中。

4.3.2 发展历史

前馈神经网络可以被视为一种高效的非线性函数近似器，它以使用梯度下降法来最小化函数近似误差为基础。从这个角度来看，现代前馈神经网络是一般函数近似任务的几个世纪进步的结晶。

处于反向传播算法底层的链式法则是 17 世纪发明的。微积分和代数长期以来被用于求解优化问题的封闭形式，但梯度下降直到 19 世纪才作为优化问题的一种迭代近似的求解方法被引入。从 20 世纪 40 年代开始，这些函数近似技术被用于导出诸如感知机的机器学习等模型。然而，最早的模型都基于线性模型，来自各方面的批评指出了线性模型族的几个缺陷，如无法学习 XOR 函数（异或逻辑函数）等，这导致了研究者对整个神经网络方法的抵制。

学习非线性函数需要多层感知机的发展和计算该模型梯度的方法。基于动态规划的链式法则的高效应用最开始出现在 20 世纪 60 年代和 70 年代，主要用于控制领域和灵敏度分析中。美国社会学家、机器学习工程师保罗·韦伯斯（Paul Werbos）曾在 1981 年提出应用这些技术来训练人工神经网络，这个想法在以不同的方式被独立地重新发现后，最终在实践中得以发展。并行分布式处理提供了第一次成功使用反向传播的一些实验的结果，这对反向传播的普及做出了巨大的贡献，并且开启了一个研究多层神经网络非常活跃的时期。然而，杰弗里·辛顿提出的想法远远超过了反向传播，它们包括一些关键思想，关于可能通过计算实现认知和学习的几个核心方面，后来被称为联结主义，因为它强调了神经元之间的连接作为学习和记忆轨迹的重要性。

在反向传播成功之后，神经网络研究得到了普及，并在 20 世纪 90 年代初达到高峰。随后，其他机器学习技术也变得大受欢迎，直到 2006 年开始的现代深度学习的复兴。

现代前馈神经网络的核心思想自 20 世纪 80 年代以来没有发生重大变化。仍然使用相同的反向传播算法和相同的梯度下降算法。1986～2015 年，神经网络性能的大部分改进可归因于两个因素：其一，较大的数据集减少了统计泛化对神经网络挑战的程度；其二，神经网络由于更强大的计算机和更好的软件基础设施已经变得更大。

同时，少量算法上的变化也显著改善了神经网络的性能。其中一个算法上的变化是用交叉熵族损失函数替代均方误差损失函数。均方误差在 20 世纪 80 年代和 90 年代流行，但逐渐被交叉熵损失替代，并且最大似然原理的想法在统计学界和机器学习界之间广泛传播。使用交叉熵损失大幅提高了具有 Sigmoid 和 Softmax 输出的模型性能，而当使用均方误差损失时会存在饱和与学习缓慢的问题。另一个在算法上显著改善前馈神经网络性能的主要变化是使用分段线性隐藏单元替代 Sigmoid 隐藏单元，如用整流线性单元替代。使用 $\max\{0, z\}$ 函数的整流在早期神经网络中已经被引入，并且至少可以追溯到认知机和神经认知机。这些早期的模型没有使用整流线性单元，而是将整流用于非线性函数。尽管整流在早期很普及，但在 20 世纪 80 年代，整流很大程度上被 Sigmoid 所取代，也许是因为当神经网络非常小时，Sigmoid 的表现更好。到 21 世纪初，有学者认为必须避免具有不可导点的激活函数，因此避免了整流线性单元。这在 2009 年开始发生改变，在神经网络结构设计的几个不同因素中使用整流非线性是提高识别系统性能的最重要的唯一因素。

对于小的数据集，使用整流非线性甚至比学习隐藏层的权重值更加重要。随机的权重足以通过整流网络传播有用的信息，允许在顶部的分类器层学习如何将不同的特征向量映射到类标识上。当有更多数据可用时，学习开始提取足够的有用知识来超越随机选择参数的性能，并证明在深度整流网络中的学习比在激活函数具有曲率或两侧饱和的深度网络中的学习更容易。

整流线性单元还具有历史意义，因为它们表明神经科学继续对深度学习算法的发展产生影响。半整流非线性旨在描述生物神经元的以下这些性质：①对于某些输入，生物神经元是完全不活跃的；②对于某些输入，生物神经元的输出和它的输入成比例；③大多数时间，生物神经元是在它们不活跃的状态下进行操作的（即它们应该具有稀疏激活）。

当 2006 年深度学习开始现代复兴时，前馈神经网络仍然有不良的声誉。从 2006～2012 年，人们普遍认为，前馈神经网络不会表现良好，除非它们得到其他模型（如概率模型）的辅助。现在已经知道，只要具备适当的资源和工程实践，前馈神经网络就会表现得非常好。如今，前馈神经网络中基于梯度的学习被用作发展概率模型的工具，如变分自编码器和生成式对抗网络。前馈神经网络中基于梯度的学习自 2012 年以来一直被视为一种强大的技术，并应用于许多其他机器学习任务中，而不是被视为必须由其他技术支持的不可靠技术。在 2006 年，业内使用无监督学习来支持监督学习，更常见的是使用监督学习来支持无监督学习。前馈神经网络还有许多未实现的潜力，未来，期望它能用于更多的任务，优化算法和模型设计的进步将进一步提高它的性能。

4.3.3 异或函数学习实例

为了使前馈神经网络的想法更加具体，首先从一个可以完整工作的前馈神经网络说起。这个例子解决一个非常简单的任务：学习 XOR 函数。XOR 函数是两个二进制值 x_1 和 x_2 的运算。当这些二进制值中恰好有一个为 1 时，XOR 函数返回值为 1，其余情况下返回值为 0。

XOR 函数提供了想要学习的目标函数 $y = f^*(x)$。模型给出了一个函数 $y = f(x, \theta)$，学习算法会不断调整参数 θ 使 $f(x)$ 尽可能接近 $f^*(x)$。

在这个简单的例子中，希望网络在 $X = \{[0,0]^T, [0,1]^T, [1,0]^T, [1,1]^T\}$ 这四个点上表现正确。用全部这四个点来训练网络，唯一的挑战是拟合训练集，可以把这个问题当作回归问题，并使用均方误差（mean squared error，MSE）损失函数进行拟合。评估整个训练集上表现的 MSE 损失函数的公式为

$$J(\theta) = \frac{1}{4} \sum_{x \in X} \left(f^*(x) - f(x; \theta) \right)^2 \tag{4-15}$$

现在必须要选择模型 $f(x; \theta)$ 的形式。假设选择一个线性模型，θ 包含 w 和 b，那么模型被定义成如下形式：

$$f(x; w, b) = x^T w + b \tag{4-16}$$

可以使用正规方程关于 w 和 b 最小化 $J(\theta)$，得到一个闭式解。解正规方程以后，得到 $w = 0$ 以及 $b = 1/2$。线性模型仅仅是在任意一点都输出 0.5，为什么会发生这种事？图 4-9 演示了线性模型为什么不能用来表示 XOR 函数的原因。解决这个问题的其中一种方法是使用一个模型来学习一个不同的特征空间，在这个空间上线性模型能够表示这个解。

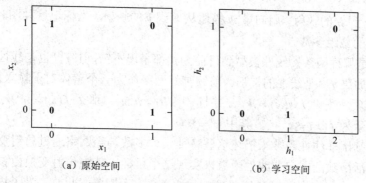

（a）原始空间　　　　　　　　　（b）学习空间

图 4-9　通过学习解决表示 XOR 问题

图 4-9 的粗体数字标明了学得的函数必须在每个点输出的值。图 4-9（a）直接应用于原始输入的线性模型，不能实现 XOR 函数。当 $x_1 = 0$ 时，模型的输出必须随着 x_2 的增大而增大；当 $x_1 = 1$ 时，模型的输出必须随着 x_2 的增大而减小。线性模型必须对 x_2 使用固定的系数 w_2。因此，线性模型不能使用 x_1 的值来改变 x_2 的系数，从而不能解决这个问题。图 4-9（b）在由神经网络提取的特征表示的变换空间中，线性模型现在可以解决这个问题。在示例解决方案中，输出必须为 1 的两个点映射到了特征空间中的单个点。换句话说，非线性特征将 $x = [1,0]^T$ 和 $x = [0,1]^T$ 都映射到了特征空间中的单个点 $h = [1,0]^T$。线性模型现在可以将函数描述为 h_1 增大和 h_2 减小。在该示例中，学习特征空间的动机仅仅是使模型的能力更大，使得它可以拟合训练集。在更现实的应用中，学习的表示也可以帮助模型泛化。

具体来说，这里引入一个非常简单的前馈神经网络，它有一层隐藏层并且隐藏层中包含两个单元，如图 4-10 中对该模型的解释。这个前馈神经网络有一个通过函数 $f^{(1)}(x,W,c)$ 计算得到的隐藏单元的向量 h。这些隐藏单元的值随后被用作第二层的输入。第二层就是这个网络的输出层。输出层仍然只是一个线性回归模型，只不过现在它作用于 h 而不是 x。网络现在包含链接在一起的两个函数为 $h = f^{(1)}(x,W,c)$ 和 $y = f^{(2)}(h,w,b)$，则完整的模型为

$$f(x,W,c,w,b) = f^{(2)}\left(f^{(1)}(x)\right)$$

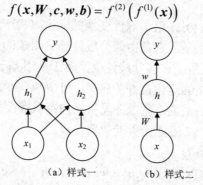

（a）样式一　　　　　　（b）样式二

图 4-10　使用两种不同样式绘制的前馈神经网络

具体来说，图 4-10 是用来解决 XOR 问题的前馈神经网络，它有单个隐藏层，包含两个单元。在图 4-10（a）所示的样式中，将每个单元绘制为图中的一个节点，这种风格是清楚而明确的，但对于比这个例子更大的网络，它可能会占用太多的空间。在图 4-10（b）所示的样式中，将表示每一层激活的整个向量绘制为图中的一个节点，这种样式更加紧凑。有时，对图中的边使用参数名进行注释，这些参数用来描述两层之间的关系。这里，用矩

阵 W 描述从 x 到 h 的映射，用向量 w 描述从 h 到 y 的映射。当标记这种图时，通常省略与每个层相关联的截距参数。

$f^{(1)}$ 应该是哪种函数？线性模型到目前为止都表现不错，让 $f^{(1)}$ 也是线性的似乎很有诱惑力。但是，如果 $f^{(1)}$ 是线性的，那么前馈神经网络作为一个整体对于输入仍然是线性的。暂时忽略截距项，假设 $f^{(1)}(x) = W^{T}x$ 并且 $f^{(2)}(h) = h^{T}w$，那么 $f(x) = w^{T}W^{T}x$。可以将这个函数重新表示为 $f(x) = x^{T}w'$，其中 $w' = Ww$。

显然，必须用非线性函数来描述这些特征。大多数神经网络通过仿射变换之后紧跟着一个被称为激活函数的固定非线性函数来实现这个目标，其中仿射变换由参数控制。定义 $h = g(W^{T}x + c)$，其中 W 为线性变换的权重矩阵，c 为偏置。此前，为了描述线性回归模型，使用权重向量和一个标量的偏置参数来描述从输入向量到输出标量的仿射变换。现在，因为描述的是向量 x 到向量 h 的仿射变换，所以需要一整个向量的偏置参数。激活函数 g 通常选择对每个元素分别起作用的函数，有 $h_i = g(x^{T}W_{:,i} + c_i)$。在现代神经网络中，默认的推荐是使用由激活函数 $g(z) = \max\{0, z\}$ 定义的整流线性单元（rectified linear unit，ReLU），如图 4-11 所示。

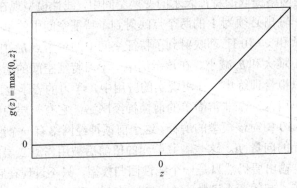

图 4-11　整流线性激活函数

将激活函数 $g(z) = \max\{0, z\}$ 用于线性变换的输出时将产生非线性变换，然而，函数仍然非常接近线性，在这种意义上它是由两个线性部分组成的分段线性函数。由于整流线性单元几乎是线性的，因此保留了许多使线性模型易于使用基于梯度的方法进行优化的属性，还保留了许多使线性模型能够泛化良好的属性。计算机科学的一个通用原则是，可以以最小的组件为基础构建复杂的系统。就像图灵机的内存只需要能够存储 0 或 1 的状态一样，从整流线性函数也能构建一个万能函数近似器。

现在可以指明整个网络为

$$f(x; W, c, w, b) = w^{T}\max\{0, W^{T}x + c\} + b \qquad (4-17)$$

现在给出 XOR 问题的一个解：

$$W = \begin{pmatrix} 1 & 1 \\ 1 & 1 \end{pmatrix}, \quad c = \begin{pmatrix} 0 \\ -1 \end{pmatrix}, \quad w = \begin{pmatrix} 1 \\ -2 \end{pmatrix}, \quad b = 0 \qquad (4-18)$$

现在了解这个模型如何处理一批输入。令 X 表示设计矩阵，它包含二进制输入空间中全部的四个点，每个样本占一行，那么矩阵表示如下：

$$X = \begin{pmatrix} 0 & 0 \\ 0 & 1 \\ 1 & 0 \\ 1 & 1 \end{pmatrix} \tag{4-19}$$

神经网络的第一步是将输入矩阵乘以第一层的权重矩阵，即

$$XW = \begin{pmatrix} 0 & 0 \\ 1 & 1 \\ 1 & 1 \\ 2 & 2 \end{pmatrix} \tag{4-20}$$

然后，加上偏置向量 c，即

$$c = \begin{pmatrix} 0 & -1 \\ 1 & 0 \\ 1 & 0 \\ 2 & 1 \end{pmatrix} \tag{4-21}$$

在这个空间中，所有样本都处在一条斜率为 1 的直线上，当沿着这条直线移动时，输出需要从 0 升到 1，然后再降回 0，线性模型不能实现这样一种函数。为了对每个样本求值，使用整流线性变换

$$h = \begin{pmatrix} 0 & 0 \\ 1 & 0 \\ 1 & 0 \\ 2 & 1 \end{pmatrix} \tag{4-22}$$

这个变换改变了样本之间的关系，它们不再处于同一条直线上，而是处在一个可以用线性模型解决的空间上。

最后乘以一个权重向量 w：

$$w = \begin{pmatrix} 0 \\ 1 \\ 1 \\ 0 \end{pmatrix} \tag{4-23}$$

神经网络对这个示例中的每个样本都给出了正确的结果。在这个示例中，简单地指定了解决方案，然后说明它得到的误差为零。在实际情况中，可能会有数十亿的模型参数以及数十亿的训练样本，因此不能进行简单的猜解。与之相对的，基于梯度的优化算法可以找到一些参数使得训练产生的误差非常小。这里给出的 XOR 问题的解处在损失函数的全局最小点，因此梯度下降算法可以收敛到这一点。梯度下降算法还可以找到 XOR 问题的一些其他的等价解。梯度下降算法的收敛点取决于参数的初始值。在实践中，梯度下降算法通常不会找到干净的、容易理解的、整数值的解。

4.3.4　基于梯度的学习

设计和训练神经网络与使用梯度下降训练其他任何机器学习模型并没有太大不同。前文描述了如何通过指定一个优化过程、代价函数和一个模型族来构建一个机器学习算法。

线性模型和神经网络的最大区别在于神经网络的非线性导致大多数感兴趣的代价函数都变得非凸。这意味着神经网络的训练通常使用迭代的、基于梯度的优化，仅仅使得代价函数达到一个非常小的值；而不是用于训练线性回归模型的线性方程求解器，或者用于训练逻辑回归或 SVM 的凸优化算法那样保证全局收敛。

凸优化从任何一种初始参数出发都会收敛。用于非凸损失函数的随机梯度下降没有这种收敛性保证，并且对参数的初始值很敏感。对于前馈神经网络，将所有的权重值初始化为小随机数是很重要的，偏置可以初始化为零或很小的正值。训练算法几乎总是基于梯度来使代价函数下降的各种方法。一些特别的算法是对梯度下降思想的改进和提纯，还有一些更特别的算法是对随机梯度下降算法的改进。当然也可以用梯度下降训练诸如线性回归和支持向量机之类的模型，并且事实上当训练集相当大时这是很常用的。从这点来看，训练神经网络和训练其他任何模型并没有太大的区别。计算梯度对于神经网络会略微复杂一些，但仍然可以很高效而精确地实现，也可以使用反向传播算法以及它的现代扩展算法来求得梯度。

与其他的机器学习模型一样，为了使用基于梯度的学习方法必须选择一个代价函数，并且必须选择如何表示模型的输出，以及要特别强调神经网络的情景。

1. 代价函数

深度神经网络设计中的一个重要方面是代价函数的选择。神经网络的代价函数或多或少是和其他的参数模型（如线性模型）的代价函数相同的。

在大多数情况下，参数模型定义了一个分布 $p(y\,|\,x;\theta)$ 并且使用最大似然原理。这意味着使用训练数据和模型预测之间的交叉熵作为代价函数。

有时，可以使用一个更简单的方法，不需要预测 y 的完整概率分布，而仅预测在给定 x 的条件下 y 的某种统计量。一些专门的损失函数允许用来训练这些估计量的预测器。用于训练神经网络的代价函数，通常是在基本代价函数的基础上结合一个正则项形成的。用于线性模型的权重衰减方法，也适用于深度神经网络，而且是最流行的正则化策略之一。

1）使用最大似然学习条件分布

大多数现代的神经网络使用最大似然来训练。这意味着代价函数就是负的对数似然，与训练数据和模型分布之间的交叉熵等价。这个代价函数表示为

$$J(\theta) = -\mathbb{E}_{x,y\sim\hat{p}_{\text{data}}} \log p_{\text{model}}(y\,|\,x) \tag{4-24}$$

代价函数的具体形式随着模型而改变，取决于 $\log p_{\text{model}}$ 的具体形式。式（4-24）的展开形式通常会有一些项不依赖于模型的参数，可以舍去。如果 $p_{\text{model}}(y\,|\,x)=N(y;f(x;\theta);I)$，那么就重新得到了均方误差代价，即

$$J(\theta) = \frac{1}{2}\mathbb{E}_{x,y\sim\hat{p}_{\text{data}}} \|y-f(x;\theta)\|_2 + \text{const} \tag{4-25}$$

至少系数 1/2 和常数项不依赖于 θ。舍弃的常数是基于高斯分布的方差，在这种情况下，选择不把它参数化。之前，看到了对输出分布的最大似然估计和对线性模型均方误差的最小化之间的等价性，但事实上，这种等价性并不要求 $f(x;\theta)$ 用于预测高斯分布的均值。

使用最大似然来导出代价函数的方法的一个优势是，它减轻了为每个模型设计代价函数的负担。明确一个模型 $p(y\,|\,x)$ 则自动确定一个代价函数 $\log p(y\,|\,x)$。贯穿神经网络设计

的一个反复出现的主题是代价函数的梯度必须足够大且要具有足够的预测性，以此来为学习算法提供一个好的指引。但是，饱和（变得非常平）的函数破坏了这一目标，因为它们把梯度变得非常小。这在很多情况下都会发生，因为用于产生隐藏单元或输出单元输出的激活函数会出现饱和。负对数似然的很多模型中会避免这个问题。很多输出单元都会包含一个指数函数，这在它的变量取绝对值非常大的负值时会造成饱和。负对数似然代价函数中的对数函数消除了某些输出单元中的指数效果。

用于实现最大似然估计的交叉熵代价函数有一个不同寻常的特性，那就是当它被应用于实践中经常遇到的模型中时，它通常没有最小值。对于离散型输出变量，大多数模型以一种特殊的形式来参数化，即它们不能表示概率 0 和 1，但是可以无限接近。逻辑回归是其中一个例子。对于实值的输出变量，如果模型可以控制输出分布的密度（如通过学习高斯输出分布的方差参数），那么它可能对正确的训练集输出赋予极其高的密度，这将导致交叉熵趋向负无穷。正则化技术提供了一些不同方法来修正学习问题，使得模型不会通过这种方式来获得无限制的收益。

2）学习条件统计量

有时并不是想学习一个完整的概率分布 $p(\boldsymbol{y}|\boldsymbol{x};\boldsymbol{\theta})$，而仅仅是想学习在给定 $\boldsymbol{x}$ 时 $\boldsymbol{y}$ 的某个条件统计量。例如，可能有一个预测器 $f(\boldsymbol{x};\boldsymbol{\theta})$，用它来预测 $\boldsymbol{y}$ 的均值。如果使用一个足够强大的神经网络，可以认为这个神经网络能够表示一大类函数中的任意一个函数 $f(\boldsymbol{x})$，这个类仅被一些特征所限制，如连续性和有界性，而不是具有特殊的参数形式。从这个角度来看，可以把代价函数看作一个泛函而不仅仅是一个函数，泛函是函数到实数的映射。因此，可以将学习看作是选择一个函数而不是选择一组参数。可以设计代价泛函在某些特殊函数处取得最小值。例如，可以设计一个代价泛函，使它的最小值处于一个特殊的函数上，这个函数将 $\boldsymbol{x}$ 映射到给定 $\boldsymbol{x}$ 时 $\boldsymbol{y}$ 的期望值上。对函数求解优化问题需要用到变分法，使用变分法导出的第一个结果是解优化问题，即

$$f^* = \underset{f}{\arg\min}\, \mathbb{E}_{\boldsymbol{x},\boldsymbol{y}\sim p_{\text{data}}} \| \boldsymbol{y} - f(\boldsymbol{x}) \| \tag{4-26}$$

得到如下公式：

$$f^*(\boldsymbol{x}) = \mathbb{E}_{\boldsymbol{y}\sim p_{\text{data}}\,(\boldsymbol{y}|\boldsymbol{x})}[\boldsymbol{y}] \tag{4-27}$$

要求这个函数处在要优化的类里。换句话说，如果能够用无穷多的、来源于真实的数据生成分布的样本进行训练，最小化均方误差代价函数将得到一个函数，它可以用来对每个 $\boldsymbol{x}$ 的值预测出 $\boldsymbol{y}$ 的均值。

不同的代价函数给出不同的统计量，第二个使用变分法得到的结果为

$$f^* = \underset{f}{\arg\min}\, \mathbb{E}_{\boldsymbol{x},\boldsymbol{y}\sim p_{\text{data}}} \| \boldsymbol{y} - f(\boldsymbol{x}) \|_1 \tag{4-28}$$

只要这个函数在优化的函数族里，将得到一个函数，可以对每个 $\boldsymbol{x}$ 预测 $\boldsymbol{y}$ 取值的中位数，这个代价函数通常被称为平均绝对误差。

但均方误差和平均绝对误差在使用基于梯度的优化方法时往往成效不佳。一些饱和的输出单元当结合这些代价函数时会产生非常小的梯度。这就是即使是在没有必要估计整个 $p(\boldsymbol{y}|\boldsymbol{x})$ 分布时，交叉熵代价函数比均方误差和平均绝对误差更受欢迎的原因。

2. 输出单元

代价函数的选择与输出单元的选择紧密相关。大多数情况下，都是使用数据分布和模型分布之间的交叉熵，输出方式决定了交叉熵函数的形式，任何可以用作输出的神经网络单元也可以用作隐藏单元。这里，着重讨论将单元用作模型输出时的情况，不过原则上它们也可以在内部使用。

假设前馈神经网络提供了一组定义为 $h = f(x;\theta)$ 的隐藏特征。输出层的作用是随后对这些特征进行一些额外的变换来完成整个网络必须完成的任务。

1）用于高斯输出分布的线性单元

一种简单的输出单元是基于仿射变换的输出单元，仿射变换不具有非线性。这些单元往往被直接称为线性单元。给定特征 h，线性输出单元层产生一个向量 $\hat{y} = W^T h + b$。线性输出层经常被用来产生条件高斯分布的均值，即

$$p(y|x) = \mathcal{N}(y; \hat{y}, I) \tag{4-29}$$

最大化其对数似然此时等价于最小化均方误差。最大似然框架也使得学习高斯分布的协方差矩阵更加容易，或更容易地使高斯分布的协方差矩阵作为输入函数。然而，对于所有输入，协方差矩阵都必须被限定成一个正定矩阵。线性输出层很难满足这种限定，因此通常使用其他输出单元来对协方差参数化。因为线性模型不会饱和，所以它们易于采用基于梯度的优化算法，甚至可以使用其他多种优化算法。

2）用于 Bernoulli 输出分布的 Sigmoid 函数单元

许多任务需要预测二值型变量 y 的值，具有两个类的分类问题可以归结为这种形式。此时最大似然的方法是定义 y 在 x 条件下的 Bernoulli 分布。Bernoulli 分布仅需单个参数来定义，神经网络只需要预测 $P(y=1|x)$ 即可。

为了使这个数是有效的概率，它必须处在区间[0, 1]中。为满足该约束条件需要一些细致的设计工作，假设打算使用线性单元，并且通过阈值来限制它成为一个有效的概率，即

$$P(y=1|x) = \max\left\{0, \min\left\{1, w^T h + b\right\}\right\} \tag{4-30}$$

式（4-30）的确定义了一个有效的条件概率分布，但无法使用梯度下降算法来高效地训练它。当 $w^T h + b$ 处于单位区间外时，模型的输出对其参数的梯度都将为 0。梯度为 0 通常是有问题的，因为学习算法对于如何改善相应的参数不再具有指导意义。相反，最好是使用一种新的方法来保证无论何时模型给出错误的答案时，总能有一个较大的梯度。这种方法是基于使用 Sigmoid 函数输出单元结合最大似然来实现的。

Sigmoid 函数输出单元定义如下：

$$\hat{y} = \sigma\left(w^T h + b\right) \tag{4-31}$$

式中，σ 为 Logistic Sigmoid 函数。

可以认为 Sigmoid 函数输出单元具有两部分。首先，它使用一个线性层来计算 $z = w^T h + b$。其次，它使用 Sigmoid 激活函数将 z 转化为概率。

暂时忽略对于 x 的依赖性，只讨论如何用 z 的值来定义 y 的概率分布。Sigmoid 函数可以通过构造一个非归一化（和不为 1）的概率分布 $\tilde{P}(y)$ 来得到，然后除以一个合适的常数得到有效的概率分布。如果假定非归一化的对数概率对 y 和 z 是线性的，可以对它取指数

来得到非归一化的概率，然后对其归一化，可以发现它服从 Bernoulli 分布，该分布受 z 的 Sigmoid 函数变换控制，即

$$\begin{cases} \log \tilde{P}(y) = yz \\ \tilde{P}(y) = \exp(yz) \\ P(y) = \dfrac{\exp(yz)}{\displaystyle\sum_{y'=0}^{1}\exp(y'z)} \\ P(y) = \sigma\big((2y-1)z\big) \end{cases} \tag{4-32}$$

基于指数和归一化的概率分布在统计建模的文献中很常见。用于定义这种二值型变量分布的变量 z 被称为分对数。

这种在对数空间里预测概率的方法可以很自然地使用最大似然学习。因为用于最大似然的代价函数是 $-\log P(y|\boldsymbol{x})$，代价函数中的 log 抵消了 Sigmoid 函数中的 exp。如果没有这个效果，Sigmoid 函数的饱和性会阻止基于梯度的学习做出好的改进。下面使用最大似然来学习一个由 Sigmoid 函数参数化的 Bernoulli 分布，其损失函数为

$$\begin{aligned} J(\boldsymbol{\theta}) &= -\log P(y|\boldsymbol{x}) \\ &= -\log \sigma\big((2y-1)z\big) \\ &= \zeta\big((1-2y)z\big) \end{aligned} \tag{4-33}$$

式中，ζ 为 Softplus 函数，通过将损失函数写成 Softplus 函数的形式，可以看到它仅在 $(1-2y)z$ 取绝对值非常大的负值时才会饱和。因此，饱和只会出现在模型已经得到正确答案时——当 $y=1$ 且 z 取非常大的正值时，或者 $y=0$ 且 z 取非常小的负值时。当 z 的符号错误时，Softplus 函数的变量 $(1-2y)z$ 可以简化为 $|z|$。当 $|z|$ 变得很大并且 z 的符号错误时，Softplus 函数渐近地趋向于变量 $|z|$。对 z 求导则渐近地趋向于 $\text{sign}(z)$，因此，对于极限情况下极度不正确的 z，Softplus 函数完全不会收缩梯度。这个性质很有用，因为它意味着基于梯度的学习可以很快地改正错误的 z。

当使用其他损失函数，如使用均方误差函数时，损失函数会在 $\sigma(z)$ 饱和时饱和。Sigmoid 激活函数在 z 取非常小的负值时会饱和到 0，在 z 取非常大的正值时会饱和到 1。这种情况一旦发生，梯度会变得非常小以至于不能用来学习，无论此时模型给出的是正确答案还是错误答案。因此，最大似然几乎总是训练 Sigmoid 函数输出单元的优选方法。

理论上，Sigmoid 函数的对数总是确定和有限的，因为 Sigmoid 函数的返回值总是被限制在开区间 $(0,1)$ 上，而不是使用整个闭区间 $[0,1]$ 的有效概率。在软件实现时，为了避免数值问题，最好将负的对数似然写作 z 的函数，而不是 $\hat{y}=\sigma(z)$ 的函数。如果 Sigmoid 函数下溢到零，那么之后对 $\hat{y}$ 取对数会得到负无穷。

3）用于 Multinoulli 输出分布的 Softmax 函数单元

当想要表示一个具有 n 个可能取值的离散型随机变量分布时，都可以使用 Softmax 函数。它可以看作是 Sigmoid 函数的扩展，其中 Sigmoid 函数用来表示二值型变量的分布。

Softmax 函数最常用作分类器的输出来表示 n 个不同类上的概率分布。比较少见的是，Softmax 函数可以在模型内部使用，例如，如果想要在某个内部变量的 n 个不同选项中进行选择时可以使用 Softmax 函数。在二值型变量的情况下，希望计算一个单独的数，即

$$\hat{y} = P(y=1|\boldsymbol{x}) \tag{4-34}$$

因为这个数需要处在 0 和 1 之间，并且想要让这个数的对数能够很好地用于对数似然基于梯度的优化，选择去预测另外一个数 $z = \log \hat{P}(y=1 \mid \boldsymbol{x})$。对其指数化和归一化，就得到了一个由 Sigmoid 函数控制的 Bernoulli 分布。

为了推广到具有 n 个值的离散型变量的情况，现在需要创造一个向量 $\hat{\boldsymbol{y}}$，它的元素是 $\hat{y}_i = P(y=i \mid x)$。不仅要求每个 $\hat{y}_i$ 元素介于 0 和 1 之间，还要使整个向量的和为 1，使它表示一个有效的概率分布。用于 Bernoulli 分布的方法同样可以推广到 Multinoulli 分布。首先，线性层预测了未归一化的对数概率，即

$$z = \boldsymbol{W}^{\mathrm{T}}\boldsymbol{h} + \boldsymbol{b} \tag{4-35}$$

式中，$(z)_i = \log \hat{P}(y=i \mid x)$。Softmax 函数可以通过对 z 进行指数化和归一化来获得所需要的 $\hat{\boldsymbol{y}}$。最终，Softmax 函数的形式为

$$z = \boldsymbol{W}^{\mathrm{T}}\boldsymbol{h} + \boldsymbol{b} \tag{4-36}$$

与 Logistic Sigmoid 一样，当使用最大化对数似然训练 Softmax 函数来输出目标值 y 时，使用指数函数工作非常好。在这种情况下，想要最大化 $\log P(y=i;z) = \log \mathrm{Softmax}(z)_i$，将 Softmax 函数定义为指数的形式是很自然的，因为对数似然中的 log 可以抵消 Softmax 函数中的 exp，即

$$\log \mathrm{Softmax}(z)_i = z_i - \log \sum_j \exp(z_j) \tag{4-37}$$

式（4-37）中的第一项表示输入 z_i 总是对代价函数有直接的贡献。因为这一项不会饱和，所以即使 z_i 对式中第二项的贡献很小，学习依然可以进行。当最大化对数似然时，第一项鼓励 z_i 被推高，而第二项则鼓励所有的 z 被压低。为了对第二项 $\log \sum_j \exp(z_j)$ 有一个直观的理解，注意到这一项可以大致近似为 $\max_j z_j$。这种近似是基于对任何明显小于 $\max_j z_j$ 的 z_k，$\exp(z_k)$ 都是不重要的。从这种近似中可知，负对数似然代价函数总是强烈地惩罚最活跃的不正确预测。如果正确答案已经具有了 Softmax 函数的最大输入，那么 $-z_i$ 项和 $\log \sum_j \exp(z_j) \approx \max_j z_j = z_i$ 项将大致抵消。这个样本对于整体训练代价贡献很小，这个代价主要由其他未被正确分类的样本产生。

总体来说，未正则化的最大似然会驱动模型去学习一些参数，而这些参数会驱动 Softmax 函数来预测在训练集中观察到的每个结果的比率，即

$$\mathrm{Softmax}\big(z(\boldsymbol{x};\boldsymbol{\theta})\big)_i \approx \frac{\sum_{j=1}^{m} 1_{y^{(j)}=i, x^{(j)}=x}}{\sum_{j=1}^{m} 1_{x^{(j)}=x}} \tag{4-38}$$

因为最大似然是一致的估计量，所以只要模型族能够表示训练的分布，就能保证发生。在实践中，有限的模型能力和不完美的优化将意味着模型只能近似这些比率。除了对数似然之外的许多目标函数对 Softmax 函数不起作用。具体来说，那些不使用对数来抵消 Softmax 中的指数的目标函数，当指数函数的变量取非常小的负值时会造成梯度消失，从而无法学习。特别地，平方误差对于 Softmax 单元是一个很差的损失函数，即使模型做出高度可信的不正确预测，也不能训练模型改变其输出。这些损失函数可能失败，需要检查 Softmax 函数本身。

与 Sigmoid 函数一样，Softmax 激活函数可能会饱和。Sigmoid 函数具有单个输出值，当它的输入极端负或极端正时会饱和。Softmax 函数则有多个输出值，当输入值之间的差异变得极端时，这些输出值可能会饱和。当 Softmax 饱和时，基于 Softmax 的许多代价函数也饱和，除非它们能够转化饱和的激活函数。为了说明 Softmax 函数对于输入之间差异的响应，观察到当对所有的输入都加上一个相同常数时，Softmax 函数的输出不变，即

$$\text{Softmax}(z) = \text{Softmax}(z + c) \tag{4-39}$$

使用这个性质，可以导出一个数值方法稳定的 Softmax 函数的变体，即

$$\text{Softmax}(z) = \text{Softmax}\left(z - \max_i z_i\right) \tag{4-40}$$

变换后的形式允许对 Softmax 函数求值时只有很小的数值误差，即使是当 z 包含极正或极负的数时。观察 Softmax 函数数值稳定的变体，可以看到 Softmax 函数由它的变量偏离 $\max_i z_i$ 的量来驱动。

当其中一个输入是最大（$z_i = \max_i z_i$）并且 z_i 远大于其他输入时，相应的输出 $\text{Softmax}(z)_i$ 会饱和到 1。当 z_i 不是最大值并且最大值非常大时，相应的输出 $\text{Softmax}(z)_i$ 也会饱和到 0。这是 Sigmoid 单元饱和方式的一般化，并且如果损失函数不被设计成对其进行补偿，那么也会造成类似的学习困难。

Softmax 函数的变量 z 可以通过两种方式产生。最常见的是简单地使神经网络较早的层输出 z 的每个元素，就像先前描述的使用线性层 $z = W^T h + b$。虽然很直观，但这种方法是对分布的过度参数化。n 个输出总和必须为 1 的约束意味着只有 $n-1$ 个参数是必要的；第 n 个概率值可以通过 1 减去前面 $n-1$ 个概率来获得。因此，可以强制要求 z 的一个元素是固定的。例如，可以要求 $z_n = 0$。事实上，这正是 Sigmoid 单元所做的。定义 $P(y=1|x) = \sigma(z)$ 等价于用二维的 z 以及 $z_1 = 0$ 来定义 $P(y=1|x) = \text{Softmax}(z)_1$。无论是 $n-1$ 个变量还是 n 个变量的方法，都描述了相同的概率分布，但会产生不同的学习机制。在实践中，无论是过度参数化的版本还是限制的版本都很少有差别，并且实现过度参数化的版本更为简单。

从神经科学的角度看，有趣的是认为 Softmax 函数是一种在参与其中的单元之间形成竞争的方式：Softmax 函数输出总是和为 1，因此一个单元的值增加必然对应着其他单元值的减少。这与被认为存在于皮质中相邻神经元之间的侧抑制类似。在极端情况下，它变成了赢者通吃的形式（其中一个输出接近 1，其他的输出接近 0）。

Softmax 函数的名称可能会让人产生困惑。这个函数更接近于 argmax 函数而不是 max 函数。soft 这个术语来源于 Softmax 函数，是连续可微的。argmax 函数的结果表示为一个 one-hot 向量（只有一个元素为 1，其余元素都为 0 的向量），不是连续和可微的。Softmax 函数因此提供了 argmax 的软化版本。max 函数相应的软化版本是 $\text{Softmax}(z)^T z$。也许把 Softmax 函数称为 Softargmax 是最好的选择，但当前名称已经是一个根深蒂固的习惯了。

4.3.5　隐藏单元

到目前为止，本章集中讨论了神经网络的设计选择，这对于使用基于梯度的优化方法来训练的大多数参数化机器学习模型都是通用的。现在转向一个前馈神经网络独有的问题：该如何选择用在模型隐藏层中的隐藏单元的类型。

隐藏单元的设计是一个非常活跃的研究领域，并且还没有许多明确的指导性理论原则。

整流线性单元是隐藏单元极好的默认选择。许多其他类型的隐藏单元也是可用的。决定何时使用哪种类型的隐藏单元是困难的事（尽管整流线性单元通常是一个可接受的选择）。这里描述对于每种隐藏单元的一些基本直觉。这些直觉可以用来建议何时来尝试一些单元。通常不可能预先预测出哪种隐藏单元工作得最好。设计过程充满了试验和错误，先直觉认为某种隐藏单元可能表现良好，然后用它组成神经网络进行训练，最后用验证集来评估它的性能。

这里列出的一些隐藏单元可能并不是在所有的输入点上都是可微的。例如，整流线性单元 $g(z) = \max\{0, z\}$ 在 $z = 0$ 处不可微。这似乎使得 g 对于基于梯度的学习算法无效。在实践中，梯度下降对这些机器学习模型仍然表现得足够好，部分原因是神经网络训练算法通常不会达到代价函数的局部最小值，而是仅显著地减小它的值。因为不再期望训练能够实际到达梯度为 0 的点，所以代价函数的最小值对应于梯度未定义的点是可以接受的。不可微的隐藏单元通常只在少数点上不可微。

一般来说，函数 $g(z)$ 具有左导数和右导数，左导数定义为紧邻在 z 左边的函数的斜率，右导数定义为紧邻在 z 右边的函数的斜率。只有当函数在 z 处的左导数和右导数都有定义并且相等时，函数在 z 点处才是可微的。神经网络中用到的函数通常对左导数和右导数都有定义。在 $g(z) = \max\{0, z\}$ 的情况下，$z = 0$ 处的左导数是 0、右导数是 1。神经网络训练的软件实现通常返回左导数或右导数中的一个，而不是报告导数未定义或产生一个错误。通过观察数字，在基于梯度的优化中经常会受到数值误差的影响启发式地给出理由。当一个函数被要求计算 $g(0)$ 时，底层值真正为 0 是不太可能的。相对的，它可能是被舍入为 0 的一个小量 ϵ。在某些情况下，理论上有更好的理由，但这些通常对神经网络训练并不适用。重要的是，在实践中，可以放心地忽略下面描述的隐藏单元激活函数的不可微性。

除非另有说明，大多数的隐藏单元都可以描述为接受输入向量 $\boldsymbol{x}$，计算仿射变换 $z = \boldsymbol{W}^{\mathsf{T}}\boldsymbol{x} + \boldsymbol{b}$，然后使用一个逐元素的非线性函数 $g(z)$。大多数隐藏单元的区别仅在于激活函数 $g(z)$ 的形式。

1. 整流线性单元及其扩展

整流线性单元使用激活函数 $g(z) = \max\{0, z\}$。整流线性单元易于优化，因为它们和线性单元非常类似。线性单元和整流线性单元的唯一区别是整流线性单元在其一半的定义域上输出为零，这使得只要整流线性单元处于激活状态，它的导数都能保持较大。整流线性单元的梯度不仅大而且一致。整流操作的二阶导数几乎处处为 0，并且在整流线性单元处于激活状态时，它的一阶导数处处为 1。这意味着相比于引入二阶效应的激活函数来说，整流线性单元的梯度方向对于学习来说更加有用。

整流线性单元通常作用于仿射变换之上，公式如下：

$$h = g\left(\boldsymbol{W}^{\mathsf{T}}\boldsymbol{x} + \boldsymbol{b}\right) \tag{4-41}$$

当初始化仿射变换的参数时，可以将 $\boldsymbol{b}$ 的所有元素设置成一个小的正值，如 0.1。这使得整流线性单元很可能初始时就对训练集中的大多数输入呈现激活状态，并且允许导数通过。有很多整流线性单元的扩展存在，大多数这些扩展的表现比得上整流线性单元，并且偶尔表现得更好。

整流线性单元的一个缺陷是不能通过基于梯度的方法学习那些激活为零的样本。整流线性单元的各种扩展保证了它们能在各个位置都接收到梯度。

整流线性单元的三个扩展基于当 $z_i < 0$ 时使用一个非零的斜率 α_i：

$$h_i = g(z; \boldsymbol{\alpha})_i = \max(0, z_i) + \alpha_i \min(0, z_i)$$

绝对值整流固定 $\alpha_i = -1$，得到 $g(z) = |z|$。它用于图像中的对象识别，其中寻找在输入照明极性反转下不变的特征是有意义的。整流线性单元的其他扩展应用得更广泛，例如，渗漏整流线性单元（leaky ReLU）将 α_i 固定成一个类似 0.01 的小值，参数化整流线性单元（parametric ReLU）或者 PReLU 将 α_i 作为学习的参数。

maxout 单元进一步扩展了整流线性单元，它将 z 划分为每组具有 k 个值的组，而不是使用作用于每个元素的函数 $g(z)$。每个 maxout 单元输出每组中的最大元素，即

$$g(z)_i = \max_{j \in \mathbb{G}^{(i)}} z_j \tag{4-42}$$

式中，$G^{(i)}$ 为组 i 的输入索引集 $\{(i-1)k+1, \cdots, ik\}$，这提供了一种方法来学习输入 x 空间中的多个方向响应的分段线性函数。

maxout 单元可以学习具有多达 k 段的分段线性凸函数，还可以学习激活函数本身，而不仅仅是单元之间的关系。在使用 k 时，maxout 单元可以以任意的精确度来近似任何凸函数。如果具有两个 maxout 层，可以实现与传统层相同的输入 x 的函数，这些传统层可以使用整流线性激活函数、绝对值整流、渗漏整流线性单元或参数化整流线性单元，或者可以学习实现与这些都不相同的函数。maxout 层的参数化当然也与这些层不同，因此，即使 maxout 学习实现的是与其他种类的层有相同的输入 x 的函数的情况下，学习机理也不同。

maxout 单元还有一些其他优点。例如，如果由 n 个不同的线性过滤器描述的特征可以在不损失信息的情况下，用每一组 k 个特征的最大值来概括，那么下一层就可以获得 k 倍更少的权重数。因为每个单元有多个过滤器驱动，maxout 单元具有一些冗余来帮助它们抵抗一种被称为"灾难遗忘"的现象，这个现象表明神经网络忘记了如何执行它们过去训练的任务。

整流线性单元和它们的这些扩展都基于同一个原则：如果它们的行为更接近线性，那么模型更容易优化。使用线性行为更容易优化的一般性原则同样也适用于深度线性网络以外的情景。循环网络可以从序列中学习并产生状态和输出序列。训练时，需要通过一些时间步来传播信息，当其中包含一些线性计算（具有大小接近 1 的某些方向导数）时会更容易。作为性能最好的循环网络结构之一，LSTM（long short term memory，长短期记忆网络）通过求和在时间上传播信息，这是一种特别直观的线性激活。

2. Logistic Sigmoid 与双曲正切函数

在引入整流线性单元之前，大多数神经网络使用 Logistic Sigmoid 激活函数：

$$g(z) = \sigma(z) \tag{4-43}$$

或使用双曲正切激活函数：

$$g(z) = \tanh(z) \tag{4-44}$$

这些激活函数紧密相关，因为 $\tanh(z) = 2\sigma(2z) - 1$。与分段线性单元不同，Sigmoid 单元在其大部分定义域内都饱和——当 z 取绝对值很大的正值时，它们饱和到一个高值，当 z 取绝对值很大的负值时，它们饱和到一个低值，并且仅当 z 接近 0 时它们才对输入强烈敏

感。Sigmoid 单元的广泛饱和性会使基于梯度的学习变得非常困难。因此，现在不鼓励将 Sigmoid 单元用作前馈神经网络中的隐藏单元。当使用一个合适的代价函数来抵消 Sigmoid 单元的饱和性时，它们作为输出单元可以与基于梯度的学习兼容。

当必须要使用 Sigmoid 激活函数时，双曲正切激活函数通常要比 Logistic Sigmoid 函数表现得更好。在 tanh(0) = 0 而 $\sigma(0) = 1/2$ 的意义上，双曲正切激活函数更像是单位函数。因为 tanh 在 0 附近与单位函数类似，训练深层神经网络 $\hat{y} = w^T\tanh(U^T\tanh(V^Tx))$ 类似于训练一个线性模型 $\hat{y} = w^TU^TV^Tx$，只要网络的激活能够被保持得很小，就会使训练 tanh 网络更加容易。

Sigmoid 激活函数在前馈神经网络以外的情景中更为常见。循环网络、许多概率模型以及一些自编码器有一些额外的要求使得它们不能使用分段线性激活函数，并且使得 Sigmoid 单元更具有吸引力，尽管它存在饱和的问题。

3. 其他隐藏单元

一般来说，很多种类的可微函数都表现得很好。未发布的激活函数与流行的激活函数表现得一样好。为了提供一个具体的例子，在 MNIST 数据集上使用 $h = \cos(Wx + b)$ 测试了一个前馈神经网络，并获得了小于 1%的误差率，这可以与更为传统的激活函数获得的结果相媲美。在新技术的研究和开发期间，研究者通常会测试许多不同的激活函数，他们在测试过程中发现许多标准方法的变体表现得非常好。这意味着新的隐藏单元类型只有在被明确证明能够提供显著改进时才会被发布。新的隐藏单元类型如果与已有的隐藏单元表现大致相当的话，那么它们是非常常见的，不会引起别人的兴趣。列出文献中出现的所有隐藏单元的类型是不切实际的。

当完全没有激活函数 $g(z)$ 时也可以认为是使用单位函数作为激活函数的情况。线性单元可以用作神经网络的输出，也可以用作隐藏单元。如果神经网络的每一层都仅由线性变换组成，那么网络作为一个整体也将是线性的。当然，神经网络的一些层是纯线性的也是可以接受的。考虑具有 n 个输入和 p 个输出的神经网络层 $h = g(W^Tx + b)$，可以用两层来代替它，一层使用权重矩阵 U，另一层使用权重矩阵 V。如果第一层没有激活函数，那么对基于 W 的原始层的权重矩阵进行因式分解。分解方法是计算 $h = g(V^TU^Tx + b)$。如果 U 产生了 q 个输出，那么 U 和 V 加在一起仅包含 $(n + p)q$ 个参数，而 W 包含 np 个参数。如果 q 很小，可以在很大程度上节省参数。这是以将线性变换约束为低秩的代价来实现的，但这些低秩关系往往是足够的。线性隐藏单元因此提供了一种减少网络中参数数量的有效方法。

Softmax 是另外一种经常用作输出的单元，但有时也可以用作隐藏单元。Softmax 单元很自然地表示具有 k 个可能值的离散型随机变量的概率分布，因此它们可以用作一种开关。这些类型的隐藏单元通常仅用于明确的学习操作内存的高级结构中。其他一些常见的隐藏单元类型如下。

（1）径向基函数（radial basis function，RBF）：$h_i = \exp(-1/\sigma^2\|W_{:,i} - x\|_2)$。这个函数在 x 接近底板 $W_{:,i}$ 时更加活跃，因为它对大部分 x 都饱和到 0，所以很难优化。

（2）Softplus 函数：$g(a) = \zeta(a) = \log(1 + e^a)$。这是整流线性单元的平滑版本，由 Dugas 等（2001b）引入函数近似，由杰弗里·辛顿引入用于无向概率模型的条件分布。Xavier

Glorot 等比较了 Softplus 和整流线性单元,发现后者的结果更好。通常不鼓励使用 Softplus 函数。Softplus 表明隐藏单元类型的性能可能是非常反直觉的——因为它处处可导或者因为它不完全饱和,人们可能希望它具有优于整流线性单元的点,但根据经验来看,它并没有。

（3）硬双曲正切函数（hard tanh）：它的形状和 tanh 以及整流线性单元类似,但是不同于后者,它是有界的, $g(a) = \max(-1; \min(1, a))$ 。

4.3.6　架构设计

神经网络设计的另一个关键点是确定它的架构。架构一词是指网络的整体结构：它应该具有多少单元,以及这些单元应该如何连接。

大多数神经网络被组织成单元组,这些单元组被称为层,网络架构将这些层布置成链式结构,其中每一层都是前一层的函数。在这种结构中,第一层由下式给出：

$$h^{(1)} = g^{(1)}\left(W^{(1)\mathrm{T}} x + b^{(1)}\right) \tag{4-45}$$

第二层由下式给出：

$$h^{(2)} = g^{(2)}\left(W^{(2)\mathrm{T}} h^{(1)} + b^{(2)}\right) \tag{4-46}$$

在这些链式架构中,主要的架构考虑的是选择网络的深度和每一层的宽度,即使只有一个隐藏层的网络也足够适应训练集。更深层的网络通常能够对每一层使用更少的单元数和更少的参数,并且经常容易泛化到测试集,但是通常也更难进行优化。对于一个具体的任务来说,理想的网络架构必须进行实验,通过观测在验证集上的误差来找到。

线性模型,通过矩阵乘法将特征映射到输出,顾名思义,仅能表示线性函数。线性模型具有易于训练的优点,因为当使用线性模型时,许多损失函数会导出凸优化问题。

学习非线性函数需要学习非线性专门设计一类的模型族,但具有隐藏层的前馈神经网络提供了一种万能近似定理。具体来说,万能近似定理表明,一个前馈神经网络如果具有线性输出层和至少一层具有任意挤压性质的激活函数（如 Logistic Sigmoid 激活函数）的隐藏层,只要给予网络足够数量的隐藏单元,就可以以任意精度近似从有限维空间到另一个有限维空间的任意 Borel 可测函数。前馈神经网络的导数也可以以好的程度近似函数的导数。对于想要实现的目标,只需要知道定义在有界闭集上的任意连续函数是 Borel 可测的,因此可以用神经网络来近似。神经网络也可以近似从任何有限维离散空间映射到另一个的任意函数。虽然原始定理最初以具有特殊激活函数的单元形式来描述,但当变量取绝对值非常大的正值和负值时激活函数会饱和,万能近似定理也已经被证明对于更广泛类别的激活函数是适用的,其中就包括现在常用的整流线性单元。

万能近似定理意味着无论试图学习什么函数,只要知道一个大的 MLP 就一定能够表示这个函数。然而,不能保证训练算法能够学习这个函数,即使 MLP 能够表示该函数,学习也可能因以下两个原因而失败。首先,用于训练的优化算法可能找不到用于期望函数的参数值。其次,训练算法可能由于过拟合而选择了错误的函数。前馈神经网络提供了能够表示函数的万能系统,即给定一个函数,存在一个前馈神经网络能够近似该函数。不存在万能的过程既能验证训练集上的特殊样本,又能将函数扩展到训练集上。

万能近似定理说明存在一个足够大的网络能够达到所需的任意精度,但是并没有说这个网络到底有多大。例如，在最坏的情况下，可能需要指数数量级的隐藏单元（可能一个隐藏单元对应一个需要区分的输入配置）。这在二进制值的情况下很容易看到：向量 $v \in \{0,1\}^n$ 上可能的二值型函数的数量是 2^{2^n}，并且选择一个这样的函数需要 2^n 位，这通常需要 $O(2^n)$ 的自由度。

总之，具有单层的前馈神经网络足以表示任何函数，但是网络层可能大得不可实现，并且可能无法正确地学习和泛化。因此，在很多情况下，使用更深的模型能够减少表示期望函数所需单元的数量，并且可以减少泛化误差。

4.4 实践方法

要想成功地使用深度学习技术，仅知道存在哪些算法和解释它们为何有效的原理是不够的。一个优秀的机器学习实践者还需要知道如何针对具体应用挑选一个合适的算法以及如何监控，并根据实验反馈改进机器学习系统。在机器学习系统的日常开发中，实践者需要决定是否收集更多的数据、增加或减少模型容量、添加或删除正则化项、改进模型的优化、改进模型的近似推断或调试模型的软件实现。尝试这些操作都需要大量时间，因此确定正确做法而不盲目猜测尤为重要的。

本书的大部分内容都是关于机器学习模型、训练算法和目标函数的。这可能给人一种印象——成为机器学习专家的最重要因素是了解各种各样的机器学习技术，并熟悉各种不同的数学知识。在实践中，正确使用一个普通算法通常比草率地使用一个不清楚的算法效果更好。正确应用一个算法需要掌握一些相当简单的方法论。

建议参考以下几个实践设计流程。

（1）确定目标——使用什么样的误差度量，并为此误差度量指定目标值。这些目标和误差度量取决于该应用旨在解决的问题。

（2）尽快建立一个端到端的工作流程，包括估计合适的性能度量。

（3）搭建系统，并确定性能瓶颈。检查哪些部分的性能差于预期，以及是否是因为过拟合、欠拟合、数据或软件缺陷造成的。

（4）根据具体观察反复进行增量式改动，如收集新数据、调整超参数或改进算法。

4.4.1 性能度量

确定目标，即确定使用什么误差度量是必要的第一步，因为误差度量将指导接下来的所有工作。同时，也应该了解大概能得到什么级别的目标性能。值得注意的是，对于大多数应用而言，不可能实现绝对零误差。即使有无限的训练数据，并且恢复了真正的概率分布，贝叶斯误差仍定义了能达到的最小错误率。

这是因为输入特征可能无法包含输出变量的完整信息，或是因为系统可能本质上是随机的。当然还会受限于有限的训练数据。训练数据的数量会因为各种原因受到限制。当目标是打造现实世界中最好的产品或服务时，通常需要收集更多的数据，但必须确定进一步减少误差的价值，并与收集更多数据的成本做权衡。数据收集会耗费时间、金钱，或带来人体痛苦（如收集人体医疗测试数据）。科研中，目标通常是在某个确定基准下探讨哪个算法更好，一般会固定训练集，不允许收集更多的数据。

　　如何确定合理的性能期望？在学术界，通常可以根据先前公布的基准结果来估计预期错误率。在现实世界中，一个应用的错误率有必要是安全的、具有成本效益的或吸引消费者的。一旦确定了想要达到的错误率，那么设计将由如何达到这个错误率来指导。

　　除了需要考虑性能度量之外，另一个需要考虑的是度量的选择。有几种不同的性能度量，可以用来度量一个含有机器学习组件的完整应用的有效性。这些性能度量通常不同于训练模型的代价函数。如前所述，通常会度量一个系统的准确率或等价的错误率。

　　然而，许多应用需要更高级的度量。有时，一种错误可能会比另一种错误更严重。例如，垃圾邮件检测系统会有两种错误：将正常邮件错误地归为垃圾邮件，将垃圾邮件错误地归为正常邮件。希望度量某种形式的总代价，其中拦截正常邮件比允许垃圾邮件通过的代价更高，而不是度量垃圾邮件分类的错误率。

　　有时，需要训练检测某些罕见事件的二元分类器。例如，可能会为一种罕见疾病设计医疗测试。假设每一百万人中只有一人患病。只需要让分类器一直报告没有患者，就能轻易地在检测任务上实现 99.9999% 的正确率。显然，正确率很难描述这种系统的性能。解决这个问题的方法是度量精度和召回率。度量精度是模型报告检测正确的比率，而召回率则是真实事件被检测到的比率。检测器永远报告没有患者，会得到一个完美的精度，但召回率为零；而报告每个人都是患者的检测器会得到一个完美的召回率，但是精度会等于人群中患有该病的比例。当使用精度和召回率时，通常会画 P-R 曲线，y 轴表示精度，x 轴表示召回率。如果检测到的事件发生了，那么分类器会返回一个较高的得分。例如，将前馈神经网络设计为检测一种疾病，估计一个医疗结果由特征 x 表示患病的概率为 $\hat{y} = P(y = 1 | x)$。每当这个得分超过某个阈值时，报告检测结果。通过调整阈值，能权衡精度和召回率。在很多情况下，希望用一个数而不是曲线来概括分类器的性能。要做到这一点，可以将精度 p 和召回率 r 转换为 F 分数（F-score）。

　　另一种方法是报告 P-R 曲线下方的总面积。在一些应用中，机器学习系统可能会拒绝做出判断。如果机器学习算法能够估计所作判断的置信度，这将会非常有用，特别是在错误判断会导致严重危害，而人工操作员能够偶尔接管的情况下。例如，通过街景识别照片上的地址号码，将照片拍摄地点对应到地图上的地址。如果地图是不精确的，那么地图的价值会严重下降。因此，只在转录正确的情况下添加地址十分重要。如果机器学习系统认为它不太能像人一样正确地转录，那么最好的办法当然是让人来转录照片。当然，只有当机器学习系统能够大量降低需要人工操作处理的图片时，它才是有用的。在这种情况下，一种自然的性能度量是覆盖，覆盖是机器学习系统能够产生响应的样本所占的比率。权衡覆盖和精度可以看出，一个系统可以通过拒绝处理任意样本的方式来达到 100% 的精度，但是覆盖降到了 0%。对于街景任务，该项目的目标是达到人类级别的转录精度，同时保持 95% 的覆盖。在这项任务中，人类级别的性能是 98% 的精度。

　　还有许多其他的性能度量，如可以度量点击率、收集用户满意度调查等。许多专业的应用领域也有特定的标准。

　　最重要的是首先要确定改进哪个性能度量，然后再专心提高该性能度量。如果没有明确的目标，那么很难判断机器学习系统上的改动是否有所改进。

4.4.2 默认的基准模型

确定性能度量和目标后，任何实际应用的下一步是尽快建立一个合理的端到端系统。本节给出了一些关于在不同情况下使用哪种算法作为第一个基准方法的推荐。

根据问题的复杂性，项目开始时可能无须使用深度学习。如果只需正确选择几个线性权重就可能解决问题，那么项目可以开始于一个简单的统计模型，如逻辑回归。

如果问题属于"AI-完全"类的，如对象识别、语音识别、机器翻译等，那么项目开始于一个合适的深度学习模型，效果会比较好。

首先，根据数据的结构选择一类合适的模型。如果项目是以固定大小的向量作为输入的监督学习，那么可以使用全连接的前馈神经网络。如果输入有已知的拓扑结构（如输入是图像），那么可以使用卷积网络。在这些情况下，刚开始可以使用某些分段线性单元，如ReLU或其扩展（Leaky ReLU、PReLU、maxout）。如果输入或输出是一个序列，可以使用门控循环网络（LSTM或GRU）。

具有衰减学习率以及动量的随机梯度下降（stochastic gradient descent，SGD）是优化算法的一个合理选择。流行的衰减方法有衰减到固定最低学习率的线性衰减、指数衰减，或每次发生验证错误停滞时将学习率降低到原来的 $1/5 \sim 1/10$，这些衰减方法在不同问题上各有优势。另一个非常合理的选择是 Adam 算法。批标准化对优化性能有着显著的影响，特别是对卷积网络和具有 Sigmoid 非线性函数的网络而言。虽然在最初的基准中忽略批标准化是合理的，但当优化似乎出现问题时，应该立刻使用批标准化。

除非训练集包含数千万以及更多的样本，否则项目应该在一开始就包含一些温和的正则化，提前终止也应被普遍采用。Dropout 是一个很容易实现且兼容很多模型和训练算法的出色的正则化项。批标准化有时也能降低泛化误差，此时可以省略 Dropout 步骤，因为用于标准化变量的统计量本身就可能存在噪声。

如果任务和另一个被广泛研究的任务相似，那么通过复制先前研究中已知性能良好的模型和算法，可能会得到很好的效果。甚至可以从该任务中复制一个训练好的模型。例如，通常会使用在 ImageNet 上训练好的卷积网络的特征来解决其他计算机视觉任务。

一个常见问题是项目开始时是否使用无监督学习，这个问题和特定领域有关。在某些领域（如 NLP），能够大大受益于无监督学习技术，如学习无监督词嵌入等。在其他领域，如计算机视觉，除非是在半监督的设定下（标注样本数量很少），目前无监督学习并没有带来益处。如果在所应用的环境中，无监督学习被认为是很重要的，那么将其包含在第一个端到端的基准中。否则，只有在解决无监督问题时，才会在第一次尝试时使用无监督学习。在发现初始基准过拟合时，可以尝试加入无监督学习。

4.4.3 决定是否收集更多数据

在建立第一个端到端系统后，就可以度量算法性能并决定如何改进算法。许多机器学习新手都忍不住尝试很多不同的算法来进行改进，然而，收集更多的数据往往比改进学习算法要有用得多。

怎样判断是否要收集更多的数据？首先，确定训练集上的性能是否可以接受。如果模型在训练集上的性能就很差，学习算法不能在训练集上学习出良好的模型，那么就没必要收集更多的数据。反之，可以尝试增加更多的网络层或在每层增加更多的隐藏单元，以增加模型的规模。此外，也可以尝试调整学习率等超参数来改进学习算法。如果更大的模型和仔细调试的优化算法效果不佳，那么问题可能源自训练数据的质量。数据可能含有太多噪声，或可能不包含预测输出所需的正确输入，这意味着需要重新开始收集更干净的数据或收集特征更丰富的数据集。

如果训练集上的性能是可以接受的，那么开始度量测试集上的性能。如果测试集上的性能也是可以接受的，那么就顺利完成了。如果测试集上的性能比训练集上的性能差得多，那么收集更多的数据是最有效的解决方案之一。这时主要考虑的是收集更多数据的代价和可行性、其他方法降低测试误差的代价和可行性，以及增加数据数量能否显著提升测试集性能。在拥有百万甚至上亿用户的大型网络公司，收集大型数据集是可行的，并且这样做的成本可能比其他方法要低得多，因此答案几乎总是收集更多的训练数据。例如，收集大型标注数据集是解决对象识别问题的主要因素之一。在其他情况下，如医疗应用，收集更多的数据可能代价很高或者不可行，一个可以替代的简单方法是降低模型大小或改进正则化（调整超参数，如权重衰减系数或加入正则化策略，如 Dropout）。如果调整正则化超参数后，训练集性能和测试集性能之间的差距仍然不可接受，那么收集更多的数据是可取的。

在决定是否收集更多的数据时，也需要确定收集多少数据。通过绘制曲线显示训练集规模和泛化误差之间的关系是很有帮助的。根据走势延伸曲线，可以预测还需要多少训练数据来达到一定的性能。通常，加入总数目一小部分的样本不会对泛化误差产生显著的影响，因此建议在对数尺度上考虑训练集的大小，如在后续的实验中倍增样本数目。

如果收集更多的数据是不可行的，那么改进泛化误差的唯一方法是改进学习算法本身。这属于研究领域，并非对应用实践者的建议。

4.4.4　选择超参数

大部分深度学习算法都有许多超参数来控制不同方面的算法表现。有些超参数会影响算法运行的时间和存储成本，有些超参数会影响学习到的模型的质量，以及在新输入上推断正确结果的能力。

有两种选择超参数的基本方法：手动选择和自动选择。手动选择超参数需要了解超参数做了些什么，以及机器学习模型如何才能取得良好的泛化。自动选择超参数算法大幅减少了解这些算法的需要，但它们往往需要更高的计算成本。

1. 手动设置超参数

手动设置超参数时必须了解超参数、训练误差、泛化误差和计算资源（内存和运行时间）之间的关系。这需要切实了解一个学习算法有效容量的基础概念。

手动搜索超参数的目标通常是最小化受限于运行时间和内存预算的泛化误差。不去探讨如何确定各种超参数对运行时间和内存的影响，因为这高度依赖于平台。手动搜索超参数的主要目标是调整模型的有效容量以匹配任务的复杂性。有效容量受限于三个因素：模型的表示容量、学习算法成功最小化训练模型代价函数的能力以及代价函数和训练过程正则化模型的程度。具有更多网络层，每层有更多隐藏单元的模型具有较高的表示能力——

能够表示更复杂的函数。然而，如果训练算法不能找到某个合适的函数来最小化训练代价，或是正则化项（如权重衰减）排除了这些合适的函数，那么即使模型的表达能力较强，也不能学习出合适的函数。

当泛化误差以某个超参数为变量作为函数绘制出来时，通常会表现为 U 形曲线。在某个极端情况下，超参数对应着低容量，并且泛化误差由于训练误差较大而很高，这便是欠拟合的情况。另一种极端情况，超参数对应着高容量，并且泛化误差由于训练误差和测试误差之间的差距较大而很高。最优的模型容量位于曲线中间的某个位置，能够达到最低可能的泛化误差，由某个中等泛化误差和某个中等训练误差相加构成。

对于某些超参数，当超参数数值太大时，会发生过拟合。例如，增加中间层隐藏单元的数量能提高模型的容量，但容易发生过拟合。对于某些超参数，当超参数数值太小时，也会发生过拟合。例如，最小的权重衰减系数允许为零，此时学习算法具有最大的有效容量，反而容易过拟合。

并非每个超参数都能对应完整的 U 形曲线。很多超参数是离散的，如中间层单元数目或 maxout 单元中线性元件的数目，这种情况只能沿曲线探索一些点。有些超参数是二值的，通常这些超参数用来指定是否使用学习算法中的一些可选部分，如用预处理步骤减去均值并除以标准差来标准化输入特征，这些超参数只能探索曲线上的两点。其他一些超参数可能会有最小值或最大值，限制其探索曲线的某些部分。例如，权重衰减系数最小是零。这意味着，如果权重衰减系数为零时模型欠拟合，那么将无法通过修改权重衰减系数探索过拟合区域。换言之，有些超参数只能减少模型容量。

学习率可能是最重要的超参数，当只有时间调整一个超参数时，那就调整学习率。相比其他超参数，学习率以一种更复杂的方式控制着模型的有效容量——当学习率适合优化问题时，模型的有效容量最高，此时学习率是正确的，既不是特别大也不是特别小。学习率关于训练误差具有 U 形曲线。当学习率过大时，梯度下降可能会不经意地增加而非减少训练误差。在理想化的二次情况下，如果学习率是最佳值的两倍大时，会发生这种情况。当学习率太小，训练不仅慢，还有可能永久停留在一个很高的训练误差上。关于这种效应，当下知之甚少（不会发生于一个凸损失函数中）。

调整学习率以外的其他参数时，需要同时监测训练误差和测试误差，以判断模型是否过拟合或欠拟合，然后适当调整其容量。如果训练集错误率大于目标错误率，那么只能通过增加模型容量来改进模型。如果没有使用正则化，并且确信优化算法正确运行，那么有必要添加更多的网络层或隐藏单元但是这增加了模型的计算代价。

如果测试集错误率大于目标错误率，那么可以采取两个方法：训练误差与测试误差之间的差距及训练误差的总和。寻找最佳的测试误差需要权衡这些数值。当训练误差较小（因此容量较大），测试误差主要取决于训练误差和测试误差之间的差距时，通常神经网络效果最好。此时的目标是缩小这一差距，使训练误差的增长速率不快于差距减小的速率。要减少这个差距，可以改变正则化超参数，以减少有效的模型容量，如添加 Dropout 或权重衰减策略。通常，最佳性能来自正则化很好的大规模模型，如使用 Dropout 的神经网络。大部分超参数可以通过推理其是否增加或减少模型容量来设置，部分示例如表 4-1 所示。

表 4-1　各种超参数对模型容量的影响

超参数	容量变化	原因	注意事项
隐藏单元数量	增加	增加隐藏单元数量会增加模型的表示能力	几乎模型每个操作所需的时间和内存代价都会随隐藏单元数量的增加而增加
学习率	调至最优	不正确的学习速率,不管是太高还是太低都会由于优化失败而导致低有效容量的模型	
卷积核宽度	增加	增加卷积核宽度会增加模型的参数数量	较宽的卷积核导致较窄的输出尺寸,除非使用隐式零填充减少此影响,否则会降低模型容量。较宽的卷积核需要更多的内存存储参数,并会增加运行时间,但较窄的输出会降低内存代价
隐式零填充	增加	在卷积之前隐式添加零能保持较大尺寸的表示	大多数操作的时间和内存代价会增加
权重衰减系数	降低	降低权重衰减系数使得模型参数可以自由地变大	
Dropout 比率	降低	较少地丢弃单元可以更多地让单元彼此"协力"来适应训练集	

手动调整超参数时,不要忘记最终目标:提升测试集性能。加入正则化只是实现这个目标的一种方法,只要训练误差低,随时都可以通过收集更多的训练数据来减少泛化误差。实践中能够确保学习有效的方法就是不断提高模型容量和训练集的大小,直到解决问题。这种做法增加了训练和推断的计算代价,因此只有在拥有足够多的资源时才是可行的。原则上,这种做法可能会因为优化难度提高而失败,但对于许多问题而言,优化似乎并没有成为一个显著的障碍,当然,前提是选择了合适的模型。

2. 自动超参数优化算法

理想的学习算法应该是只需要输入一个数据集,就能够输出学习的函数,并不需要手动调整超参数。一些流行的学习算法中,如逻辑回归和支持向量机,流行的部分原因是这类算法只有1～2个超参数需要调整,它们也能表现出不错的性能。有些情况下,需要调整的超参数数量较少时,神经网络可以表现出不错的性能;但超参数数量有几十个甚至更多时,效果会提升得更加明显。当使用者有一个很好的初始值,例如,由在相同类型的应用和架构上具有经验的人确定初始值,或者使用者在相似问题上具有几个月甚至几年的神经网络超参数调整经验,那么手动调整超参数能有很好的效果。然而,对于很多应用而言,这些起点都不可用。在这些情况下,自动算法可以找到合适的超参数。

优化超参数的方式可以采取搜索学习算法,即在试图寻找超参数时优化目标函数。例如,验证误差,有时还会有一些约束,如训练时间、内存或识别时间的预算。因此,原则上有可能开发出封装学习算法的超参数优化算法,并选择其超参数,从而不需要指定学习算法的超参数。令人遗憾的是,超参数优化算法往往有自己的超参数,如学习算法的每个超参数应该被探索的值的范围。然而,这些次级超参数通常很容易选择,也就是说,相同的次级超参数能够在很多不同的问题上具有良好的性能。

3. 网格搜索

当有三个或更少的超参数时，常见的超参数搜索方法是网格搜索。对于每个超参数，使用者选择一个较小的有限值集去探索。然后，这些超参数通过笛卡儿积得到多组超参数，网格搜索使用每组超参数训练模型，并挑选验证集误差最小的超参数作为最好的超参数。

应该如何选择搜索集合的范围呢？在超参数是数值（有序）的情况下，每个列表的最小和最大的元素可以基于先前相似实验的经验保守地挑选出来，以确保最优解非常可能在所选的范围内。通常，网格搜索大约会在对数尺度上挑选合适的值，例如，一个学习率的取值集合是 $\{0.1; 0.01; 10^{-3}; 10^{-4}; 10^{-5}\}$，或者隐藏单元数目的取值集合是 $\{50, 100, 200, 500, 1000, 2000\}$。

通常重复进行网格搜索时，效果会最好。例如，假设在集合 $\{-1, 0, 1\}$ 上网格搜索超参数 α。如果找到的最佳值是 1，那么说明低估了最优值 α 所在的范围，应该改变搜索格点，如在集合 $\{1, 2, 3\}$ 中搜索；如果最佳值是 0，那么不妨通过细化搜索范围来改进估计，如在集合 $\{-0.1, 0, 0.1\}$ 中搜索。

网格搜索带来的一个明显问题是，计算代价会随着超参数数量呈指数级增长。如果有 m 个超参数，每个超参数最多取 n 个值，那么训练和估计所需的试验数将是 $O(n^m)$。

可以并行进行实验，并且并行要求十分宽松（进行不同搜索的机器之间几乎没有必要进行通信），但由于网格搜索指数级增长计算代价，即使是并行也无法提供令人满意的搜索规模。

4. 随机搜索

为克服网格搜索方法的不足，研究者提出了一个能够替代网格搜索的方法——随机搜索，该方法编程简单，使用方便，能更快地收敛到超参数的良好取值。在应用随机搜索时首先为每个超参数定义一个边缘分布，如 Bernoulli 分布（对应二元超参数）、范畴分布（对应离散超参数）或对数尺度上的均匀分布（对应正实值超参数）。

与网格搜索不同，随机搜索不需要离散化超参数的值，并允许在一个更大的集合上进行搜索，而不产生额外的计算代价。实际上，当有几个超参数对性能度量没有显著影响时，随机搜索比网格搜索有指数级的高效。相比于网格搜索，随机搜索能够更快地减小验证集误差（就每个模型运行的试验数而言）。与网格搜索一样，通常会重复运行不同版本的随机搜索，并基于前一次运行的结果改进下一次搜索。

随机搜索能比网格搜索更快地找到良好超参数的原因是，没有浪费的实验，不像网格搜索有时会对一个超参数的两个不同值（给定其他超参数值不变）给出相同结果。在网格搜索中，其他超参数在这两次实验中拥有相同的值，而在随机搜索中，它们通常具有不同的值。因此，如果这两个值的变化所对应的验证集误差没有明显区别，网格搜索就没有必要重复两个等价的实验，而随机搜索仍然会对其他超参数进行两次独立探索。

5. 基于模型的超参数优化

超参数搜索问题可以转化为一个优化问题，决策变量是超参数，优化的代价是超参数训练出来的模型在验证集上的误差。在简化的设定下，可以计算验证集上可导误差函数关于超参数的梯度，然后遵循这个梯度更新，但在大多数实际设定中，这个梯度是不可用的。这可能是因为其高额的计算代价和存储成本，也可能是因为验证集误差在超参数上本质上不可导，如超参数是离散值的情况。

为了弥补梯度的缺失，可以对验证集误差建模，然后通过优化该模型来提出新的超参数猜想。大部分基于模型的超参数搜索算法，都是使用贝叶斯回归模型来估计每个超参数的验证集误差期望和该期望的不确定性。因此，优化涉及探索（探索高度不确定的超参数，可能带来显著的效果提升，也可能效果很差）和使用（使用已经确信效果不错的超参数——通常是先前见过的非常熟悉的超参数）之间的权衡。

目前，无法确定贝叶斯超参数优化是否是一个能够实现更好的深度学习结果或是能够事半功倍的成熟工具。贝叶斯超参数优化有时表现得像人类专家，能够在有些问题上取得很好的效果，但有时又会在某些问题上发生灾难性的失误。看它是否适用于一个特定的问题是值得尝试的，但目前该方法还不够成熟可靠。就像所说的那样，超参数优化是一个重要的研究领域，通常主要受深度学习所需驱动，但是它不仅能贡献于整个机器学习领域，还能贡献于一般的工程学。大部分超参数优化算法比随机搜索更复杂，并且具有一个共同的缺点——在它们能够从实验中提取任何信息之前，需要进行完整的训练实验。相比于人类实践者手动搜索，考虑实验早期可以收集的信息量，这种方法是相当低效的，因为手动搜索通常可以很早判断出某组超参数是否是完全病态的。例如，在不同的时间点，超参数优化算法可以选择开启一个新实验，冻结正在运行但希望不大的实验，或是解冻并恢复早期被冻结但现在根据更多信息又有希望的实验。

4.4.5 调试策略

当一个机器学习系统效果不好时，通常很难判断效果不好的原因是算法本身不够好，还是算法实现出现错误。由于各种原因，机器学习系统很难调试。

在大多数情况下，不能提前知道算法的行为。事实上，使用机器学习的整个出发点是，它会发现一些人们自己无法发现的有用行为。如果在一个新的分类任务上训练一个神经网络，它达到 5% 的测试误差，实际上无法直接知道这是期望的结果，还是次优的结果。

另一个难点是，大部分机器学习模型有多个自适应部分。如果一个部分失效了，其他部分仍然可以自适应，并获得大致可接受的性能。例如，假设正在训练多层神经网络，其中参数为权重 W 和偏置 b。进一步假设，单独手动实现了每个参数的梯度下降规则，而在偏置更新时犯了一个错误，即

$$b \leftarrow b - \alpha \tag{4-47}$$

式中，α 是学习率。这个错误更新没有使用梯度，它会导致偏置在整个学习中不断变为负值，这对于一个学习算法来说显然是错误的。然而只检查模型输出的话，该错误可能并不是显而易见的。根据输入的分布，权重可能可以自适应地补偿负偏置。

大部分神经网络的调试策略都是用来解决这两个难题的。可以设计一种足够简单的情况，并提前得到正确结果，判断模型预测是否与之相符；也可以设计一个测试，独立检查神经网络实现的各个部分。

一些重要的调试检测如下。

1. 可视化计算中模型的行为

例如，当训练模型检测图像中的对象时，查看一些模型检测到部分重叠的图像；在训练语音生成模型时，试听一些生成的语音样本。这似乎是显而易见的，但在实际中很容易只注意量化性能度量，如准确率或对数似然。直接观察机器学习模型运行任务，有助于确定达到的量化性能数据是否看上去合理。错误评估模型性能可能是最具破坏性的错误之一，因为它们会使用户在系统出问题时误以为系统运行良好。

2. 可视化最严重的错误

大多数模型能够输出运行任务时的某种置信度量。例如，基于 Softmax 函数输出层的分类器给每个类分配一个概率。因此，分配给最有可能的类的概率给出了模型在其分类决定上的置信估计值。通常，相比于正确预测的概率最大似然训练会略有高估。但是由于实际上模型的较小概率不太可能对应正确的标签，因此它们在一定意义上还是有用的。通过查看训练集中很难正确建模的样本，通常可以发现该数据预处理者标记方式的问题。例如，通过街景图片转录信息系统原本有个问题是，地址号码检测系统会将图像裁剪得过于紧密，而省略掉一些数字。然后转录网络会给这些图像的正确答案分配非常低的概率。将图像排序，确定置信度最高的错误，显示系统的裁剪有问题。修改检测系统裁剪更宽的图像，从而使整个系统获得更好的性能，但是转录网络需要能够处理地址号码中位置和范围更大变化的情况。

3. 根据训练和测试误差检测软件

往往很难确定底层软件是否是正确实现。训练和测试误差能够提供一些线索。如果训练误差较低，但测试误差较高，那么很有可能训练过程是在正常运行，但模型由于算法原因过拟合了。另一种可能是，测试误差没有被正确度量，可能是由于训练后保存模型再重载去度量测试集时出现了问题，或者是因为测试数据和训练数据预处理的方式不同。如果训练和测试误差都很高，那么很难确定是软件错误，还是由于算法原因模型欠拟合，这种情况需要进一步测试。

4. 拟合极小的数据集

当训练集上有很大误差时，需要确定问题是真正的欠拟合，还是软件错误。通常，即使是小模型也可以保证很好地拟合一个足够小的数据集。例如，只有一个样本的分类数据可以通过正确设置输出层的偏置来拟合。通常，如果不能训练一个分类器来正确标注一个单独的样本，或不能训练一个自编码器来成功地精准再现一个单独的样本，或不能训练一个生成模型来一致地生成一个单独的样本，那么很有可能是软件错误阻止了训练集上的成功优化。此测试可以扩展到只有少量样本的小数据集上。

5. 比较反向传播导数和数值导数

如果用户正在使用一个需要实现梯度计算的软件框架，或者正在添加一个新操作到求导库中，必须定义它的验证方法，那么常见的错误原因是未能正确实现梯度表达。验证这

些求导正确性的方法是比较实现的自动求导和通过有限差分计算的导数，即

$$f'(x) = \lim_{\epsilon \to 0} \frac{f(x+\epsilon) - f(x)}{\epsilon} \tag{4-48}$$

可以使用小的、有限的 ϵ 近似导数：

$$f'(x) \approx \frac{f(x+\epsilon) - f(x)}{\epsilon} \tag{4-49}$$

可以使用中心差分提高近似的准确率：

$$f'(x) \approx \frac{f\left(x + \frac{1}{2}\epsilon\right) - f\left(x - \frac{1}{2}\epsilon\right)}{\epsilon} \tag{4-50}$$

其中，扰动大小 ϵ 必须足够大，以确保该扰动不会由于数值计算的有限精度问题产生舍入误差。

通常，会测试向量值函数 g 为 m 维到 n 维映射的梯度或 Jacobian 矩阵。可以使用有限差分 mn 次评估 g 的所有偏导数，也可以将该测试应用于一个新函数（在函数 g 的输入/输出都加上随机投影）。例如，可以将导数实现的测试用于函数 $f(x) = \boldsymbol{u}^{\mathrm{T}} g(\boldsymbol{v}x)$，其中 $\boldsymbol{u}$ 和 $\boldsymbol{v}$ 是随机向量。正确计算 $f'(x)$ 要求能够正确地通过 g 反向传播，使用有限差分能够高效地计算，因为 $f(x)$ 只有一个输入和一个输出。通常，一个好的方法是在多个 $\boldsymbol{u}$ 值和 $\boldsymbol{v}$ 值上重复这个测试，可以减少测试被忽略的垂直于随机投影的错误的概率。

如果可以在复数上进行数值计算，那么使用复数作为函数的输入会有非常高效的数值方法估算梯度。该方法基于如下公式：

$$\begin{cases} f(x + \mathrm{i}\epsilon) = f(x) + \mathrm{i}\epsilon f'(x) + O(\epsilon^2) \\ \mathrm{real}(f(x + \mathrm{i}\epsilon)) = f(x) + O(\epsilon^2) \\ \mathrm{image}\left(\dfrac{f(x + \mathrm{i}\epsilon)}{\epsilon}\right) = f'(x) + O(\epsilon^2) \end{cases} \tag{4-51}$$

式中，$\mathrm{i} = \sqrt{-1}$。与上面的实值情况不同，这里不存在消除影响，由于是对 $f(x)$ 在不同点上计算差分，因此可以使用很小的 ϵ，如 $\epsilon = 10^{-150}$，其中误差 $O(\epsilon^2)$ 对所有实用目标都是微不足道的。

6. 监控激活函数值和梯度的直方图

可视化神经网络在大量训练迭代后收集到的激活函数值和梯度的统计量往往是有用的。隐藏单元的预激活值可以告诉该单元是否饱和，或者它们饱和的频率如何。例如，对于整流器，它们多久关一次？是否有单元一直关闭？对于双曲正切单元，预激活绝对值的平均值可以告知该单元的饱和程度。在深度网络中，传播梯度的快速增长或快速消失可能会阻碍优化过程。此外，比较参数梯度和参数的量级也是有帮助的。希望参数在一个小批量更新中变化的幅度是参数量值 1%这样的级别，而不是 50%或者 0.001%（这会导致参数移动得太慢）。也有可能是某些参数以良好的步长移动，而另一些停滞，如果数据是稀疏的（如自然语言），有些参数可能很少更新，检测它们的变化时应该记住这一点。

许多深度学习算法为每一步产生的结果提供了某种保证，例如，一些近似推断算法使

用代数解决优化问题。某些优化算法提供的保证包括目标函数值在算法的迭代步中不会增加、某些变量的导数在算法的每一步中都是零、所有变量的梯度在收敛时会变为零等。通常，由于舍入误差，这些条件不会在数字计算机上完全成立，因此，调试测试应包含一些容差参数。

实 践 篇

第 5 章　文字识别案例

学习目标 ☞
1. 了解案例的构思。
2. 了解案例的总体设计。
3. 熟悉案例的运行环境。
4. 了解案例中使用模块的情况。
5. 知道程序如何运行。

素质目标 ☞
1. 掌握搭建环境的方法。
2. 知道模块在案例中的作用。

　　利用计算机自动识别字符的技术是模式识别应用的一个重要领域。人们在生产和生活中要处理大量的文字、报表和文本。为了减轻人们的劳动，提高处理效率，从 20 世纪 50 年代开始研究者就开始探讨一般文字的识别方法，并研制出光学字符识别器。20 世纪 60 年代出现了采用磁性墨水和特殊字体的实用机器，到了 60 年代后期，出现了多种字体和手写体文字识别机，其识别精度和机器性能基本上能满足要求，如用于信函分拣的手写体数字识别机和印刷体英文数字识别机。本章通过实现 LSTM 模型和 CTC（connectionist temporal classifier，连接时间分类器）模型来实现文字的识别。

5.1　总　体　设　计

　　文字识别是 AI 的一个重要应用场景，流程一般由图像输入、预处理、文字检测、文字识别、输出结果等环节组成，如图 5-1 所示。

图 5-1　文字识别流程

　　图像预处理一般包括灰度化、二值化、倾斜检验与矫正、行/字切分、平滑和规范化处理等。文字检测是文字识别过程中一个非常重要的环节，文字检测的主要目标是将图片中的文字区域位置检测出来，以便于进行后面的文字识别，只有找到了文字所在的区域，才能对其内容进行识别。经过文字识别后，将输出结果以文本的形式显示。

1. 系统流程图

结合任务需求，设计的系统流程图如图 5-2 所示。

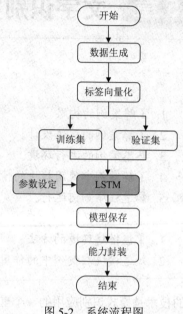

图 5-2　系统流程图

2. 算法描述

文字识别可以根据待识别内容的特点采用不同的识别方法，一般分为定长文字、不定长文字两个类别。

1）定长文字

定长文字（如验证码）由于字符数量固定，采用的网络结构相对简单，因此识别起来比较容易。一般构建三层卷积层、两层全连接层就能满足对定长文字的识别。

2）不定长文字

不定长文字（如印刷文字、广告牌文字等）由于字符数量是不固定，需要采用比较复杂的网络结构和后处理环节，因此识别有一定的难度。不定长文字是目前研究文字识别的主要方向，常用方法有 LSTM 和 CTC。

（1）LSTM。为了实现对不定长文字的识别，需要有一种能力更强的模型，该模型具有一定的记忆能力，能够按时序依次处理任意长度的信息，这种模型就是循环神经网络（RNN）。LSTM 是一种特殊结构的 RNN，用于解决 RNN 的长期依赖问题。随着输入 RNN 网络信息时间间隔的不断增大，普通 RNN 就会出现"梯度消失"或"梯度爆炸"现象，这就是 RNN 的长期依赖问题，引入 LSTM 可以解决这个问题。LSTM 单元由输入门（input gate）、遗忘门（forget gate）和输出门（output gate）组成。LSTM 模型结构如图 5-3 所示。

（2）CTC。CTC 主要用于解决输入特征与输出标签的对齐问题，其算法原理如图 5-4 所示。从图中可以看出，由于文字的不同间隔或变形等问题，会导致同一个文字有不同的表现形式，因此在识别时会将输入图像分块后再去识别，得出每块属于某个字符的概率（无法识别的标记为特殊字符"-"）。由于字符变形等原因，会导致对输入图像进行分块识别时，相邻块可能会识别为相同的结果，字符会重复出现。因此，要通过 CTC 来解决对齐问题，在模型训练结束后从结果中去掉间隔字符和重复字符（如果同一个字符连续出现，则表示只有一个字符；如果中间有间隔字符，则表示该字符出现多次），如图 5-5 所示。

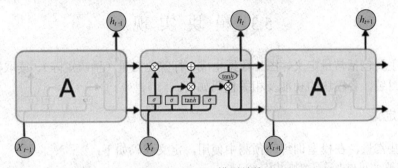

图 5-3　LSTM 模型结构

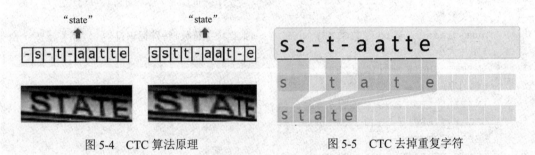

图 5-4　CTC 算法原理　　　　　图 5-5　CTC 去掉重复字符

5.2　运　行　环　境

本部分包括 Python 环境和 TensorFlow 环境。

1. Python 环境

本项目需要 Python 3.5 及以上配置，在 Windows 环境下推荐直接下载 Anaconda 完成 Python 所需环境的配置，也可以下载虚拟机在 Linux 环境下运行代码。

2. TensorFlow 环境

（1）打开 Anaconda Prompt，输入清华大学开源软件镜像站网址。

```
conda config --add channels https://mirrors.tuna.tsinghua.edu.cn/anaconda/pkgs/free/
conda config -set show_channel_urls yes
```

（2）创建一个 Python 3.5 的环境，名称为 TensorFlow。

注意： Python 的版本和后面 TensorFlow 的版本有匹配问题，故此步选择 Python 3.5。

```
conda create -n tensorflow python=3.5
```

（3）有需要确认的地方，都输入 y。

（4）在 Anaconda Prompt 中激活 TensorFlow 环境。

```
activate tensorflow
```

（5）安装 CPU 版本的 TensorFlow。

```
pip install -upgrade --ignore-installed tensorflow #CPU
```

（6）安装完毕。

5.3　模 块 实 现

本项目主要包括常量定义、图片数据生成、标签化向量（稀疏矩阵）、读取数据、构建网络和能力封装。各模块的功能及相关代码如下。

5.3.1　常量定义

定义一些常量，在模型训练和预测中使用，定义代码如下：

```
#数据集，可根据需要增加内容
DIGITS = ['0', '1', '2', '3', '4', '5', '6', '7', '8', '9']
#分类数量
num_classes = len(DIGITS) + 1          #数据集字符数+特殊标识符
#图片大小，32×256
OUTPUT_SHAPE = (32, 256)
#学习率
INITIAL_LEARNING_RATE = 1e-3
DECAY_STEPS = 5000
REPORT_STEPS = 100
LEARNING_RATE_DECAY_FACTOR = 0.9
MOMENTUM = 0.9
#LSTM 网络层次
num_hidden = 128
num_layers = 2
#训练轮次、批量大小
num_epochs = 50000
BATCHES = 10
BATCH_SIZE = 32
TRAIN_SIZE = BATCHES * BATCH_SIZE
#数据集目录、模型目录
data_dir = '/tmp/lstm_ctc_data/'
model_dir = '/tmp/lstm_ctc_model/'
```

5.3.2　图片数据生成

为了训练和测试 LSTM+CTC 识别模型，可根据需要准备好已标注的文本图片集。在这里，为了方便训练和测试模型，随机生成 10000 张不定长的图片数据集。通过使用 Pillow 生成图片并绘上文字，然后对图片随机叠加椒盐噪声，以更加贴近真实场景。核心代码如下：

```
#生成噪声
def img_salt_pepper_noise(src, percetage):
    NoiseImg=src
```

```
    NoiseNum=int(percetage*src.shape[0]*src.shape[1])
    for i in range(NoiseNum):
        randX=random.randint(0, src.shape[0] - 1)
        randY=random.randint(0, src.shape[1] - 1)
        if random.randint(0, 1) == 0:
            NoiseImg[randX, randY] = 0
        else:
            NoiseImg[randX, randY] = 255
    return NoiseImg
#随机生成不定长图片数据集
def gen_text(cnt):
    #设置文字字体和大小
    font_path = '/data/work/tensorflow/fonts/arial.ttf'
    font_size = 30
    font=ImageFont.truetype(font_path,font_size)
    for i in range(cnt):
        #随机生成1~10位不定长数字
        rnd = random.randint(1, 10)
        text = ''
        for j in range(rnd):
            text = text + DIGITS[random.randint(0, len(DIGITS) - 1)]
        #生成图片并绘上文字
        img=Image.new("RGB",(256,32))
        draw=ImageDraw.Draw(img)
        draw.text((1,1),text,font=font,fill='white')
        img=np.array(img)
        #随机叠加噪声并保存图像
        img = img_salt_pepper_noise(img, float(random.randint(1,10)/100.0))
        cv2.imwrite(data_dir + text + '_' + str(i+1) + '.jpg',img)
```

随机生成的不定长数据效果如图 5-6 所示。执行 gen_text(10000)后生成人员,如图 5-7 所示,其中文件名由序号和文字标签组成。

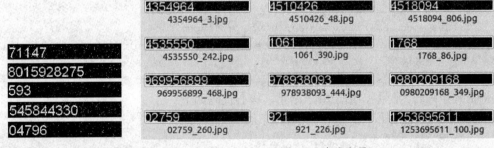

图 5-6　随机生成的不定长数据　　　　　　　　图 5-7　生成人员

5.3.3　标签向量化(稀疏矩阵)

由于文字是不定长的,如果读取图片并获取标签后,将标签存放在一个紧密矩阵中进行向量化,将会出现大量零元素,比较浪费空间。因此,要使用稀疏矩阵对标签进行向量化，所谓"稀疏矩阵"，就是矩阵中的零元素远远多于非零元素，采用这种方式存储可有效节约空间。稀疏矩阵的属性如下。

（1）indices：二维矩阵，代表非零的坐标点。

（2）values：二维 tensor，代表 indices 位置的数据值。

（3）dense_shape：一维，代表稀疏矩阵的大小（取行和列的最大长度）。

例如，读取如图 5-8 左图所示图片和相应的标签，将读取结果存储为稀疏矩阵的结果如图 5-8 右图所示。

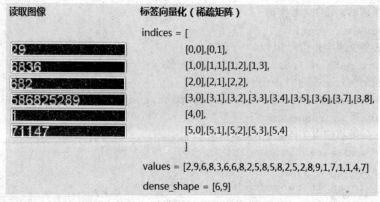

图 5-8　图片生成的稀疏矩阵

将标签转为稀疏矩阵，对标签进行向量化，核心代码如下：

```
#序列转为稀疏矩阵
#输入：序列
#输出：indices 非零坐标点，values 数据值，shape 稀疏矩阵大小
def sparse_tuple_from(sequences, dtype = np.int32):
    indices = []
    values = []
for n, seq in enumerate(sequences):
indices.extend(zip([n] * len(seq), range(len(seq))))
values.extend(seq)
indices = np.asarray(indices, dtype = np.int64)
values = np.asarray(values, dtype = dtype)
shape = np.asarray([len(sequences), np.asarray(indices).max(0)[1] + 1],
dtype = np.int64)
    return indices, values, shape
```

将稀疏矩阵转为标签，用于输出结果，核心代码如下：

```
#稀疏矩阵转为序列
#输入：稀疏矩阵
#输出：序列
def decode_sparse_tensor(sparse_tensor):
    decoded_indexes = list()
    current_i = 0
        current_seq = []
for offset, i_and_index in enumerate(sparse_tensor[0]):
```

```
            i = i_and_index[0]
            if i != current_i:
                decoded_indexes.append(current_seq)
                current_i = i
                current_seq = list()
            current_seq.append(offset)
    decoded_indexes.append(current_seq)
    result = []
    for index in decoded_indexes:
            result.append(decode_a_seq(index, sparse_tensor))
        return result
#序列编码转换
def decode_a_seq(indexes, spars_tensor):
    decoded = []
    for m in indexes:
        str = DIGITS[spars_tensor[1][m]]
        decoded.append(str)
    return decoded
```

5.3.4　读取数据

读取图像数据以及进行标签向量化，以便对输入模型进行训练，核心代码如下：

```
#将文件和标签读到内存，减少磁盘 I/O
def get_file_text_array():
    file_name_array = []
    text_array = []
for parent, dirnames, filenames in os.walk(data_dir):
        file_name_array = filenames
for f in file_name_array:
        text = f.split('_')[0]
        text_array.append(text)
return file_name_array, text_array
#获取训练的批量数据
def get_next_batch(file_name_array, text_array, batch_size = 64):
    inputs = np.zeros([batch_size, OUTPUT_SHAPE[1], OUTPUT_SHAPE[0]])
    codes = []
    #获取训练样本
    for i in range(batch_size):
        index = random.randint(0, len(file_name_array) - 1)
        image = cv2.imread(data_dir + file_name_array[index])
        image = cv2.resize(image, (OUTPUT_SHAPE[1], OUTPUT_SHAPE[0]), 3)
        image = cv2.cvtColor(image,cv2.COLOR_RGB2GRAY)
        text = text_array[index]
        #矩阵转置
        inputs[i, :] = np.transpose(image.reshape((OUTPUT_SHAPE[0],
OUTPUT_SHAPE[1])))
        #标签转成列表
```

```
        codes.append(list(text))
    #标签转成稀疏矩阵
    targets = [np.asarray(i) for i in codes]
    sparse_targets = sparse_tuple_from(targets)
    seq_len = np.ones(inputs.shape[0]) * OUTPUT_SHAPE[1]
return inputs, sparse_targets, seq_len
```

5.3.5 构建网络

利用 TensorFlow 内置的 LSTM 单元构建网络，核心代码如下：

```
def get_train_model():
    #输入
    inputs = tf.placeholder(tf.float32, [None, None, OUTPUT_SHAPE[0]])
    #稀疏矩阵
    targets = tf.sparse_placeholder(tf.int32)
    #序列长度 [batch_size, ]
    seq_len = tf.placeholder(tf.int32, [None])
    #定义 LSTM 网络
    cell = tf.contrib.rnn.LSTMCell(num_hidden, state_is_tuple = True)
    stack = tf.contrib.rnn.MultiRNNCell([cell] * num_layers, state_is_
tuple = True)    #old
    outputs, _ = tf.nn.dynamic_rnn(cell, inputs, seq_len, dtype=tf.float32)
    shape = tf.shape(inputs)
    batch_s, max_timesteps = shape[0], shape[1]
    outputs = tf.reshape(outputs, [-1, num_hidden])
    W= tf.Variable(tf.truncated_normal([num_hidden, num_classes],
stddev = 0.1), name = "W")
    b = tf.Variable(tf.constant(0., shape = [num_classes]), name = "b")
    logits = tf.matmul(outputs, W) + b
    logits = tf.reshape(logits, [batch_s, -1, num_classes])
    #转置矩阵
    logits = tf.transpose(logits, (1, 0, 2))
return logits, inputs, targets, seq_len, W, b
```

5.3.6 能力封装

为了方便其他程序调用 LSTM+CTC 的识别能力，可对识别能力进行封装，只需要输入一张图片，即可识别后返回结果，核心代码如下：

```
#LSTM+CTC 文字识别能力封装
#输入：图片
#输出：识别结果文字
def predict(image):
    #获取网络结构
    logits, inputs, targets, seq_len, W, b = get_train_model()
    decoded, log_prob = tf.nn.ctc_beam_search_decoder(logits, seq_len,
merge_repeated=False)
    saver = tf.train.Saver()
```

```
    with tf.Session() as sess:
        #加载模型
        saver.restore(sess, tf.train.latest_checkpoint(model_dir))
        #图像预处理
        image = cv2.resize(image, (OUTPUT_SHAPE[1], OUTPUT_SHAPE[0]), 3)
        image = cv2.cvtColor(image, cv2.COLOR_RGB2GRAY)
        pred_inputs = np.zeros([1, OUTPUT_SHAPE[1], OUTPUT_SHAPE[0]])
        pred_inputs[0, :] = np.transpose(image.reshape((OUTPUT_SHAPE[0],
OUTPUT_SHAPE[1])))
        pred_seq_len = np.ones(1) * OUTPUT_SHAPE[1]
        #模型预测
        pred_feed = {inputs: pred_inputs, seq_len: pred_seq_len}
        dd, log_probs = sess.run([decoded[0], log_prob], pred_feed)
        #识别结果转换
        detected_list = decode_sparse_tensor(dd)[0]
        detected_text = ''
        for d in detected_list:
            detected_text = detected_text + d
    return detected_text
```

5.4　测　试　结　果

在训练之前，首先定义好准确率评估方法，以便在训练过程中不断评估模型的准确性，核心代码如下：

```
    #准确性评估
    #输入：预测结果序列 decoded_list, 目标序列 test_targets
    #返回：准确率
    def report_accuracy(decoded_list, test_targets):
        original_list = decode_sparse_tensor(test_targets)
        detected_list = decode_sparse_tensor(decoded_list)
        #正确数量
        true_numer = 0
        #预测序列与目标序列的维度不一致，说明有些预测失败，直接返回
        if len(original_list) != len(detected_list):
            print("len(original_list)", len(original_list), "len(detected_
list)", len(detected_list), " test and detect length desn't match")
            Return
        #比较预测序列与结果序列是否一致，并统计准确率
        print("T/F: original(length) <-------> detectcted(length)")
        for idx, number in enumerate(original_list):
            detect_number = detected_list[idx]
            hit = (number == detect_number)
            print(hit, number, "(", len(number), ") <-------> ", detect_number,
"(", len(detect_number), ")")
            if hit:
                true_numer = true_numer + 1
```

```
        accuracy = true_numer * 1.0 / len(original_list)
        print("Test Accuracy:", accuracy)
    return accuracy
```

对模型进行训练，核心代码如下：

```
    def train():
        #获取训练样本数据
        file_name_array, text_array = get_file_text_array()
        #定义学习率
        global_step = tf.Variable(0, trainable=False)
        learning_rate = tf.train.exponential_decay(INITIAL_LEARNING_RATE,
global_step, DECAY_STEPS, LEARNING_RATE_DECAY_FACTOR, staircase=True)
        #获取网络结构
        logits, inputs, targets, seq_len, W, b = get_train_model()
        #设置损失函数
        loss = tf.nn.ctc_loss(labels=targets, inputs=logits,
sequence_length=seq_len)
        cost = tf.reduce_mean(loss)
        #设置优化器
        optimizer = tf.train.AdamOptimizer(learning_rate=learning_rate).
minimize(loss, global_step=global_step)
        decoded, log_prob = tf.nn.ctc_beam_search_decoder(logits, seq_len,
merge_repeated=False)
        acc = tf.reduce_mean(tf.edit_distance(tf.cast(decoded[0], tf.int32),
targets))
      init = tf.global_variables_initializer()
        config = tf.ConfigProto()
        config.gpu_options.allow_growth = True
      with tf.Session() as session:
            session.run(init)
            saver = tf.train.Saver(tf.global_variables(), max_to_keep = 10)
      or curr_epoch in range(num_epochs):
                train_cost = 0
                train_ler = 0
                for batch in range(BATCHES):
                    #训练模型
                    train_inputs, train_targets, train_seq_len = get_next_
batch(file_name_array, text_array, BATCH_SIZE)
                        feed = {inputs: train_inputs, targets: train_targets,
seq_len: train_seq_len}
                        b_loss, b_targets, b_logits, b_seq_len, b_cost, steps, _ =
session.run([loss, targets, logits, seq_len, cost, global_step, optimizer],
feed)
                        #评估模型
                        if steps > 0 and steps % REPORT_STEPS == 0:
                            test_inputs, test_targets, test_seq_len =
get_next_batch(file_name_array, text_array, BATCH_SIZE)
```

```
                        test_feed = {inputs: test_inputs, targets: test_targets,
seq_len: test_seq_len}
                        dd, log_probs, accuracy = session.run([decoded[0],
log_prob, acc], test_feed)
                        report_accuracy(dd, test_targets)
                        #保存识别模型
                        save_path = saver.save(session, model_dir +
"lstm_ctc_model.ctpk", global_step=steps)
                        c = b_cost
                        train_cost += c * BATCH_SIZE
                        train_cost /= TRAIN_SIZE
                        #计算 loss
                        train_inputs, train_targets, train_seq_len =
get_next_batch(file_name_array, text_array, BATCH_SIZE)
                        val_feed = {inputs: train_inputs, targets: train_
targets, seq_len: train_seq_len}
                        val_cost, val_ler, lr, steps = session.run([cost, acc,
learning_rate, global_step], feed_dict=val_feed)
                        log = "{} Epoch {}/{}, steps = {}, train_cost = {:.3f},
val_cost = {:.3f}"
                        print(log.format(curr_epoch + 1, num_epochs, steps,
train_cost, val_cost))
```

经过一段时间的训练，执行 600 多步后，评估的准确性已全部预测正确，如图 5-9 所示。可以得到如图 5-10 所示的训练准确率，基本满足了模型训练的要求。

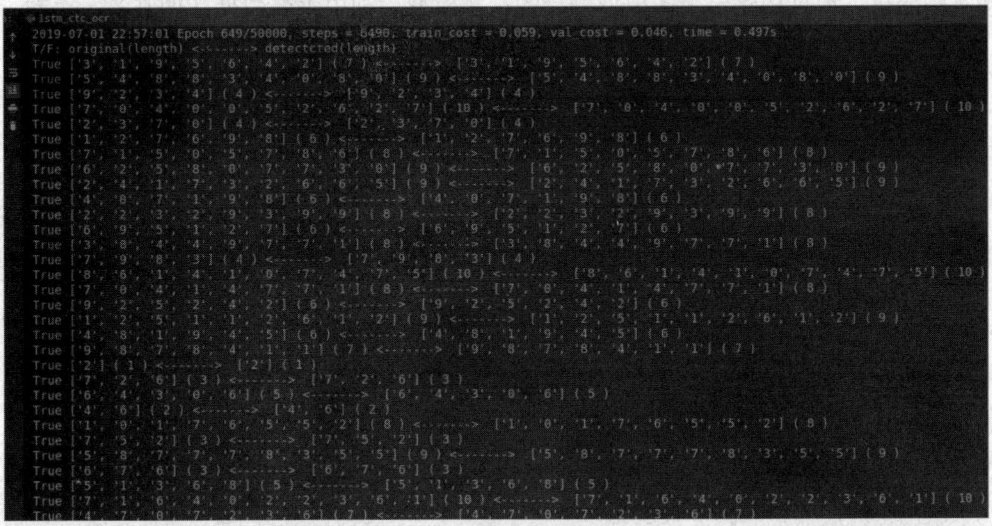

图 5-9　测试集的预测效果

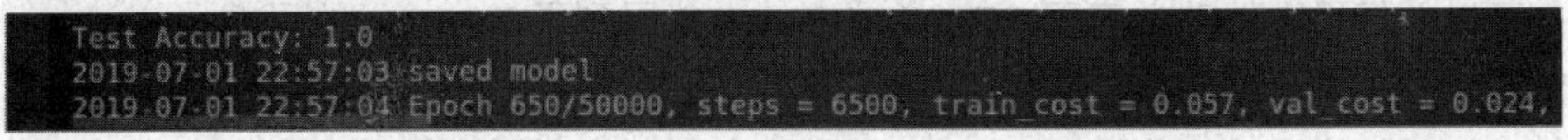

图 5-10　模型准确率

第6章 泰坦尼克号沉船幸存者预测案例

学习目标 ☞

1. 了解案例的构思。
2. 了解案例的总体设计。
3. 熟悉案例的运行环境。
4. 了解案例中使用模块的情况。
5. 知道程序如何运行。

素质目标 ☞

1. 掌握搭建环境的方法。
2. 知道模块在案例中的作用。

泰坦尼克号（Titanic）沉没是历史上最为惨痛的海难之一。1912 年 4 月 15 日，泰坦尼克号在从英国南安普敦出发驶向美国纽约的途中与冰山相撞后沉没。不幸的是，船上没有足够的救生艇供所有人使用，2224 名船员及乘客中，1500 余人罹难。本章将幸存者数据进行翔实的分析，通过构建一个多模型融合的预测模型，利用乘客数据（如姓名、年龄、性别、船舱类别等）来分析在这样一种灾难中什么样的人更有可能生存。

6.1 总体设计

对于真实场景，需要经过完备的数据分析过程，全面了解数据分布。同时，利用具备较优拟合能力的模型及模型融合水平构建高鲁棒性的数据模型来完成真实场景下的数据预测。

1. 系统流程图

结合数据集的特点和任务需求设计的系统流程图如图 6-1 所示。

2. 算法描述

常见的模型融合方法有 Bagging、Boosting、Stacking 和 Blending。

Bagging 将多个模型也就是多个基学习器的预测结果进行简单的加权平均或投票。它的好处是可以并行地训练基学习器。Random Forest 就用到了 Bagging 的思想。

Boosting 的思想类似知错能改，每个基学习器是在上一个基学习器学习的基础上对上一个基学习器的错误进行弥补。AdaBoost、Gradient Boost 用到了此思想。

Stacking 用新的次学习器学习如何组合上一层的基学习器。如果把 Bagging 看作多个基本分类器的线性组合，那么 Stacking 就是多个基本分类器的非线性组合。Stacking 可以将学习器一层一层地堆砌起来，形成一个网状的结构。

Blending 和 Stacking 很相似，但同时可以防止信息泄露。

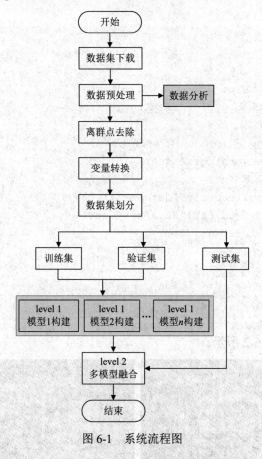

图 6-1　系统流程图

6.2　运　行　环　境

本项目需要 Python 3.5 及以上配置，在 Windows 环境下推荐直接下载 Anaconda 完成 Python 所需环境的配置，也可以下载虚拟机在 Linux 环境下运行代码。

6.3　模　块　实　现

本项目主要包括三个模块：数据准备、数据预处理及变量转换，下面分别给出各模块的功能介绍及相关代码。

6.3.1　数据准备

本部分包括泰坦尼克号数据的介绍及相关代码。在泰坦尼克号数据中包含两个数据集：train.csv 和 test.csv，其中包括乘客信息，如姓名、年龄、性别、船舱类别等。

train.csv 数据集中包含 891 位乘客的详细信息，它标记了这些乘客是否幸存下来，被称为"样本数据"。test.csv 数据集中包含 418 位乘客的详细信息，但没有乘客幸存情况的标签，它作为测试数据用来检验模型的效果。基于此，将数据读入并进行分析和处理，核心代码如下：

```
#导入相应数据包
import re
import numpy as np
import pandas as pd
import matplotlib.pyplot as plt
import seaborn as sns
import warnings
warnings.filterwarnings('ignore')
#观察前几行的源数据
train_data = pd.read_csv('data/train.csv')
test_data = pd.read_csv('data/test.csv')
sns.set_style('whitegrid')
train_data.head()
#数据信息总览
train_data.info()
print("-" * 40)
test_data.info()
```

数据信息总览如图 6-2 所示。

```
<class 'pandas.core.frame.DataFrame'>          <class 'pandas.core.frame.DataFrame'>
RangeIndex: 891 entries, 0 to 890               RangeIndex: 418 entries, 0 to 417
Data columns (total 12 columns):                Data columns (total 11 columns):
PassengerId    891 non-null int64               PassengerId    418 non-null int64
Survived       891 non-null int64               Pclass         418 non-null int64
Pclass         891 non-null int64               Name           418 non-null object
Name           891 non-null object              Sex            418 non-null object
Sex            891 non-null object              Age            332 non-null float64
Age            714 non-null float64             SibSp          418 non-null int64
SibSp          891 non-null int64               Parch          418 non-null int64
Parch          891 non-null int64               Ticket         418 non-null object
Ticket         891 non-null object              Fare           417 non-null float64
Fare           891 non-null float64             Cabin          91 non-null object
Cabin          204 non-null object              Embarked       418 non-null object
Embarked       889 non-null object              dtypes: float64(2), int64(4), object(5)
dtypes: float64(2), int64(5), object(5)         memory usage: 36.0+ KB
memory usage: 83.6+ KB
```

图 6-2 数据信息总览

从图 6-2 中可以看出，Age、Cabin、Embarked、Fare 几个特征存在缺失值。下面绘制存活的比例：

```
#绘制存活的比例
train_data['Survived'].value_counts().plot.pie(autopct = '%1.2f%%')
```

得到如图 6-3 所示的存活数据分布。

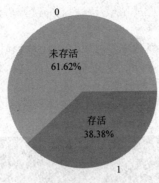

图 6-3　存活数据分布

6.3.2　数据预处理

本节介绍缺失值处理方法和分析数据关系。

1．缺失值处理方法

对数据进行分析时要注意其中是否有缺失值。有些机器学习算法能够处理缺失值，如神经网络。对于缺失值，一般有以下几种处理方法。

（1）如果数据集很多，但有很少的缺失值，可以删掉带缺失值的行。

（2）如果该属性相对学习来说不是很重要，可以对缺失值赋均值或者众数。例如，在哪儿上船（Embarked）这一属性（共有三个上船地点）缺失两个值，可以用众数赋值。

```
train_data.Embarked[train_data.Embarked.isnull()]=train_data.Embarked.
dropna().mode().values
```

（3）对于标称属性，可以赋一个代表缺失的值，如 U0。因为缺失本身也可能代表一些隐含信息。例如，船舱号（Cabin）这一属性缺失可能代表并没有船舱。

```
train_data['Cabin'] = train_data.Cabin.fillna('U0')
```

（4）使用随机森林回归等模型来预测缺失属性的值。因为 Age 在该数据集里是一个相当重要的特征（先对 Age 进行分析即可得知），因此保证一定的缺失值填充准确率是非常重要的，对结果也会产生较大的影响。一般情况下，会使用数据完整的条目作为模型的训练集，以此来预测缺失值。对于当前的这个数据，可以使用随机森林回归来预测也可以使用线性回归来预测。这里使用随机森林预测模型，选取数据集中的数值属性作为特征（因为 sklearn 的模型只能处理数值属性，所以这里先选取数值特征，但在实际应用中需要将非数值特征转换为数值特征），核心代码如下：

```
from sklearn.ensemble import RandomForestRegressor
#choose training data to predict age
age_df = train_data[['Age', 'Survived', 'Fare', 'Parch', 'SibSp',
'Pclass']]
age_df_notnull = age_df.loc[(train_data['Age'].notnull())]
age_df_isnull = age_df.loc[(train_data['Age'].isnull())]
X = age_df_notnull.values[:, 1:]
Y = age_df_notnull.values[:, 0]
#use RandomForestRegression to train data
```

```
RFR = RandomForestRegressor(n_estimators = 1000, n_jobs = -1)
RFR.fit(X, Y)
predictAges = RFR.predict(age_df_isnull.values[:, 1:])
train_data.loc[train_data['Age'].isnull(), ['Age']] = predictAges
#分析缺失值处理后的 DataFrame 效果:
train_data.info()
```

得到如图 6-4 所示的数据统计结果。

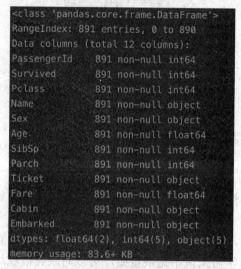

```
<class 'pandas.core.frame.DataFrame'>
RangeIndex: 891 entries, 0 to 890
Data columns (total 12 columns):
PassengerId    891 non-null int64
Survived       891 non-null int64
Pclass         891 non-null int64
Name           891 non-null object
Sex            891 non-null object
Age            891 non-null float64
SibSp          891 non-null int64
Parch          891 non-null int64
Ticket         891 non-null object
Fare           891 non-null float64
Cabin          891 non-null object
Embarked       891 non-null object
dtypes: float64(2), int64(5), object(5)
memory usage: 83.6+ KB
```

图 6-4   数据统计结果

2. 分析数据关系

（1）性别与生存的关系如图 6-5 所示。

```
train_data.groupby(['Sex', 'Survived'])['Survived'].count()
train_data[['Sex', 'Survived']].groupby(['Sex']).mean().plot.bar()
```

从图 6-5 中可以看出不同性别的生存率，可见在泰坦尼克号事故中，还是体现了女性优先的原则。

（2）船舱等级与生存的关系如图 6-6 所示。

```
train_data.groupby(['Pclass', 'Survived'])['Pclass'].count()
train_data[['Pclass', 'Survived']].groupby(['Pclass']).mean().plot.bar()
```

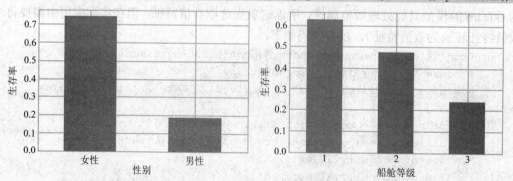

图 6-5   性别与生存的关系   图 6-6   船舱等级与生存的关系

① 船舱等级及性别与生存的关系如图 6-7 所示。

```
train_data[['Sex', 'Pclass', 'Survived']].groupby(['Pclass', 'Sex']).
mean().plot.bar()
```

② 不同船舱男女的生存人数如图 6-8 所示。

```
train_data.groupby(['Sex', 'Pclass', 'Survived'])['Survived'].count()
```

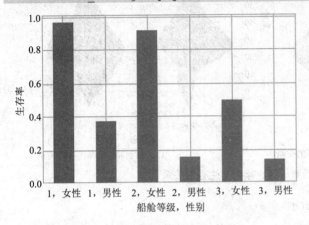

Survived 列中 0 代表未生存；1 代表生存；最右列代表人数。

图 6-7　船舱等级及性别与生存的关系　　　　　图 6-8　不同船舱男女的生存人数

从上述各图中可以看出，总体上泰坦尼克号逃生是女性优先，但是对于不同等级的船舱还是有一定的区别的。

（3）年龄与生存的关系。

```
fig, ax = plt.subplots(1, 2, figsize = (18, 8))
sns.violinplot("Pclass", "Age", hue = "Survived", data = train_data, split
= True, ax = ax[0])
ax[0].set_title('Pclass and Age vs Survived')
ax[0].set_yticks(range(0, 110, 10))
sns.violinplot("Sex", "Age", hue = "Survived", data = train_data, split =
True, ax = ax[1])
ax[1].set_title('Sex and Age vs Survived')
ax[1].set_yticks(range(0, 110, 10))
plt.show()
```

① 性别、船舱等级、年龄与生存的关系如图 6-9 所示。

```
plt.figure(figsize = (12, 5))
plt.subplot(121)
train_data['Age'].hist(bins = 70)
plt.xlabel('Age')
plt.ylabel('Num')
plt.subplot(122)
train_data.boxplot(column = 'Age', showfliers = False)
plt.show()
```

彩图 6-9

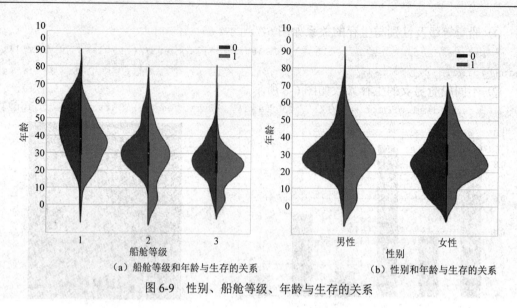

（a）船舱等级和年龄与生存的关系　　　　　　　（b）性别和年龄与生存的关系

图 6-9　性别、船舱等级、年龄与生存的关系

② 不同年龄的数量分布如图 6-10 所示。

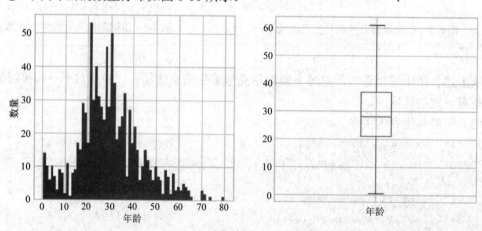

图 6-10　不同年龄的数量分布

```
facet = sns.FacetGrid(train_data, hue="Survived", aspect=4)
facet.map(sns.kdeplot, 'Age', shade = True)
facet.set(xlim = (0, train_data['Age'].max()))
facet.add_legend()
```

彩图 6-11

③ 不同年龄的生存率如图 6-11 所示。

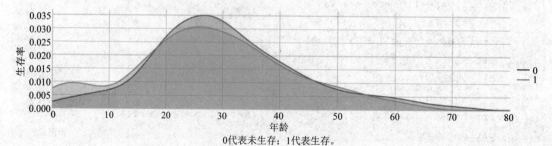

0代表未生存；1代表生存。

图 6-11　不同年龄的生存率

```
#average survived passengers by age
fig, axis1 = plt.subplots(1, 1, figsize = (18, 4))
train_data["Age_int"] = train_data["Age"].astype(int)
average_age = train_data[["Age_int", "Survived"]].groupby(['Age_int',
as_index=False).mean()
sns.barplot(x = 'Age_int', y='Survived', data=average_age)
```

④ 不同年龄的生存分布如图 6-12 所示。

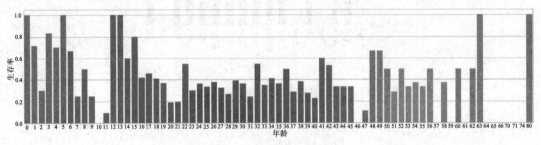

图 6-12　不同年龄的生存分布

```
train_data['Age'].describe()
```

⑤ 数据集中的年龄分布如图 6-13 所示。

样本有 891 个，平均年龄约为 30 岁，标准差 13.7 岁，最小年龄为 0.42 岁，最大年龄为 80 岁。按照年龄将乘客划分为儿童、少年、成年和老年，分析四个群体的生存情况：

```
bins = [0, 12, 18, 65, 100]
train_data['Age_group'] = pd.cut(train_data['Age'], bins)
by_age = train_data.groupby('Age_group')['Survived'].mean()
by_age
```

⑥ 不同群体的生存率如图 6-14 所示。

```
count    891.000000
mean      29.668231
std       13.739002
min        0.420000
25%       21.000000
50%       28.000000
75%       37.000000
max       80.000000
Name: Age, dtype: float64
```

```
Age_group
(0, 12]      0.506173
(12, 18]     0.466667
(18, 65]     0.364512
(65, 100]    0.125000
Name: Survived, dtype: float64
```

图 6-13　数据集中的年龄分布　　　　图 6-14　不同群体的生存率

（4）称呼与生存的关系。通过观察名字数据，可以看出其中包括对乘客的称呼，如 Mr、Miss、Mrs 等称呼信息包含了乘客的年龄、性别，Dr、Lady、Major、Master 等称呼信息包含了乘客的社会地位。

```
train_data['Title'] = train_data['Name'].str.extract('([A-Za-z]+)\.',
expand=False)
pd.crosstab(train_data['Title'], train_data['Sex'])
train_data[['Title', 'Survived']].groupby(['Title']).mean().plot.bar()
```

称呼与生存的关系如图 6-15 所示。

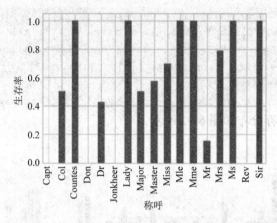

图 6-15　称呼与生存的关系

同时，对于名字，还可以观察长度与生存之间存在关系的可能，如图 6-16 所示。

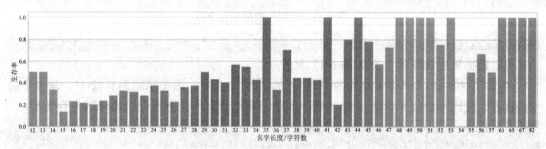

图 6-16　名字长度与生存的关系

从图 6-16 中可以看出，名字长度和生存与否表面上也存在一定的相关性。

（5）有无兄弟姐妹与生存的关系。

```
sibsp_df = train_data[train_data['SibSp'] != 0]
no_sibsp_df = train_data[train_data['SibSp'] == 0]
plt.figure(figsize = (10, 5))
plt.subplot(121)
sibsp_df['Survived'].value_counts().plot.pie(labels = ['No Survived',
'Survived'], autopct = '%1.1f%%')
plt.xlabel('sibsp')
plt.subplot(122)
no_sibsp_df['Survived'].value_counts().plot.pie(labels = ['No Survived',
'Survived'], autopct = '%1.1f%%')
plt.xlabel('no_sibsp')
plt.show()
```

有无兄弟姐妹与生存的关系如图 6-17 所示。

（6）有无父母子女与生存的关系。

```
parch_df = train_data[train_data['Parch'] != 0]
no_parch_df = train_data[train_data['Parch'] == 0]
plt.figure(figsize = (10, 5))
plt.subplot(121)
parch_df['Survived'].value_counts().plot.pie(labels = ['No Survived',
'Survived'], autopct = '%1.1f%%')
```

```
plt.xlabel('parch')
plt.subplot(122)
no_parch_df['Survived'].value_counts().plot.pie(labels = ['No Survived',
'Survived'], autopct = '%1.1f%%')
plt.xlabel('no_parch')
plt.show()
```

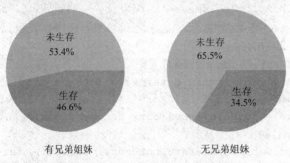

图 6-17　有无兄弟姐妹与生存的关系

有无父母子女与生存的关系如图 6-18 所示。

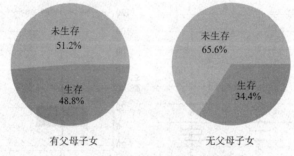

图 6-18　有无父母子女与生存的关系

（7）亲友人数与生存的关系。

```
train_data['Family_Size'] = train_data['Parch'] + train_data['SibSp'] + 1
train_data[['Family_Size', 'Survived']].groupby(['Family_Size']).mean().
plot.bar()
```

亲友人数与生存的关系如图 6-19 所示。

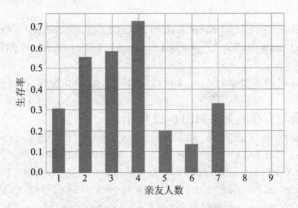

图 6-19　亲友人数与生存的关系

从图 6-19 中可以看出，若独自一人，那么其存活率比较低；但是亲友太多的话，存活率也会很低。

（8）票价分布与生存的关系。

```
plt.figure(figsize = (10,5))
train_data['Fare'].hist(bins = 70)
train_data.boxplot(column = 'Fare', by = 'Pclass', showfliers = False)
plt.show()
```

票价分布如图 6-20 所示。

```
train_data['Fare'].describe()
fare_not_survived = train_data['Fare'][train_data['Survived'] == 0]
fare_survived = train_data['Fare'][train_data['Survived'] == 1]
average_fare = pd.DataFrame([fare_not_survived.mean(),
fare_survived.mean()])
std_fare = pd.DataFrame([fare_not_survived.std(), fare_survived.std()])
average_fare.plot(yerr=std_fare, kind = 'bar', legend = False)
plt.show()
```

票价分布与生存的关系如图 6-21 所示。

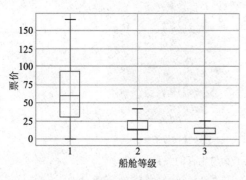

图 6-20　按船舱等级票价分组的箱形图

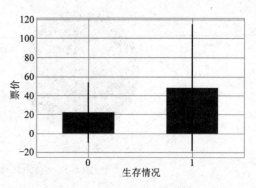

图 6-21　票价分布与生存的关系

（9）船舱类型与生存的关系。由于船舱的缺失值太多，有效值仅有 204 个，很难分析出不同的船舱与生存的关系，因此在做特征工程时，应直接将该组特征丢弃。当然，也可以将缺失的数据分为一类，简单地将数据分为是否有船舱号记录作为特征，对其与生存与否的关系进行分析：

```
train_data.loc[train_data.Cabin.isnull(), 'Cabin'] = 'U0'
train_data['Has_Cabin'] = train_data['Cabin'].apply(lambda x: 0 if x ==
'U0' else 1)
train_data[['Has_Cabin', 'Survived']].groupby(['Has_Cabin']).mean().
plot.bar()
```

有无船舱号记录与生存的关系如图 6-22 所示。

```
#create feature for the alphabetical part of the cabin number
train_data['CabinLetter'] = train_data['Cabin'].map(lambda x:
re.compile("([a-zA-Z]+)").search(x).group())
#convert the distinct cabin letters with incremental integer values
train_data['CabinLetter'] = pd.factorize(train_data['CabinLetter'])[0]
```

```
train_data[['CabinLetter','Survived']].groupby(['CabinLetter']).mean().
plot.bar()
```

船舱类别与生存的关系如图 6-23 所示。

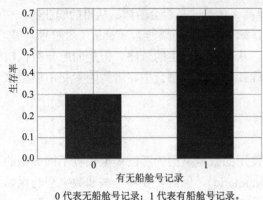

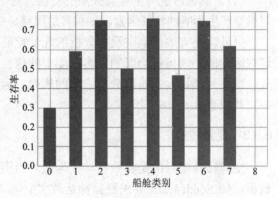

0 代表无船舱号记录；1 代表有船舱号记录。

图 6-22 有无船舱号记录与生存的关系   图 6-23 船舱类别与生存的关系

可见，不同的船舱生存率也有不同，但是差别不大。因此在处理中，可以直接将船舱特征删除。

（10）港口与生存的关系。泰坦尼克号从英国的南安普敦（S）港出发，途经法国瑟堡（C）和爱尔兰昆士敦（Q），那么在昆士敦之前上船的人，有可能在瑟堡或昆士敦下船，这些人将不会遇到海难。

```
sns.countplot('Embarked', hue = 'Survived', data = train_data)
plt.title('Embarked and Survived')
```

不同港口登船者的生存人数分布如图 6-24 所示。

```
sns.factorplot('Embarked', 'Survived', data = train_data, size = 3, aspect = 2)
plt.title('Embarked and Survived rate')
plt.show()
```

不同港口登船者与生存的关系如图 6-25 所示。

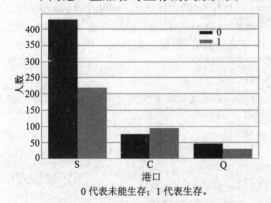

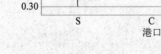

0 代表未能生存；1 代表生存。

图 6-24 不同港口登船者的生存和遇难人数分布   图 6-25 不同港口登船者与生存的关系

可以看出，在不同的港口上船，生存率不同，C 最高，Q 次之，S 最低。

以上给出的是数据特征和生还与否的分析。泰坦尼克号上共有 2224 名乘客，本训练数据只给出了 891 名乘客的信息，如果该数据集是从 2224 人中随机选出的，根据中心极限定理，该样本的数据也足够大，那么分析结果就具有代表性；但如果不是随机选取的，分析结果就不十分准确了。

（11）其他可能与生存有关系的特征。对于数据集中没有给出的特征信息，还可能有会对模型产生影响的特征因素，如乘客的国籍、身高、体重、是否会游泳、从事的职业等。

另外，还有数据集中没有分析的几个特征，如 Ticket（船票号）、Cabin（船舱号）等，这些因素的不同可能会影响乘客在船中的位置，从而影响逃生的顺序。但是船舱号数据缺失，船票号类别大，难以分析它们的规律，因此在后期模型融合中将这些因素交由模型来决定其重要性。

6.3.3 变量转换

变量转换的目的是将数据转换为适合模型使用的数据，因为不同模型接收不同类型的数据，如 Scikit-learn 要求数据都是数字型的（numeric），因此，要将一些非数字型的原始数据转换为数字型数据。下面对数据的转换进行介绍，所有的数据可以分为以下两类。

（1）定性（qualitative）变量，即用于描述物体某个不能被数学表示的变量，如 Embarked，核心代码如下：

```
#Dummy Variables
embark_dummies = pd.get_dummies(train_data['Embarked'])
train_data = train_data.join(embark_dummies)
train_data.drop(['Embarked'], axis = 1, inplace = True)
embark_dummies = train_data[['S', 'C', 'Q']]
embark_dummies.head()
#Factorize
#Replace missing values with "U0"
train_data['Cabin'][train_data.Cabin.isnull()] = 'U0'
#create feature for the alphabetical part of the cabin number
train_data['CabinLetter'] = train_data['Cabin'].map(lambda x:
re.compile("([a-zA-Z]+)").search(x).group())
#convert the distinct cabin letters with incremental integer values
train_data['CabinLetter'] = pd.factorize(train_data['CabinLetter'])[0]
```

（2）定量（quantitative）变量，这里指以某种方式排序的变量，如 Age，核心代码如下：

```
from sklearn import preprocessing
assert np.size(train_data['Age']) == 891
#StandardScaler will subtract the mean from each value then scale to the
unit variance
scaler = preprocessing.StandardScaler()
train_data['Age_scaled'] = scaler.fit_transform(train_data['Age'].
values.reshape(-1, 1))
train_data['Fare_bin'] = pd.qcut(train_data['Fare'], 5)
#qcut() creates a new variable that identifies the quartile range, but
we can't use the string
#so either factorize or create dummies from the result
#factorize
train_data['Fare_bin_id'] = pd.factorize(train_data['Fare_bin'])[0]
```

```
#dummies
fare_bin_dummies_df = pd.get_dummies(train_data['Fare_bin']).rename
(columns = lambda x: 'Fare_' + str(x))
train_data = pd.concat([train_data, fare_bin_dummies_df], axis = 1)
```

6.3.4　特征工程

在进行特征工程时，不仅需要对训练数据进行处理，还需要同时将测试数据与训练数据一起处理，使二者具有相同的数据类型和数据分布。

```
train_df_org = pd.read_csv('data/train.csv')
test_df_org = pd.read_csv('data/test.csv')
test_df_org['Survived'] = 0
combined_train_test = train_df_org.append(test_df_org)
PassengerId = test_df_org['PassengerId']
```

对数据进行特征工程，也就是从各项参数中提取出对输出结果有或大或小影响的特征，将这些特征作为训练模型的依据。一般来说，先从含有缺失值的特征开始。

1. Embarked（登船港口）

因为 Embarked 项的缺失值不多，这里以众数填充：

```
combined_train_test['Embarked'].fillna(combined_train_test['Embarked'].
mode().iloc[0], inplace = True)
```

由根据 6.3.3 节介绍的变量转换可知，对于三个不同的港口有两种特征处理方式：dummy 和 factorize。因为只有三个港口，所以可以直接用 dummy 来处理：

```
#为了后面的特征分析，这里将 Embarked 特征进行分解
combined_train_test['Embarked'] = pd.factorize(combined_train_test
['Embarked'])[0]
#使用 pd.get_dummies 获取 one-hot 编码
emb_dummies_df = pd.get_dummies(combined_train_test['Embarked'],
prefix=combined_train_test[['Embarked']].columns[0])
combined_train_test = pd.concat([combined_train_test, emb_dummies_df],
axis=1)
```

2. Sex（性别）

对 Sex 进行 one-hot 编码，也就是 dummy 处理：

```
#为了后面的特征分析，这里将 Sex 特征进行分解
combined_train_test['Sex'] = pd.factorize(combined_train_test['Sex'])[0]
sex_dummies_df = pd.get_dummies(combined_train_test['Sex'], prefix =
combined_train_test[['Sex']].columns[0])
combined_train_test = pd.concat([combined_train_test, sex_dummies_df],
axis=1)
```

3. Name（姓名）

对 Name 进行统一化、分列、增加长度等处理：

```
#先从名字中提取各种称呼
```

```
        combined_train_test['Title'] = combined_train_test['Name'].map(lambda x:
re.compile(", (.*?)\.").findall(x)[0])
        #将各式称呼进行统一化处理
        Dict = {}
        title_Dict.update(dict.fromkeys(['Capt', 'Col', 'Major', 'Dr', 'Rev'],
'Officer'))
        title_Dict.update(dict.fromkeys(['Don', 'Sir', 'the Countess', 'Dona',
'Lady'], 'Royalty'))
        title_Dict.update(dict.fromkeys(['Mme', 'Ms', 'Mrs'], 'Mrs'))
        title_Dict.update(dict.fromkeys(['Mlle', 'Miss'], 'Miss'))
        title_Dict.update(dict.fromkeys(['Mr'], 'Mr'))
        title_Dict.update(dict.fromkeys(['Master', 'Jonkheer'], 'Master'))
        combined_train_test['Title'] = combined_train_test['Title'].map(title_
Dict)
        #使用 dummy 对不同的称呼进行分列
        #为了后面的特征分析，这里将 Title 特征进行分解
        combined_train_test['Title'] = pd.factorize(combined_train_test
['Title'])[0]
        title_dummies_df = pd.get_dummies(combined_train_test['Title'], prefix=
combined_train_test[['Title']].columns[0])
        combined_train_test = pd.concat([combined_train_test, title_dummies_df],
axis=1)
        #增加名字长度的特征
        combined_train_test['Name_length'] = combined_train_test['Name'].apply(len)
```

4. Fare（票价）

由前面的分析可知，Fare 项在测试数据中缺少一个值，因此需要对该值进行填充，这里按照 1、2、3 等舱各自的均价来填充。下面利用 transform 将函数 np.mean 应用到各个 group 中。

```
        combined_train_test['Fare'] = combined_train_test[['Fare']].fillna
(combined_train_test.groupby('Pclass').transform(np.mean))
```

分析船票数据可以发现，部分票号数据有重复，通过结合亲属人数、名字等数据和票价船舱等级进行对比，可以知道售出的票中有家庭票和团体票，因此需要将团体票的票价分配到每个人的头上。

```
        combined_train_test['Group_Ticket'] = combined_train_test['Fare'].groupby
(by = combined_train_test['Ticket']).transform('count')
        combined_train_test['Fare'] = combined_train_test['Fare'] / combined_
train_test['Group_Ticket']
        combined_train_test.drop(['Group_Ticket'], axis = 1, inplace = True)
        #使用 binning 给票价分等级
        combined_train_test['Fare_bin'] = pd.qcut(combined_train_test['Fare'], 5)
        #对于 5 个等级的票价也可以继续使用 dummy 为票价等级分列
        combined_train_test['Fare_bin_id'] = pd.factorize(combined_train_test
['Fare_bin'])[0]
```

```
      fare_bin_dummies_df = pd.get_dummies(combined_train_test['Fare_bin_
id']).rename(columns = lambda x: 'Fare_' + str(x))
      combined_train_test = pd.concat([combined_train_test, fare_bin_dummies_df],
axis=1)
      combined_train_test.drop(['Fare_bin'], axis=1, inplace = True)
```

5. Pclass（船舱等级）

Pclass 这一项其实可以不用继续处理，只需要将其转换为 dummy 形式即可。但是为了更好地分析问题，这里假设不同等级的船舱的票价也说明了各等级船舱的位置，那么也就很有可能与逃生的顺序有关系。因此，这里分出每等舱里的高价位和低价位。

```
from sklearn.preprocessing import LabelEncoder
#建立 Pclass Fare Category
def pclass_fare_category(df, pclass1_mean_fare, pclass2_mean_fare,
pclass3_mean_fare):
    if df['Pclass'] == 1:
        if df['Fare'] <= pclass1_mean_fare:
            return 'Pclass1_Low'
        else:
            return 'Pclass1_High'
    elif df['Pclass'] == 2:
        if df['Fare'] <= pclass2_mean_fare:
            return 'Pclass2_Low'
        else:
            return 'Pclass2_High'
    elif df['Pclass'] == 3:
        if df['Fare'] <= pclass3_mean_fare:
            return 'Pclass3_Low'
        else:
            return 'Pclass3_High'
    Pclass1_mean_fare = combined_train_test['Fare'].groupby(by = combined_
train_test['Pclass']).mean().get([1]).values[0]
    Pclass2_mean_fare = combined_train_test['Fare'].groupby(by = combined_
train_test['Pclass']).mean().get([2]).values[0]
    Pclass3_mean_fare = combined_train_test['Fare'].groupby(by = combined_
train_test['Pclass']).mean().get([3]).values[0]
    #建立 Pclass_Fare Category
    combined_train_test['Pclass_Fare_Category'] = combined_train_test.
apply(pclass_fare_category, args = (Pclass1_mean_fare, Pclass2_mean_fare,
Pclass3_mean_fare), axis = 1)
    pclass_level = LabelEncoder()
    #给每一项添加标签
    pclass_level.fit(np.array(['Pclass1_Low', 'Pclass1_High', 'Pclass2_Low',
'Pclass2_High', 'Pclass3_Low', 'Pclass3_High']))
```

```
    #转换成数值
    combined_train_test['Pclass_Fare_Category'] = pclass_level.transform
(combined_train_test['Pclass_Fare_Category'])
    #dummy 转换
    pclass_dummies_df = pd.get_dummies(combined_train_test['Pclass_Fare_
Category']).rename(columns = lambda x: 'Pclass_' + str(x))
    combined_train_test = pd.concat([combined_train_test, pclass_dummies_df],
axis = 1)
    #将 Pclass 特征进行分解
    combined_train_test['Pclass'] = pd.factorize(combined_train_test
['Pclass'])[0]
```

6. Parch and SibSp（家庭人数）

由前面的分析可知，如果家庭人数过多会影响生存率。因此将二者合并为 Famliy_Size 这一组合项，同时也保留这两项。

```
    def family_size_category(family_size):
        if family_size <= 1:
            return 'Single'
        elif family_size <= 4:
            return 'Small_Family'
        else:
            return 'Large_Family'
    combined_train_test['Family_Size'] = combined_train_test['Parch'] +
combined_train_test['SibSp'] + 1
    combined_train_test['Family_Size_Category'] = combined_train_test
['Family_Size'].map(family_size_category)
    le_family = LabelEncoder()
    le_family.fit(np.array(['Single', 'Small_Family', 'Large_Family']))
    combined_train_test['Family_Size_Category'] = le_family.transform
(combined_ train_test['Family_Size_Category'])
    family_size_dummies_df = pd.get_dummies(combined_train_test['Family_
Size_ Category'], prefix = combined_train_test[['Family_Size_Category']].
columns[0])
    combined_train_test = pd.concat([combined_train_test, family_size_
dummies_ df], axis = 1)
```

7. Age（年龄）

因为 Age 项的缺失值较多，所以不能直接填充 Age 的众数或者平均数。常见的有两种对年龄的填充方式：一种是根据 Title 中的称呼，如用 Mr、Master、Miss 等不同类别称呼的平均年龄来填充；另一种是综合几项，如 Sex、Title、Pclass 等其他没有缺失值的项，使用机器学习算法来预测 Age。这里使用后者来处理，以 Age 为目标值，将 Age 完整的项作为训练集，将 Age 缺失的项作为测试集。

```
    missing_age_df = pd.DataFrame(combined_train_test[['Age', 'Embarked',
'Sex', 'Title', 'Name_length', 'Family_Size', 'Family_Size_Category', 'Fare',
'Fare_bin_id', 'Pclass']])
    missing_age_train = missing_age_df[missing_age_df['Age'].notnull()]
    missing_age_test = missing_age_df[missing_age_df['Age'].isnull()]
```

建立 Age，可以多模型预测，然后再做模型融合，提高预测的精度。

```
from sklearn import ensemble
from sklearn import model_selection
from sklearn.ensemble import GradientBoostingRegressor
from sklearn.ensemble import RandomForestRegressor
def fill_missing_age(missing_age_train, missing_age_test):
    missing_age_X_train = missing_age_train.drop(['Age'], axis = 1)
    missing_age_Y_train = missing_age_train['Age']
    missing_age_X_test = missing_age_test.drop(['Age'], axis = 1)
    #model 1  gbm
    gbm_reg = GradientBoostingRegressor(random_state = 42)
    gbm_reg_param_grid = {'n_estimators': [2000], 'max_depth': [4],
'learning_rate': [0.01], 'max_features': [3]}
    gbm_reg_grid = model_selection.GridSearchCV(gbm_reg, gbm_reg_ param_
grid, cv = 10, n_jobs = 25, verbose = 1, scoring = 'neg_mean_squared_ error')
    gbm_reg_grid.fit(missing_age_X_train, missing_age_Y_train)
    print('Age feature Best GB Params:' + str(gbm_reg_grid.best_params_))
    print('Age feature Best GB Score:' + str(gbm_reg_grid.best_score_))
    print('GB Train Error for "Age" Feature Regressor:' + str(gbm_
reg_grid.score(missing_age_X_train, missing_age_Y_train)))
    missing_age_test.loc[:, 'Age_GB'] = gbm_reg_grid.predict(missing_
age_X_test)
    print(missing_age_test['Age_GB'][:4])
    #model 2  rf
    rf_reg = RandomForestRegressor()
    rf_reg_param_grid = {'n_estimators': [200], 'max_depth': [5], 'random_
state': [0]}
    rf_reg_grid = model_selection.GridSearchCV(rf_reg, rf_reg_param_
grid, cv=10, n_jobs=25, verbose=1, scoring='neg_mean_squared_error')
    rf_reg_grid.fit(missing_age_X_train, missing_age_Y_train)
    print('Age feature Best RF Params:' + str(rf_reg_grid.best_params_))
    print('Age feature Best RF Score:' + str(rf_reg_grid.best_score_))
    print('RF Train Error for "Age" Feature Regressor' + str(rf_reg_
grid.score(missing_age_X_train, missing_age_Y_train)))
    missing_age_test.loc[:, 'Age_RF'] = rf_reg_grid.predict(missing_
age_X_test)
    print(missing_age_test['Age_RF'][:4])
    #two models merge
```

```
        print('shape1', missing_age_test['Age'].shape, missing_age_test
[['Age_GB', 'Age_RF']].mode(axis = 1).shape)
        #missing_age_test['Age'] = missing_age_test[['Age_GB', 'Age_LR']].mode
(axis=1)
        missing_age_test.loc[:, 'Age'] = np.mean([missing_age_test['Age_
GB'], missing_age_test['Age_RF']])
        print(missing_age_test['Age'][:4])
        missing_age_test.drop(['Age_GB', 'Age_RF'], axis = 1, inplace = True)
    return missing_age_test
    #利用融合模型预测的结果填充Age的缺失值
    combined_train_test.loc[(combined_train_test.Age.isnull()), 'Age'] =
fill_missing_age(missing_age_train, missing_age_test)
```

8. Ticket

观察 Ticket 的值可以看出，Ticket 有字母和数字之分，对于不同的字母，可能在很大程度上意味着船舱等级或者不同船舱的位置也会对能否生存产生一定的影响，因此将 Ticket 中的字母分开，并将数字的部分分为一类。

```
    combined_train_test['Ticket_Letter'] = combined_train_test['Ticket'].
str.split().str[0]
    combined_train_test['Ticket_Letter'] = combined_train_test['Ticket_
Letter'].apply(lambda x: 'U0' if x.isnumeric() else x)
    #如果要提取数字信息，将数字单纯地分为一类
    #combined_train_test['Ticket_Number'] = combined_train_test['Ticket'].apply
(lambda x: pd.to_numeric(x, errors = 'coerce'))
    #combined_train_test['Ticket_Number'].fillna(0, inplace = True)
    #将 Ticket_Letter 进行分解
    combined_train_test['Ticket_Letter'] = pd.factorize(combined_train_
test['Ticket_Letter'])[0]
```

9. Cabin

由于 Cabin 项的缺失值比较多，很难对其进行分析或者预测，因此应直接将 Cabin 特征去除。但通过上面的分析可知，该特征信息的有无与生存率有一定的关系，因此这里暂时保留该特征，并将其分为有和无两类。

```
    combined_train_test.loc[combined_train_test.Cabin.isnull(), 'Cabin'] =
'U0'
    combined_train_test['Cabin'] = combined_train_test['Cabin'].apply
(lambda x: 0 if x == 'U0' else 1)
```

10. 特征间相关性分析

挑选一些主要的特征，生成特征之间的关联图，查看特征与特征之间的相关性：

```
    Correlation = pd.DataFrame(combined_train_test[['Embarked', 'Sex', 'Title',
'Name_length', 'Family_Size', 'Family_Size_Category', 'Fare', 'Fare_bin_id',
```

```
'Pclass', 'Pclass_Fare_Category', 'Age', 'Ticket_Letter', 'Cabin']])
    colormap = plt.cm.viridis
    plt.figure(figsize = (14,12))
    plt.title('Pearson Correlation of Features', y = 1.05, size = 15)
    sns.heatmap(Correlation.astype(float).corr(), linewidths = 0.1, vmax =
1.0, square = True, cmap = colormap, linecolor = 'white', annot = True)
```

特征之间的相关性如图 6-26 所示。

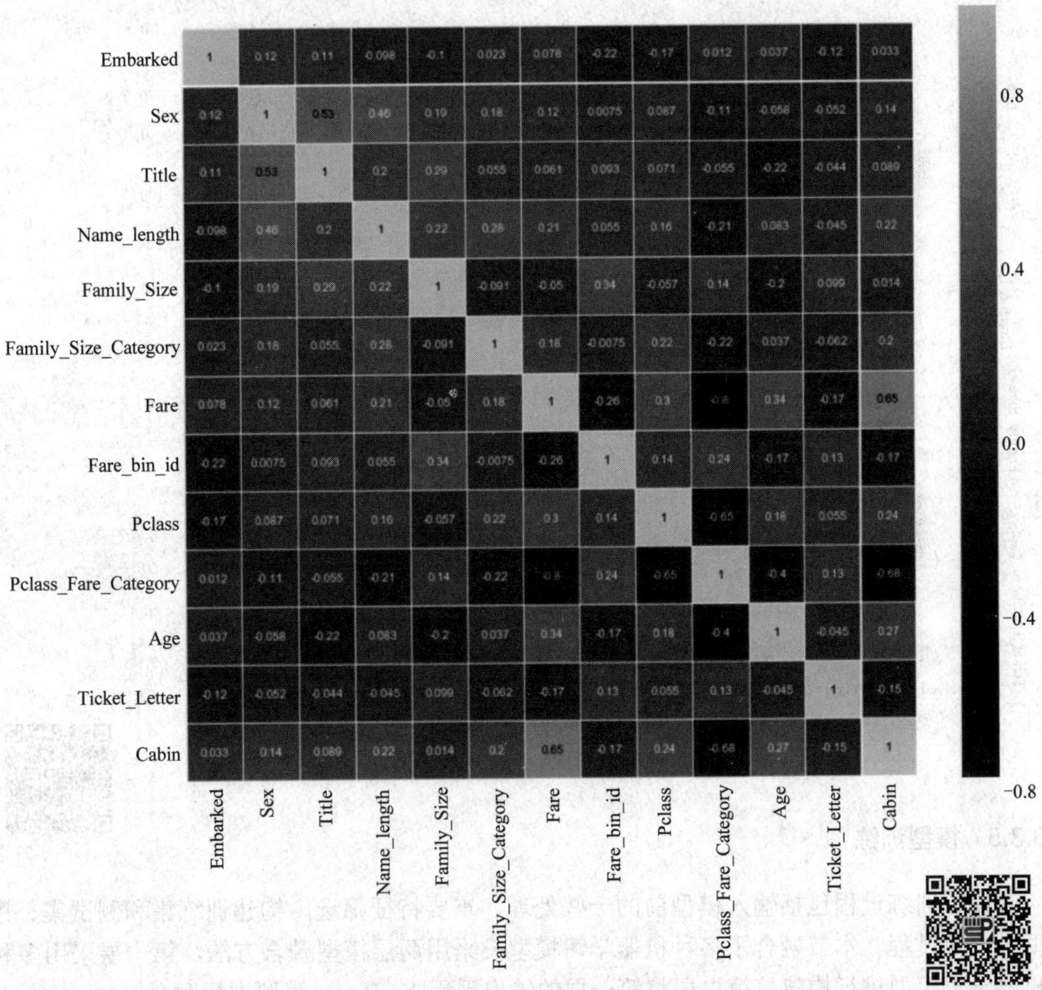

图 6-26　特征之间的相关性　　　　　　　　　彩图 6-26

```
#特征之间的数据分布图
    g = sns.pairplot(combined_train_test[[u'Survived', u'Pclass', u'Sex',
u'Age', u'Fare', u'Embarked', u'Family_Size', u'Title', u'Ticket_Letter']],
hue = 'Survived', palette = 'seismic', size = 1.2, diag_kind = 'kde', diag_kws =
dict(shade = True), plot_kws = dict(s = 10))
    g.set(xticklabels = [])
```

特征之间的数据分布如图 6-27 所示。

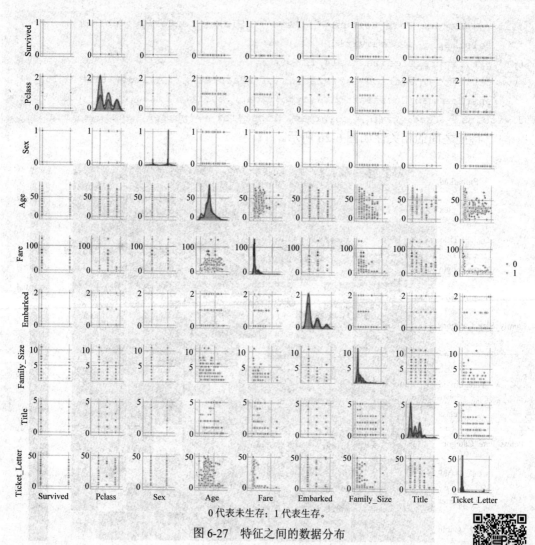

0代表未生存；1代表生存。

图 6-27　特征之间的数据分布

彩图 6-27

6.3.5　模型训练

　　模型训练过程包括输入模型前的一些处理、重要特征筛选、构建训练集和测试集、模型融合等过程。本节融合了多种机器学习模型，采用两层模型融合方法，第一层采用多种机器学习模型进行构建，第二层将第一层的输出采用 XGBoost 模型进行融合。

　　1. 输入模型前的一些处理

　　本部分包括正则化、弃掉无用特征和划分训练数据与测试数据。

　　1）正则化

　　将 Age 和 Fare 进行正则化。

```
    scale_age_fare = preprocessing.StandardScaler().fit(combined_train_
test[['Age', 'Fare', 'Name_length']])
    combined_train_test[['Age', 'Fare', 'Name_length']] = scale_age_fare.
transform(combined_train_test[['Age', 'Fare', 'Name_length']])
```

2）弃掉无用特征

在原始的特征中提取出要融合到模型中的特征，剔除那些原本用不到的特征或非数值特征。这个过程需要对数据进行备份，以方便后期再次分析。

```
combined_data_backup = combined_train_test
combined_train_test.drop(['PassengerId', 'Embarked', 'Sex', 'Name',
'Title', 'Fare_bin_id', 'Pclass_Fare_Category', 'Parch', 'SibSp',
'Family_Size_Category', 'Ticket'], axis = 1, inplace = True)
```

3）划分训练数据与测试数据

```
train_data = combined_train_test[:891]
test_data = combined_train_test[891:]
titanic_train_data_X = train_data.drop(['Survived'], axis = 1)
titanic_train_data_Y = train_data['Survived']
titanic_test_data_X = test_data.drop(['Survived'], axis = 1)
```

2. 重要特征筛选

利用不同的模型对特征进行筛选，选出较为重要的特征。

```
from sklearn.ensemble import RandomForestClassifier
from sklearn.ensemble import AdaBoostClassifier
from sklearn.ensemble import ExtraTreesClassifier
from sklearn.ensemble import GradientBoostingClassifier
from sklearn.tree import DecisionTreeClassifier
def get_top_n_features(titanic_train_data_X, titanic_train_data_Y,
top_n_features):
    #random forest
    rf_est = RandomForestClassifier(random_state = 0)
    rf_param_grid = {'n_estimators': [500], 'min_samples_split': [2, 3],
'max_depth': [20]}
    rf_grid = model_selection.GridSearchCV(rf_est, rf_param_grid, n_jobs =
25, cv = 10, verbose = 1)
    rf_grid.fit(titanic_train_data_X, titanic_train_data_Y)
    print('Top N Features Best RF Params:' + str(rf_grid.best_params_))
    print('Top N Features Best RF Score:' + str(rf_grid.best_score_))
    print('Top N Features RF Train Score:' + str(rf_grid.score(titanic_
train_data_X, titanic_train_data_Y)))
    feature_imp_sorted_rf = pd.DataFrame({'feature': list(titanic_
train_data_X), 'importance': rf_grid.best_estimator_.feature_importances_}).
sort_values('importance', ascending = False)
    features_top_n_rf = feature_imp_sorted_rf.head(top_n_features)
['feature']
    print('Sample 10 Features from RF Classifier')
    print(str(features_top_n_rf[:10]))
    #AdaBoost
    ada_est = AdaBoostClassifier(random_state = 0)
    ada_param_grid = {'n_estimators': [500], 'learning_rate': [0.01,
0.1]}
```

```
        ada_grid = model_selection.GridSearchCV(ada_est, ada_param_grid,
n_jobs = 25, cv = 10, verbose = 1)
        ada_grid.fit(titanic_train_data_X, titanic_train_data_Y)
        print('Top N Features Best Ada Params:' + str(ada_grid.best_params_))
        print('Top N Features Best Ada Score:' + str(ada_grid.best_score_))
        print('Top N Features Ada Train Score:' + str(ada_grid.score(titanic_
train_data_X, titanic_train_data_Y)))
        feature_imp_sorted_ada = pd.DataFrame({'feature': list(titanic_
train_data_X), 'importance': ada_grid.best_estimator_.feature_importances_}).
sort_values('importance', ascending = False)
        features_top_n_ada = feature_imp_sorted_ada.head(top_n_features)
['feature']
        print('Sample 10 Feature from Ada Classifier:')
        print(str(features_top_n_ada[:10]))
        #ExtraTree
        et_est = ExtraTreesClassifier(random_state = 0)
        et_param_grid = {'n_estimators': [500], 'min_samples_split': [3, 4],
'max_depth': [20]}
        et_grid = model_selection.GridSearchCV(et_est, et_param_grid,
n_jobs = 25, cv = 10, verbose = 1)
        et_grid.fit(titanic_train_data_X, titanic_train_data_Y)
        print('Top N Features Best ET Params:' + str(et_grid.best_params_))
        print('Top N Features Best ET Score:' + str(et_grid.best_score_))
        print('Top N Features ET Train Score:' +
str(et_grid.score(titanic_train_data_X, titanic_train_data_Y)))
        feature_imp_sorted_et = pd.DataFrame({'feature': list(titanic_
train_data_X), 'importance': et_grid.best_estimator_.feature_importances_}).
sort_values('importance', ascending=False)
        features_top_n_et = feature_imp_sorted_et.head(top_n_features)
['feature']
        print('Sample 10 Features from ET Classifier:')
        print(str(features_top_n_et[:10]))
        #GradientBoosting
        gb_est = GradientBoostingClassifier(random_state = 0)
        gb_param_grid = {'n_estimators': [500], 'learning_rate': [0.01, 0.1],
'max_depth': [20]}
        gb_grid = model_selection.GridSearchCV(gb_est, gb_param_grid,
n_jobs = 25, cv = 10, verbose = 1)
        gb_grid.fit(titanic_train_data_X, titanic_train_data_Y)
        print('Top N Features Best GB Params:' + str(gb_grid.best_params_))
        print('Top N Features Best GB Score:' + str(gb_grid.best_score_))
        print('Top N Features GB Train Score:' + str(gb_grid.score(titanic_
train_data_X, titanic_train_data_Y)))
        feature_imp_sorted_gb = pd.DataFrame({'feature': list(titanic_
train_data_X), 'importance': gb_grid.best_estimator_.feature_importances_}).
sort_values('importance', ascending = False)
```

```
        features_top_n_gb = feature_imp_sorted_gb.head(top_n_features)
['feature']
        print('Sample 10 Feature from GB Classifier:')
        print(str(features_top_n_gb[:10]))
        #DecisionTree
        dt_est = DecisionTreeClassifier(random_state = 0)
        dt_param_grid = {'min_samples_split': [2, 4], 'max_depth': [20]}
        dt_grid = model_selection.GridSearchCV(dt_est, dt_param_grid,
n_jobs = 25, cv = 10, verbose = 1)
        dt_grid.fit(titanic_train_data_X, titanic_train_data_Y)
        print('Top N Features Best DT Params:' + str(dt_grid.best_params_))
        print('Top N Features Best DT Score:' + str(dt_grid.best_score_))
        print('Top N Features DT Train Score:' + str(dt_grid.score (titanic_
train_data_X, titanic_train_data_Y)))
        feature_imp_sorted_dt = pd.DataFrame({'feature': list(titanic_
train_data_X), 'importance': dt_grid.best_estimator_.feature_importances_}).
sort_values('importance', ascending = False)
        features_top_n_dt = feature_imp_sorted_dt.head(top_n_features)
['feature']
        print('Sample 10 Features from DT Classifier:')
        print(str(features_top_n_dt[:10]))
        #merge the three models
        features_top_n = pd.concat([features_top_n_rf, features_top_n_ada,
features_top_n_et, features_top_n_gb, features_top_n_dt], ignore_index =
True).drop_duplicates()
        features_importance = pd.concat([feature_imp_sorted_rf, feature_
imp_sorted_ada, feature_imp_sorted_et, feature_imp_sorted_gb, feature_imp_
sorted_dt], ignore_index = True)
        return features_top_n, features_importance
```

3. 构建训练集和测试集

如果在进行特征工程的过程中产生大量特征，而特征与特征之间会存在一定的相关性。太多的特征一方面会影响模型训练的速度，另一方面也可能使模型过拟合。因此，在特征太多的情况下，可以利用不同的模型对特征进行筛选，选取出需要的前 *n* 个特征。

```
    feature_to_pick = 30
    feature_top_n, feature_importance = get_top_n_features(titanic_train_
data_X, titanic_train_data_Y, feature_to_pick)
    titanic_train_data_X = pd.DataFrame(titanic_train_data_X[feature_top_n])
    titanic_test_data_X = pd.DataFrame(titanic_test_data_X[feature_top_n])
    #用视图可视化不同算法筛选的特征排序
    rf_feature_imp = feature_importance[:10]
    Ada_feature_imp = feature_importance[32:32 + 10].reset_index(drop =
True)
    #make importances relative to max importance
    rf_feature_importance = 100.0 * (rf_feature_imp['importance'] /
rf_feature_imp['importance'].max())
```

```
    Ada_feature_importance = 100.0 * (Ada_feature_imp['importance'] /
Ada_feature_imp['importance'].max())
    #Get the indexes of all features over the importance threshold
    rf_important_idx = np.where(rf_feature_importance)[0]
    Ada_important_idx = np.where(Ada_feature_importance)[0]
    pos = np.arange(rf_important_idx.shape[0]) + .5
    plt.figure(1, figsize = (18, 8))
    plt.subplot(121)
    plt.barh(pos, rf_feature_importance[rf_important_idx][::-1])
    plt.yticks(pos, rf_feature_imp['feature'][::-1])
    plt.xlabel('Relative Importance')
    plt.title('RandomForest Feature Importance')
    plt.subplot(122)
    plt.barh(pos, Ada_feature_importance[Ada_important_idx][::-1])
    plt.yticks(pos, Ada_feature_imp['feature'][::-1])
    plt.xlabel('Relative Importance')
    plt.title('AdaBoost Feature Importance')
    plt.show()
```

参数的重要性如图 6-28 所示。

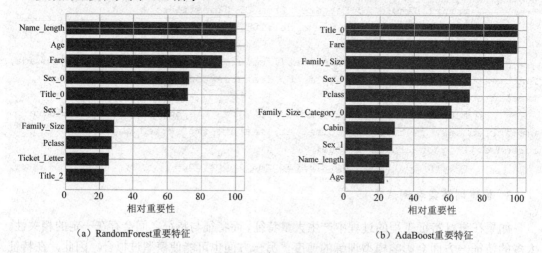

（a）RandomForest重要特征　　　　　　　　（b）AdaBoost重要特征

图 6-28　参数的重要性

4. 模型融合

使用两层的模型融合：Level 1 使用 RandomForest、AdaBoost、ExtraTrees、GBDT、DecisionTree、KNN、SVM 七个模型，Level 2 使用 XGBoost 第一层预测的结果作为特征对最终结果进行预测。

1）Level 1

Stacking 框架是堆叠使用基本分类器的预测，作为对二级模型训练的输入，但是不能简单地在全部训练数据上训练基本模型来产生预测。如果在训练数据上进行训练和预测，就会生成标签。为了避免标签，需要对每个基学习器使用 K-fold，将 K 个模型对验证集的预测结果拼起来，作为下一层学习器的输入。

```
from sklearn.model_selection import KFold
#Some useful parameters which will come in handy later on
ntrain = titanic_train_data_X.shape[0]
ntest = titanic_test_data_X.shape[0]
SEED = 0                    #for reproducibility
NFOLDS = 7                  #set folds for out-of-fold prediction
kf = KFold(n_splits = NFOLDS, random_state = SEED, shuffle = False)
def get_out_fold(clf, x_train, y_train, x_test):
    oof_train = np.zeros((ntrain,))
    oof_test = np.zeros((ntest,))
    oof_test_skf = np.empty((NFOLDS, ntest))
        for i, (train_index, test_index) in enumerate(kf.split(x_train)):
            x_tr = x_train[train_index]
            y_tr = y_train[train_index]
            x_te = x_train[test_index]
            clf.fit(x_tr, y_tr)
            oof_train[test_index] = clf.predict(x_te)
            oof_test_skf[i, :] = clf.predict(x_test)
    oof_test[:] = oof_test_skf.mean(axis = 0)
    return oof_train.reshape(-1, 1), oof_test.reshape(-1, 1)
```

使用 RandomForest、AdaBoost、ExtraTrees、GBDT、DecisionTree、KNN、SVM 七个基学习器构建不同的基学习器（这里的模型可以使用 GridSearch 方法对模型的超参数进行搜索选择）。

```
from sklearn.neighbors import KNeighborsClassifier
from sklearn.svm import SVC
rf = RandomForestClassifier(n_estimators = 500, warm_start = True,
max_features='sqrt', max_depth=6, min_samples_split=3, min_samples_leaf = 2,
n_jobs = -1, verbose = 0)
ada = AdaBoostClassifier(n_estimators = 500, learning_rate = 0.1)
et = ExtraTreesClassifier(n_estimators = 500, n_jobs = -1, max_depth = 8,
min_samples_leaf = 2, verbose = 0)
gb = GradientBoostingClassifier(n_estimators = 500, learning_rate = 0.008,
min_samples_split = 3, min_samples_leaf = 2, max_depth = 5, verbose = 0)
dt = DecisionTreeClassifier(max_depth = 8)
knn = KNeighborsClassifier(n_neighbors = 2)
svm = SVC(kernel = 'linear', C = 0.025)
```

将 pandas 转换为 arrays：

```
#Create Numpy arrays of train, test and target (Survived) dataframes to
feed into our models
#Creates an array of the train data
x_train = titanic_train_data_X.values
#Creats an array of the test data
x_test = titanic_test_data_X.values
y_train = titanic_train_data_Y.values
#Create our OOF train and test predictions. These base results will be
used as new features
```

```
#Random Forest
rf_oof_train, rf_oof_test = get_out_fold(rf, x_train, y_train, x_test)
#AdaBoost
ada_oof_train, ada_oof_test = get_out_fold(ada, x_train, y_train, x_test)
#Extra Trees
et_oof_train, et_oof_test = get_out_fold(et, x_train, y_train, x_test)
#Gradient Boost
gb_oof_train, gb_oof_test = get_out_fold(gb, x_train, y_train, x_test)
#Decision Tree
dt_oof_train, dt_oof_test = get_out_fold(dt, x_train, y_train, x_test)
#KNeighbors
knn_oof_train, knn_oof_test = get_out_fold(knn, x_train, y_train, x_test)
#Support Vector
svm_oof_train, svm_oof_test = get_out_fold(svm, x_train, y_train, x_test)
print("Training is complete")
```

2）Level 2

利用 XGBoost，使用第一层预测的结果作为特征对最终的结果进行预测。

6.4 测 试 结 果

本部分包括绘制学习曲线和训练准确率。

6.4.1 绘制学习曲线

当对数据不断进行特征工程时，产生的特征会越来越多。用大量的特征对模型进行训练，会使训练集拟合得越来越好，但同时也可能会使训练集逐渐丧失泛化能力，从而在测试数据上表现不佳，产生过拟合现象。当然，建立的模型可能会在预测集上运行不稳定，也可能会在训练集上存在欠拟合状态。因此，需要绘制学习曲线来验证模型的效果。

构建绘制学习曲线的函数：

```
from sklearn.learning_curve import learning_curve
def plot_learning_curve(estimator, title, X, y, ylim = None, cv = None,
n_jobs = 1, train_sizes = np.linspace(.1, 1.0, 5), verbose = 0):
    """
    Generate a simple plot of the test and traning learning curve.
    Parameters
    ----------
    estimator: object type that implements the "fit" and "predict" methods
        An object of that type which is cloned for each validation.
    title : string
        Title for the chart.
    X : array-like, shape (n_samples, n_features)
        Training vector, where n_samples is the number of samples and
        n_features is the number of features.
    y : array-like, shape (n_samples) or (n_samples, n_features), optional
        Target relative to X for classification or regression;
```

```
            None for unsupervised learning.
        ylim : tuple, shape (ymin, ymax), optional
            Defines minimum and maximum yvalues plotted.
        cv : integer, cross-validation generator, optional
            If an integer is passed, it is the number of folds (defaults to 3).
            Specific cross-validation objects can be passed, see
            sklearn.cross_validation module for the list of possible objects
        n_jobs : integer, optional
            Number of jobs to run in parallel (default 1).
        """
        plt.figure()
        plt.title(title)
        if ylim is not None:
            plt.ylim(*ylim)
        plt.xlabel("Training examples")
        plt.ylabel("Score")
        train_sizes, train_scores, test_scores = learning_curve(estimator,
X, y, cv = cv, n_jobs = n_jobs, train_sizes = train_sizes)
        train_scores_mean = np.mean(train_scores, axis = 1)
        train_scores_std = np.std(train_scores, axis = 1)
        test_scores_mean = np.mean(test_scores, axis = 1)
        test_scores_std = np.std(test_scores, axis = 1)
        plt.grid()
        plt.fill_between(train_sizes, train_scores_mean - train_scores_std,
train_scores_mean + train_scores_std, alpha = 0.1,color = "r")
        plt.fill_between(train_sizes, test_scores_mean - test_scores_std,
test_scores_mean + test_scores_std, alpha = 0.1, color = "g")
        plt.plot(train_sizes, train_scores_mean, 'o-', color = "r", label =
"Training score")
        plt.plot(train_sizes, test_scores_mean, 'o-', color = "g", label =
"Cross-validation score")
        plt.legend(loc = "best")
    return plt
```

逐一观察不同模型的学习曲线：

```
    X = x_train
    Y = y_train
    #RandomForest
    rf_parameters = {'n_jobs': -1, 'n_estimators': 500, 'warm_start': True,
'max_depth': 6, 'min_samples_leaf': 2, 'max_features': 'sqrt', 'verbose': 0}
    #AdaBoost
    ada_parameters = {'n_estimators': 500, 'learning_rate': 0.1}
    #ExtraTrees
    et_parameters = {'n_jobs': -1, 'n_estimators': 500, 'max_depth': 8,
'min_samples_leaf': 2, 'verbose': 0}
    #GradientBoosting
    gb_parameters = {'n_estimators': 500, 'max_depth': 5, 'min_samples_ leaf':
2, 'verbose': 0}
```

```
#DecisionTree
dt_parameters = {'max_depth': 8}
#KNeighbors
knn_parameters = {'n_neighbors': 2}
#SVM
svm_parameters = {'kernel': 'linear', 'C': 0.025}
#XGB
gbm_parameters = {'n_estimators': 2000, 'max_depth': 4, 'min_child_
weight': 2, 'gamma': 0.9, 'subsample': 0.8, 'colsample_bytree': 0.8, 'objective':
'binary:logistic', 'nthread': -1, 'scale_pos_weight': 1}
    title = "Learning Curves"
    plot_learning_curve(RandomForestClassifier(**rf_parameters), title, X,
Y, cv = None, n_jobs = 4, train_sizes = [50, 100, 150, 200, 250, 350, 400, 450,
500])
    plt.show()
```

模型的学习曲线如图 6-29 所示。

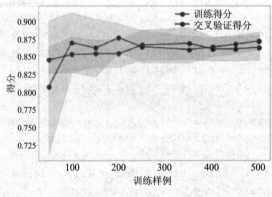

彩图 6-29

图 6-29　模型的学习曲线

6.4.2　训练准确率

模型的目标是提高预测乘客是否在泰坦尼克号沉没事件中幸存下来的准确率，对于测试集中的每个变量，必须为变量预测 0 或 1 的值，最终得到的结果是被正确预测的乘客的百分比。

将生成的文件提交到 Kaggle，得分结果如表 6-1 所示。

表 6-1　融合模型的预测准确率

模型	准确率
xgboost stacking	0.78468
voting bagging	0.79904

第 7 章 文本分类案例

学习目标 ☞
1. 了解案例的构思。
2. 了解案例的总体设计。
3. 熟悉案例的运行环境。
4. 了解案例中使用模块的情况。
5. 知道程序如何运行。

素质目标 ☞
1. 掌握搭建环境的方法。
2. 知道模块在案例中的作用。

有很多网站专门对电影和电视节目做出评论,其中烂番茄(Rotten Tomatoes)和 IMDb (Internet movie database,互联网电影资料库)跻身于最受欢迎的评论中心之列。电影评论不仅局限于这些网站,人们还能将自己的观点发表到电影论坛或在线杂志和期刊上。因此,研究者可以免费提取到海量的电影评论数据。情感分析是自然语言处理(NLP)的重要领域之一,它能帮助机器发现文本信息中的整体倾向。在分析视频或录音时,技术工具可以轻松地发现其中的情绪,当涉及文本分析时,任务就变得有些难度了。市场营销人员经常将 NLP 工具用于意见挖掘,来了解人们对一个产品或服务的想法。毫无疑问,电影制片公司可以用情感分析找出人们对某部电影的看法。

7.1 总 体 设 计

文本分类是一个多分类任务,本节采用 NLP 方法实现数据的清洗,并通过神经网络和朴素贝叶斯结构划分文本中的情绪倾向。

1. 系统流程图

结合数据集的特点和任务需求设计的系统流程图如图 7-1 所示。

2. 算法描述

本部分包括神经网络和朴素贝叶斯。

1)神经网络

人工神经元的研究起源于脑神经元学说。19 世纪末,德国科学家瑞氏(Heinrich Wilhelm Gottfried von Waldeyer-Hartz)等在生物、生理学领域创建了神经元学说。人们认识到复杂

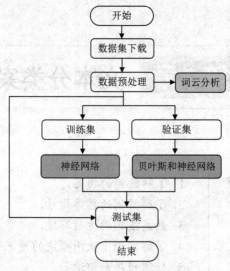

图 7-1　系统流程图

的神经系统是由数目繁多的神经元组合而成的。大脑皮层包含 100 亿个以上的神经元，每立方毫米约有数万个，它们互相联结形成神经网络。神经网络通过感觉器官和神经接收来自身体内外的各种信息，并将这些信息传递至中枢神经系统。中枢神经系统对信息进行分析和综合，再通过运动神经发出控制信息，以此来实现机体与内外环境的联系，协调全身的各种机能活动。

神经元也和其他类型的细胞一样，包括细胞膜、细胞质和细胞核。但是神经细胞的形态比较特殊，具有许多突起，可分为细胞体、轴突和树突三部分。细胞体内有细胞核，突起的作用是传递信息，树突是引入输入信号的突起，轴突是输出端的突起，轴突只有一个。

树突是细胞体的延伸部分，它由细胞体发出后逐渐变细，全长各部位都可与其他神经元的轴突末梢相互联系，形成突触。在突触处两神经元并未直接连通，突触只是发生信息传递功能的接合部，联系界面之间的间隙约为几纳米。突触可分为兴奋性与抑制性两种类型，相应于神经元之间耦合的极性。每个神经元的突触数目最高可达 10 个。各神经元之间的连接强度和极性有所不同，并且都可以调整，基于这一特性，人脑具有存储信息的功能。利用大量神经元相互连接组成人工神经网络可以显示出大脑的某些特征。

人工神经网络是由大量的简单基本元件——神经元相互连接而成的自适应非线性动态系统。每个神经元的结构和功能相对比较简单，但大量神经元组合产生的系统行为却非常复杂。

人工神经网络反映了人脑功能的若干基本特性，但并非生物系统的真实描述，只是某种模仿、简化和抽象。

与数字计算机比较，人工神经网络在构成原理和功能特点等方面更加接近人脑，它不是按给定的程序一步一步地执行运算，而是能够自身适应环境，总结规律，完成某种运算、识别或过程控制。

人工神经网络首先要以一定的准则进行学习，然后才能工作。现以人工神经网络对于写 "A" "B" 两个字母的识别为例进行说明，规定当输入为 "A" 时，输出为 "1"，当输入为 "B" 时，输出为 "0"。

因此人工神经网络学习的准则应该是：如果网络做出错误的判决，则通过网络的学习，使网络减少下次犯同样错误的可能性。首先，给网络的各连接权值赋予(0, 1)区间内的随机值，将"A"对应的图像模式输入网络，网络将输入模式进行加权求和、与门限比较操作后再进行非线性运算，得到网络的输出。在此情况下，网络输出为"1"和"0"的概率各为 50%，也就是说是完全随机的。这时如果输出为"1"（结果正确），则使连接权值增大，以便使网络再次遇到"A"模式输入时，仍然能做出正确的判断。如果输出为"0"（即结果错误），则把网络连接权值朝着减小综合输入加权值的方向调整，其目的在于使网络下次再遇到"A"模式输入时，减少犯同样错误的可能性。当给网络轮番输入若干手写字母"A""B"后，经过网络按以上方法进行若干次学习后，网络判断的正确率将大大提高。这说明网络对这两个模式的学习已经获得了成功，它已将这两个模式分布记忆在网络的各个连接权值上，当网络再次遇到其中任何一个模式时，就能够做出迅速、准确的判断和识别。一般说来，网络中所含的神经元个数越多，它能记忆、识别的模式也就越多。

2）朴素贝叶斯

贝叶斯理论是 18 世纪的一位神学家托马斯·贝叶斯（Thomas Bayes）命名的。通常，事件 A 在事件 B（发生）条件下的概率与事件 B 在事件 A（发生）条件下的概率是不一样的，然而，这两者之间有确定的关系，贝叶斯定理就是对这种关系的陈述。

朴素贝叶斯方法是基于贝叶斯定理和特征条件独立假设的分类方法。对于给定的训练数据集，首先基于特征条件独立假设学习输入/输出的联合概率分布；然后基于此模型利用贝叶斯定理对给定的输入 x 求出后验概率最大的输出 y。

通俗来讲，首先，对于一个新样本（未分类）在给定数据集的前提下从数据集中找到与新样本特征相同的样本，然后根据这些样本计算出每个类的概率，概率最高的类即为新样本的类。

一般情况下，卷积神经网络（CNN）的基本结构包括两种：其一是特征提取层，每个神经元的输入与前一层的局部接收域相连，并提取该局部的特征；其二是特征映射层，网络的每个计算层由多个特征映射组成，每个特征映射是一个平面，平面上所有神经元的权值相等。

其运算公式为

$$P(h\,|\,d) = P(d\,|\,h) \times P(h)\,/\,P(d)$$

式中，$P(h\,|\,d)$ 为因子 h 基于数据 d 的假设概率，称为后验概率；$P(d\,|\,h)$ 为假设 h 为真条件下数据 d 的概率；$P(h)$ 为假设条件 h 为真的概率（与数据无关），称作 h 的先验概率；$P(d)$ 为数据 d 的概率，与先验条件无关。

7.2　运 行 环 境

本部分包括 Python 环境和 TensorFlow 环境。

1. Python 环境

本项目需要 Python 3.5 及以上配置，在 Windows 环境下推荐直接下载 Anaconda 完成 Python 所需环境的配置，也可以下载虚拟机在 Linux 环境下运行代码。

2. TensorFlow 环境

（1）打开 Anaconda Prompt，输入清华大学开源软件镜像站网址。

```
conda config --add channels https://mirrors.tuna.tsinghua.edu.cn/
anaconda/pkgs/free/
conda config -set show_channel_urls yes
```

（2）创建一个 Python 3.5 的环境，名称为 TensorFlow。

注意：Python 的版本和后面 TensorFlow 的版本有匹配问题，故此步选择 Python 3.5。

```
conda create -n tensorflow python=3.5
```

（3）有需要确认的地方，都输入 y。

（4）在 Anaconda Prompt 中激活 TensorFlow 环境。

```
activate tensorflow
```

（5）安装 CPU 版本的 TensorFlow。

```
pip install -upgrade --ignore-installed tensorflow  #CPU
```

（6）安装完毕。

7.3　模　块　实　现

本项目主要包括数据准备、数据预处理、词云分析、采用神经网络实现语料预测、采用贝叶斯和神经网络实现语料预测。各模块的功能及相关代码如下。

7.3.1　数据准备

烂番茄电影评论数据集是用于情感分析的电影评论语料库。在对情感树库的研究中，Amazon 的 Mechanical Turk 为语料库中的所有已解析短语创建了细粒度标签。数据集用五个值的等级来标记短语：negative（否定）、somewhat negative（有些否定）、neutral（中性）、somewhat positive（有些肯定）、positive（肯定）。否定句子、讽刺、简洁、语言歧义等问题为此项数据预测带来了一些挑战。

```
#导入相应数据包
import re
import pandas as pd
import numpy as np
import matplotlib.pyplot as plt
import seaborn as sns
import string
import nltk
import warnings
warnings.filterwarnings("ignore", category = DeprecationWarning)
from nltk import PorterStemmer, WordNetLemmatizer
from nltk.corpus import stopwords
#读入训练集和测试集
train = pd.read_csv('../input/sentiment-analysis-on-movie-reviews/
train.tsv.zip', sep = "\t")
```

```
    test = pd.read_csv('../input/sentiment-analysis-on-movie-reviews/
test.tsv.zip', sep = "\t")
    sampleSubmission =
pd.read_csv('../input/sentiment-analysis-on-movie-reviews/sampleSubmission.c
sv')
    train_original = train.copy()
    test_original = test.copy()
#显示数据
    train.head()
```

初始数据如图 7-2 所示。

	PhraseId	SentenceId	Phrase	Sentiment
0	1	1	A series of escapades demonstrating the adage ...	1
1	2	1	A series of escapades demonstrating the adage ...	2
2	3	1	A series	2
3	4	1	A	2
4	5	1	series	2

图 7-2　初始数据

```
#分析数据空缺值
    train.isnull().sum()
    print(train["SentenceId"].value_counts())
```

数据空缺值分析如图 7-3 所示。数据 ID 的种类分析如图 7-4 所示。

```
PhraseId        0
SentenceId      0
Phrase          0
Sentiment       0
dtype: int64
```

图 7-3　数据空缺值分析

```
1       63
5555    63
509     59
625     58
403     57
        ..
8451    1
5718    1
3560    1
1666    1
1178    1
Name: SentenceId, Length: 8529, dtype: int64
```

图 7-4　数据 ID 的种类分析

```
#显示训练集中不同语料的分布
    plt.rcParams['figure.figsize'] = (13, 7)
    #sns.set(style = "white")
    sns.countplot(train["Sentiment"], palette = 'deep')
```

训练集中不同语料的分布如图 7-5 所示。

```
    plt.title('Sentiment count in train set', fontsize = 20)
```

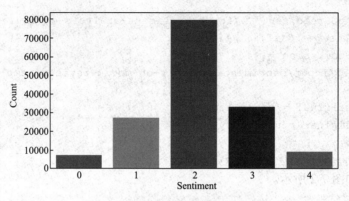

图 7-5 训练集中不同语料的分布

7.3.2 数据预处理

数据预处理过程如下:

```
#构建数据预处理函数
def Preprocess(df):
    for i in df['Phrase']:
        tokenizer = nltk.RegexpTokenizer(r"\w+")
        i = tokenizer.tokenize(i)
        tokenized_review_1 = df['Phrase'].apply(lambda x: x.split())
        ps = PorterStemmer()
        WL = WordNetLemmatizer()
        stemmed_review = tokenized_review_1.apply(lambda x: [ps.stem(i) for
i in x])
        lemmatized_review = tokenized_review_1.apply(lambda x: [WL.
lemmatize(i) for i in x])
        stop = stopwords.words('english')
        stemmed_review = stemmed_review.apply(lambda x: [item for item in
x if item not in stop])
        lemmatized_review = lemmatized_review.apply(lambda x: [item for
item in x if item not in stop])
    for i in range(len(stemmed_review)):
        stemmed_review[i] = ''.join(stemmed_review[i])
        df['stemmed_review'] = stemmed_review
    for i in range(len(lemmatized_review)):
        lemmatized_review[i] = ''.join(lemmatized_review[i])
    df['lemmatized_review'] = lemmatized_review
    df = df[df["stemmed_review"] != '']
    df = df[df["lemmatized_review"] != '']
#利用数据预处理模块处理训练集和测试集
Preprocess(train)
Preprocess(test)
train.head()
```

数据预处理后的数据如图 7-6 所示。

	PhraseId	SentenceId	Phrase	Sentiment	stemmed_review	lemma
0	1	1	A series of escapades demonstrating the adage ...	1	A seri escapad demonstr adag good goos also go...	A serie demon adage
1	2	1	A series of escapades demonstrating the adage ...	2	A seri escapad demonstr adag good goos	A serie demon adage
2	3	1	A series	2	A seri	A serie
3	4	1	A	2	A	A
4	5	1	series	2	seri	series

图 7-6　数据预处理后的数据

```
    #对训练数据进行分类统计
    plot_train = train.copy()
    positive_words = plot_train[plot_train["Sentiment"] != 0 ]
    positive_words = positive_words[positive_words["Sentiment"] != 1 ]
    positive_words = positive_words[positive_words["Sentiment"] != 2 ]
    negative_words = plot_train[plot_train["Sentiment"] != 3 ]
    negative_words = negative_words[negative_words["Sentiment"] != 4 ]
    negative_words = negative_words[negative_words["Sentiment"] != 2 ]
    plot_all_words = ' '.join(text for text in train['lemmatized_review'])
    plot_positive_words = ' '.join(text for text in
positive_words['lemmatized_review'])
    plot_negative_words = ' '.join(text for text in
negative_words['lemmatized_review'])
    #显示积极词汇
    plot_positive_words[0:1000]
    #显示消极词汇
    plot_negative_words[0:1000]
```

积极词汇如图 7-7 所示。

```
'good goose good amuses This quiet , introspective entert
aining independent worth seeking . This quiet , introspec
tive entertaining independent quiet , introspective enter
taining independent quiet , introspective entertaining ,
introspective entertaining introspective entertaining int
rospective entertaining worth seeking . worth seeking fan
A positively thrilling combination ethnography intrigue ,
betrayal , deceit murder Shakespearean tragedy juicy soap
opera . A positively thrilling combination ethnography in
trigue , betrayal , deceit murder Shakespearean tragedy j
uicy soap opera A positively thrilling combination ethnog
raphy intrigue , betrayal , deceit murder A positively th
rilling combination positively thrilling combination posi
tively thrilling combination thrilling intrigue juicy soa
p opera juicy soap opera juicy A comedy-drama nearly epic
proportion rooted sincere performance title character und
ergoing midlife crisis . A comedy-drama nearly epic propo
rtion nearly epic proportion'
```

图 7-7　积极词汇

消极词汇如图 7-8 所示。

"A series escapade demonstrating adage good goose also go
od gander , occasionally amuses none amount much story .
gander , occasionally amuses none amount much story none
amount much story none amount much story Even fan Ismail
Merchant 's work , I suspect , would hard time sitting on
e . , I suspect , would hard time sitting one . would har
d time sitting one . would hard time sitting one hard tim
e sitting one hard time sitting one hard time hard time s
itting one intrigue , betrayal , deceit murder betrayal ,
deceit murder , deceit murder deceit murder deceit murder
Shakespearean tragedy tragedy soap opera Aggressive self-
glorification manipulative whitewash . Aggressive self-gl
orification manipulative whitewash self-glorification man
ipulative whitewash self-glorification manipulative white
wash manipulative whitewash midlife crisis Narratively ,
Trouble Every Day plodding mess . , Trouble Every Day plo
dding mess . Trouble Every Day plodding mess . Trouble pl
odding mess . plodding mess pl"

图 7-8 消极词汇

7.3.3 词云分析

利用词云分析能够更加直观地了解数据词频分布，方便提出更加有效的模型来完成文本分类。

```python
#导入相应的数据包
import matplotlib.pyplot as plt
import seaborn as sns
from wordcloud import WordCloud, ImageColorGenerator
from PIL import Image
import urllib
import requests
Mask = np.array(Image.open(r'../input/triangle/kisspng-black-triangle-
computer-icons-symbol-arrow-5af0f4cd97c624.0510697015257407496217.jpg'))
image_colors = ImageColorGenerator(Mask)
#使用词云
wc = WordCloud(background_color = 'white', height = 1500, width = 4000,
mask = Mask).generate(plot_all_words)
plt.figure(figsize = (10,20))
#插值用于平滑生成的图像
plt.imshow(wc.recolor(), interpolation = "spline36")
#'none', 'nearest', 'bilinear', 'bicubic', 'spline16',
#'spline36', 'hanning', 'hamming', 'hermite', 'kaiser', 'quadric',
#'catrom', 'gaussian', 'bessel', 'mitchell', 'sinc', 'lanczos'
plt.axis('off')
plt.show()
```

词云实现如图 7-9 所示。

图 7-9 词云实现

```
#显示词云
Mask1 = np.array(Image.open(r'../input/likeee/lll.png'))
image_colors = ImageColorGenerator(Mask1)
#def grey_color_func(word, font_size, position, orientation, random_
state = None,
#*kwargs
#return "hsl(0, 0%%, %d%%)" % random.randint(60, 100)
#使用 WordCloud 库中的 WordCloud 函数
wc = WordCloud(background_color = 'black', height = 1500, width = 4000,
mask = Mask1).generate(plot_positive_words)
plt.figure(figsize = (10,20))
#插值用于平滑生成的图像
plt.imshow(wc.recolor(color_func = image_colors), interpolation =
"spline36")
#'none', 'nearest', 'bilinear', 'bicubic', 'spline16',
#'spline36', 'hanning', 'hamming', 'hermite', 'kaiser', 'quadric',
#'catrom', 'gaussian', 'bessel', 'mitchell', 'sinc', 'lanczos'
plt.title("positive words", fontsize = 20)
plt.axis('off')
plt.show()
import random
Mask2 = np.array(Image.open(r'../input/dislikee/dislike.jpg'))
image_colors = ImageColorGenerator(Mask2)
#使用 WordCloud 库中的 WordCloud 函数
wc = WordCloud(background_color = 'black', height = 1500, width = 4000,
```

```
mask = Mask2).generate(plot_negative_words)
        plt.figure(figsize = (10,20))
        #插值用于平滑生成的图像
        plt.imshow(wc.recolor(color_func = image_colors), interpolation = "hamming")
        #interpolation : 'none', 'nearest', 'bilinear', 'bicubic', 'spline16',
        #'spline36', 'hanning', 'hamming', 'hermite', 'kaiser', 'quadric',
        #'catrom', 'gaussian', 'bessel', 'mitchell', 'sinc', 'lanczos'
        plt.title("negative words", fontsize = 20)
        plt.axis('off')
        plt.show()
```

积极词汇词云如图 7-10 所示。

图 7-10　积极词汇词云

消极词汇词云如图 7-11 所示。

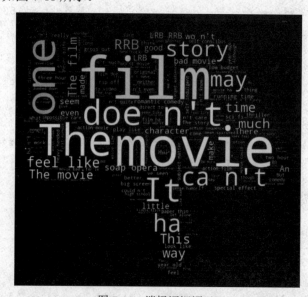

图 7-11　消极词汇词云

7.4　测　试　结　果

7.4.1　采用神经网络实现语料预测

本部分主要包括导入数据包、数据划分、模型搭建、模型训练和测试集预测五部分。

1. 导入数据包

```python
from tensorflow.keras.preprocessing import sequence
from tensorflow.keras.models import Sequential
from tensorflow.keras.layers import Dense, Embedding
from tensorflow.keras.layers import LSTM
from tensorflow.keras.utils import to_categorical
from tensorflow.keras.preprocessing.text import Tokenizer
from tensorflow.keras.preprocessing.sequence import pad_sequences
```

2. 数据划分

```python
y_train_NN = train["Sentiment"]
x_Train_stemmed_NN = train["stemmed_review"]
x_test_stemmed_NN = test["stemmed_review"]
x_Train_lemmatized_NN = train["lemmatized_review"]
x_test_lemmatized_NN = test["lemmatized_review"]
tokenize = Tokenizer()
tokenize.fit_on_texts(x_Train_stemmed_NN.values)
X_train_stemmed = tokenize.texts_to_sequences(x_Train_stemmed_NN)
X_test_stemmed = tokenize.texts_to_sequences(x_test_stemmed_NN)
tokenize.fit_on_texts(x_Train_lemmatized_NN.values)
X_train_lemmatized = tokenize.texts_to_sequences(x_Train_lemmatized_NN)
X_test_lemmatized = tokenize.texts_to_sequences(x_test_lemmatized_NN)
X_train_stemmed = pad_sequences(X_train_stemmed).astype(float)
X_test_stemmed = pad_sequences(X_test_stemmed).astype(float)
X_train_lemmatized = pad_sequences(X_train_lemmatized)
X_test_lemmatized = pad_sequences(X_test_lemmatized)
```

3. 模型搭建

```python
EMBEDDING_DIM = 100
unknown = len(tokenize.word_index) + 1
model = Sequential()
model.add(Embedding(unknown, EMBEDDING_DIM))
model.add(LSTM(units = 128, dropout = 0.2, recurrent_dropout = 0.2))
model.add(Dense(5, activation = 'Softmax'))
model.compile(loss = 'sparse_categorical_crossentropy', optimizer = 'adam', metrics = ['accuracy'])
model.summary()
```

模型结构如图 7-12 所示。

```
Model: "sequential"
_____
_____
Layer (type)                 Output Shape              P
aram #
================================================
=========
embedding (Embedding)        (None, None, 100)         1
904500
_____
_____
lstm (LSTM)                  (None, 128)               1
17248
_____
_____
dense (Dense)                (None, 5)                 6
45
================================================
=========
Total params: 2,022,393
Trainable params: 2,022,393
Non-trainable params: 0
_____
_____
```

图 7-12　模型结构

4. 模型训练

```
    model.fit(X_train_stemmed, y_train_NN, batch_size = 128, epochs = 7,
verbose = 1)
```

模型训练准确率如图 7-13 所示。

```
Epoch 1/7
1220/1220 [==============================] - 133s 109ms/
step - loss: 0.9689 - accuracy: 0.6074
Epoch 2/7
1220/1220 [==============================] - 130s 106ms/
step - loss: 0.8095 - accuracy: 0.6668
Epoch 3/7
1220/1220 [==============================] - 129s 106ms/
step - loss: 0.7564 - accuracy: 0.6850
Epoch 4/7
1220/1220 [==============================] - 131s 107ms/
step - loss: 0.7150 - accuracy: 0.6997
Epoch 5/7
1220/1220 [==============================] - 129s 106ms/
step - loss: 0.6837 - accuracy: 0.7100
Epoch 6/7
1220/1220 [==============================] - 135s 110ms/
step - loss: 0.6603 - accuracy: 0.7190
Epoch 7/7
1220/1220 [==============================] - 129s 106ms/
step - loss: 0.6402 - accuracy: 0.7258

<tensorflow.python.keras.callbacks.History at 0x7f099fe9
d210>
```

图 7-13　模型训练准确率

训练模型的最终训练损失函数为 0.6402，准确性可以达到 0.7258。

5. 测试集预测

将测试数据输入模型中训练，可以得到模型预测结果，如图 7-14 所示。

```
final_pred = model.predict_classes(X_test_stemmed)
final_pred
```

```
array([3, 3, 2, ..., 2, 2, 1])
```

图 7-14　模型预测结果

7.4.2　采用贝叶斯和神经网络实现语料预测

本部分主要包括训练集和测试集的集成、使用 stemmed data 进行训练、使用 lemmatized data 进行训练和使用神经网络训练 stemmed data 四部分，每部分都评估了模型的准确性。

1. 训练集和测试集的集成

```
NB_data = pd.concat([train, test], ignore_index = True)
from sklearn.pipeline import Pipeline
from sklearn.feature_extraction.text import CountVectorizer
from sklearn.naive_bayes import MultinomialNB
pipeline = Pipeline([
('bow', CountVectorizer(analyzer = "word")),   #标记整数计数的字符串
('classifier', MultinomialNB()),   #基于朴素贝叶斯分类器的 TF-IDF 向量训练])
```

2. 使用 stemmed data 进行训练

```
from sklearn.model_selection import train_test_split
from sklearn.metrics import confusion_matrix, classification_report,
accuracy_score
x_train, x_test, y_train, y_test =
train_test_split(NB_data['stemmed_review'], NB_data['Sentiment'], test_size =
0.2, random_state = 42)
pipeline.fit(x_train, y_train)
n_b_predictions = pipeline.predict(x_test)
print(classification_report(n_b_predictions, y_test))
print("-"*100)
print(confusion_matrix(n_b_predictions, y_test))
print("-"*100)
print(pipeline.score(x_train, y_train))
print(accuracy_score(n_b_predictions, y_test))
```

使用 stemmed data 模型训练效果如图 7-15 所示。

```
              precision    recall  f1-score   support

           0       0.30      0.47      0.37      1070
           1       0.46      0.57      0.51      6013
           2       0.84      0.73      0.78     27031
           3       0.56      0.58      0.57      8976
           4       0.32      0.57      0.41      1381

    accuracy                           0.67     44471
   macro avg       0.49      0.58      0.53     44471
weighted avg       0.70      0.67      0.68     44471

------------------------------------------------------------
----------------------------------------
[[  508   413   129    18     2]
 [  786  3444  1498   252    33]
 [  348  3220 19608  3497   358]
 [   49   437  1998  5248  1244]
 [    5    27   138   430   781]]
------------------------------------------------------------
----------------------------------------
0.7020311331733012
0.6653549504171258
```

图 7-15 使用 stemmed data 模型训练效果

3. 使用 lemmatized data 进行训练

```
    from sklearn.model_selection import train_test_split
    from sklearn.metrics import confusion_matrix, classification_report, accuracy_score
    x_train, x_test, y_train, y_test = train_test_split(NB_data['lemmatized_review'], NB_data['Sentiment'], test_size = 0.2, random_state = 42)
    pipeline.fit(x_train, y_train)
    n_b_predictions = pipeline.predict(x_test)
    print(classification_report(n_b_predictions, y_test))
    print("-"*100)
    print(confusion_matrix(n_b_predictions, y_test))
    print("-"*100)
    print(pipeline.score(x_train, y_train))
    print(accuracy_score(n_b_predictions, y_test))
```

使用 lemmatized data 模型训练效果如图 7-16 所示。

```
              precision    recall  f1-score   support

           0       0.31      0.46      0.37      1160
           1       0.47      0.56      0.51      6247
           2       0.82      0.73      0.77     26384
           3       0.56      0.58      0.57      9180
           4       0.34      0.54      0.42      1500

    accuracy                           0.66     44471
   macro avg       0.50      0.57      0.53     44471
weighted avg       0.69      0.66      0.67     44471

------------------------------------------------------------
----------------------------------------
[[  534   445   145    35     1]
 [  755  3520  1667   269    36]
 [  340  3108 19258  3346   332]
 [   56   438  2145  5306  1235]
 [   11    30   156   489   814]]
------------------------------------------------------------
----------------------------------------
0.7083499643019772
0.6618245598255043
```

图 7-16 使用 lemmatized data 模型训练效果

4. 使用神经网络训练 stemmed data

```
tokenize = Tokenizer()
tokenize.fit_on_texts(x_train.values)
X_test = test.stemmed_review
X_train = tokenize.texts_to_sequences(x_train)
X_test = tokenize.texts_to_sequences(X_test)
X_train = pad_sequences(X_train)
X_test = pad_sequences(X_test)
model.fit(X_train, y_train, batch_size = 128, epochs = 7, verbose = 1)
```

训练模型的最终训练损失为 0.4706，准确性可以达到 0.8113，可以发现效果比单独使用神经网络构建更优。模型训练准确性如图 7-17 所示。

```
Epoch 1/7
1390/1390 [==============================] - 147s 106ms/
step - loss: 0.9411 - accuracy: 0.6293
Epoch 2/7
1390/1390 [==============================] - 147s 106ms/
step - loss: 0.6839 - accuracy: 0.7329
Epoch 3/7
1390/1390 [==============================] - 148s 106ms/
step - loss: 0.6061 - accuracy: 0.7644
Epoch 4/7
1390/1390 [==============================] - 148s 106ms/
step - loss: 0.5558 - accuracy: 0.7817
Epoch 5/7
1390/1390 [==============================] - 148s 107ms/
step - loss: 0.5204 - accuracy: 0.7946
Epoch 6/7
1390/1390 [==============================] - 147s 106ms/
step - loss: 0.4928 - accuracy: 0.8031
Epoch 7/7
1390/1390 [==============================] - 147s 106ms/
step - loss: 0.4706 - accuracy: 0.8113

<tensorflow.python.keras.callbacks.History at 0x7f09a193
9b10>
```

图 7-17　模型训练准确性

将测试数据输入模型中训练，得到如图 7-18 所示的预测结果。

```
final_pred2 = model.predict_classes(X_test_stemmed)
final_pred2
```

```
array([1, 1, 2, ..., 2, 2, 2])
```

图 7-18　模型预测结果

第 8 章　视觉抄表系统案例

学习目标 ☞

1. 了解案例的构思。
2. 了解案例的总体设计。
3. 熟悉案例的运行环境。
4. 了解案例中使用模块的情况。
5. 知道程序如何运行。

素质目标 ☞

1. 掌握搭建环境的方法。
2. 知道模块在案例中的作用。

　　在质检行业普遍存在一种场景：尚存在很多在用的仪器仪表不具备网络传输功能，读数需要依赖人工完成，费时费力且难以与测试系统自动化集成；同时，也存在另一种场景：质检机构需要对某类测试进行长期的远程监控，虽然仪器仪表具备网络传输功能，但由于权限管理等问题，无法直接将仪表接入自己的系统存取数据。因此，采用计算机视觉实现仪表读数识别，克服上述两个场景存在的困难并提高检测数据采集效率，有助于进一步开发自动化检测应用。

　　常见的仪表读数显示界面如图 8-1 所示。本章案例以数码管显示仪表为例进行介绍。

图 8-1　仪表读数显示界面

8.1　总体设计

8.1.1　硬件设计

　　基于分布式数据采集单元的视觉抄表系统由数据采集单元、智能仪表管理平台和应用客户端三部分组成，典型的系统结构如图 8-2 所示。数据采集单元（多个、多种）是视觉抄表系统的核心部分，在树莓派上基于 TensorFlow 框架实现卷积神经网络（CNN），实现对仪表显示数字的识别；智能仪表管理平台实现对仪表和数据采集单元的管理并提供远程服务接口；应用客户端（多个、多种）实现检测应用，既可以在本地部署也可以在远程部署。

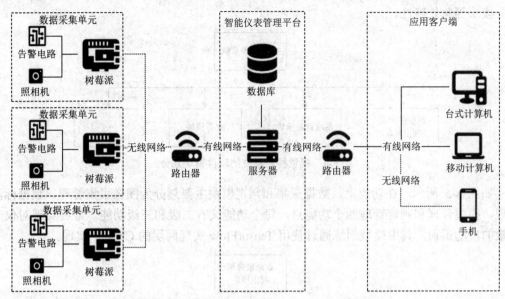

图 8-2　基于分布式数据采集单元的视觉抄表系统结构

在图 8-2 所示的系统设计中，树莓派上运行不同的识别模型，可以灵活适配数码管、液晶等不同的仪表显示界面，并达到较高的准确性。如果是批量同类型仪表，数据采集单元也可以采用性能较高的装有 GPU 的服务器配合网络摄像头、USB 摄像头的方案来实现，如图 8-3 所示。

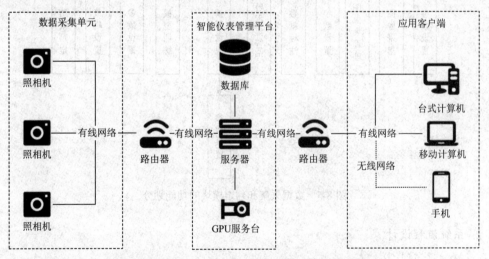

图 8-3　基于集中式数据采集单元的视觉抄表系统结构

8.1.2　软件设计

1. 系统模块功能划分

视觉抄表系统的软件模块划分如图 8-4 所示。本章重点关注机器学习模型的训练和应

用，故软件部分只介绍与之相关的数据采集和判定模块的核心代码设计，系统管理模块和
业务模块等此处略过。

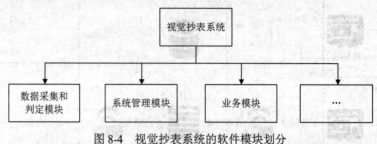

图 8-4　视觉抄表系统的软件模块划分

如图 8-5 所示，在功能上，数据采集和判定模块主要划分为图像采集管理、数据标注
管理、模型管理和判定管理四个功能点，每个功能又有二级和三级功能。最终实现对仪表
读数的自动识别，其中模型训练通过使用 TensorFlow 实现两层的 CNN 来实现。

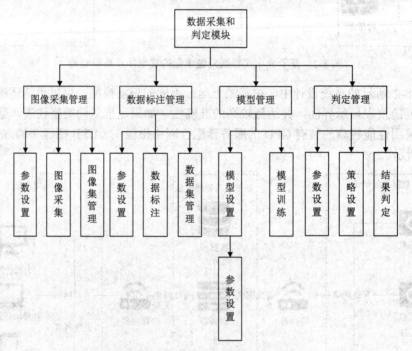

图 8-5　数据采集和判定模块的功能划分

2. 系统流程设计

对应数据采集和判定模块的四个主要功能点，其主要流程如图 8-6 所示，分为图像采
集、数据集构建、模型训练和结果判定四个流程。

3. 算法模型设计

本部分使用 CNN 进行模型训练及验证。如图 8-7 所示，网络主要由一个输入层、两个
卷积层、两个池化层、一个全连接层和一个输出层构成。

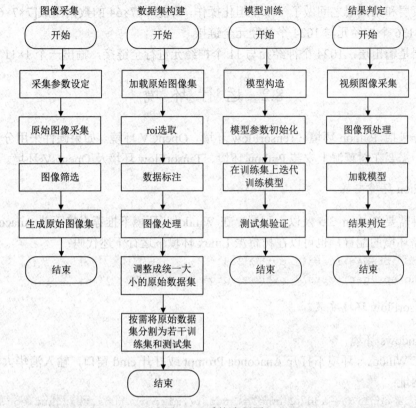

图 8-6　系统流程图

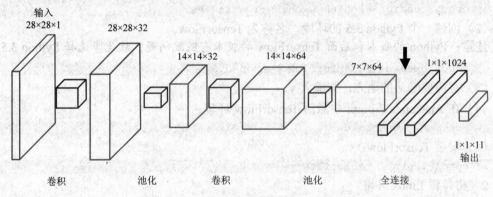

图 8-7　CNN 网络结构

第一层是输入层：输入是一个尺寸为 28×28 的黑白图像（在二维空间上是 28×28），若一个像素点相当于一个神经元，那么输入层的维度就是三维[28,28,1]

第二层是卷积层：卷积层的尺寸为 5×5，深度为 32，相当于 32 个 Window 扫描图像，输出 28×28×32 的图像。

第三层是池化层：使用 max pooling，Window 的尺寸为 2×2，输出 14×14×32 的图像。

第四层是卷积层，原理同第二层。

第五层是池化层，原理同第三层。

第六层是全连接层，全连接层的单元的个数为 1024。

在第五层和第六层之间做了一个平坦化操作，即把 7×7×64 的数据压成[7×7×64, 1]，目的是实现 3136 个神经元与 1024 个神经元全链接。

第七层是输出层：1024 个神经元与 11 个神经元进行全链接，输出一个 1×11 的向量。

8.2 运 行 环 境

本部分包括 Python 环境、TensorFlow 环境、OpenCV 环境。如果硬件采用分布式数据采集方案，需要在树莓派上安装 Python 环境、TensorFlow 环境及 OpenCV 环境。

1. Python 环境安装

本项目需要 Python 3.5 及以上配置，在 Windows 环境下推荐直接下载 Anaconda 完成 Python 所需环境的配置，也可以在树莓派 Linux 环境下运行下述代码：

```
sudo apt-get install python3.5
sudo apt-get install python3-pip
```

2. TensorFlow 环境安装

1）Windows 环境

（1）在 Windows 环境下打开 Anaconda Prompt 或打开 cmd 窗口，输入清华大学开源软件镜像站网址：

```
conda config --add channels https://mirrors.tuna.tsinghua.edu.cn/anaconda/pkgs/free/
conda config --set show_channel_urls yes
```

（2）创建一个 Python 3.5 的环境，名称为 TensorFlow。

注意：Python 的版本和后面 TensorFlow 的版本有匹配问题，故此步选择 Python 3.5。

```
conda create -n tensorflow python=3.5
```

（3）有需要确认的地方，都输入 y。

（4）在 Anaconda Prompt 中激活 TensorFlow 环境：

```
activate tensorflow
```

（5）安装 TensorFlow：

```
conda install tensorflow == 1.8.0
```

2）树莓派 Linux 环境

（1）安装环境依赖。

```
sudo apt-get update
sudo apt-get install python3-pip python3-dev
sudo apt install libatlas-base-dev
```

（2）安装 TensorFlow。

```
sudo pip3 install tensorflow-1.8.0-cp35-none-linux_armv7l.whl
```

3. OpenCV 环境安装

（1）在 Windows 环境下打开 Anaconda Prompt 或打开 cmd 窗口，输入：

```
conda install opencv
```

（2）有需要确认的地方，都输入 y。

（3）在树莓派 Linux 环境下输入以下内容。

```
    sudo apt install libaom0 libatk-bridge2.0-0 libatk1.0-0 libatlas3-base
libatspi2.0-0 libavcodec58 libavformat58 libavutil56 libbluray2 libcairo-
gobject2 libcairo2 libchromaprint1 libcodec2-0.8.1 libcroco3 libdatrie1 libdrm2
libepoxy0 libfontconfig1 libgdk-pixbuf2.0-0 libgfortran5 libgme0 libgraphite2-3
libgsm1 libgtk-3-0 libharfbuzz0b libilmbase23 libjbig0 libmp3lame0 libmpg123-0
libogg0 libopenexr23 libopenjp2-7 libopenmpt0 libopus0 libpango-1.0-0
libpangocairo-1.0-0 libpangoft2-1.0-0 libpixman-1-0 librsvg2-2 libshine3
libsnappy1v5 libsoxr0 libspeex1 libssh-gcrypt-4 libswresample3 libswscale5
libthai0 libtheora0 libtiff5 libtwolame0 libvadrm2 libva-x11-2 libva2 libvdpau1
libvorbis0a libvorbisenc2 libvorbisfile3 libvpx5 libwavpack1 libwayland-client0
libwayland-cursor0 libwayland-egl1 libwebp6 libwebpmux3 libx264-155 libx265-165
libxcb-render0 libxcb-shm0 libxcomposite1 libxcursor1 libxdamage1 libxfixes3
libxi6 libxinerama1 libxkbcommon0 libxrandr2 libxrender1 libxvidcore4 libzvbi0
    sudo pip3 install opencv-python
```

8.3　模　块　实　现

本节包括数据采集和判定模块的四个主要流程：图像采集、数据集构建、模型训练和结果判定。各模块功能的介绍及核心功能代码如下。

8.3.1　图像采集

1. 功能介绍

图像采集的主要流程为对数码管显示仪表的读数进行拍照采样，确保读数照片中数码管显示正常（明暗区分明显），通过采集多张图片使读数显示覆盖数字（0～9）和小数点（.），共 11 个字符，将图片按照"img1.jpg、img2.jpg、…、img100.jpg"的格式存入指定目录（如"./imgs/"）下。

2. 核心代码

```python
import os
import cv2
import time
num = 1    #相机初始化
print('摄像头初始化中...')
cap = cv2.VideoCapture(0)
cap.set(3, 800)
cap.set(4, 600)
ret, frame = cap.read()
rows, cols, channels = frame.shape
```

```
print('摄像头初始化成功！')
print('相机参数: %s*%s|%s' %(cols, rows, channels))
print('摄像头采集中...')
time.sleep(5)   #图像采集
while cap.isOpened():
ret, frame = cap.read()
if num <= 100:
filename = 'img' + str(num) + '.jpg'
cv2.imwrite('./imgs/%s' %filename, frame)
d_date = time.strftime('%Y-%m-%d', time.localtime())
d_time = time.strftime('%H:%M:%S', time.localtime())
print('-------------------------------')
print('%s|%s|%s' %(d_date, d_time, filename))
num += 1
time.sleep(1)
else:
print('All %s images have been captured!' %(num - 1))
cap.release()
cv2.destroyAllWindows()
```

3. 运行结果

图像采集命令运行结果如图 8-8 所示。

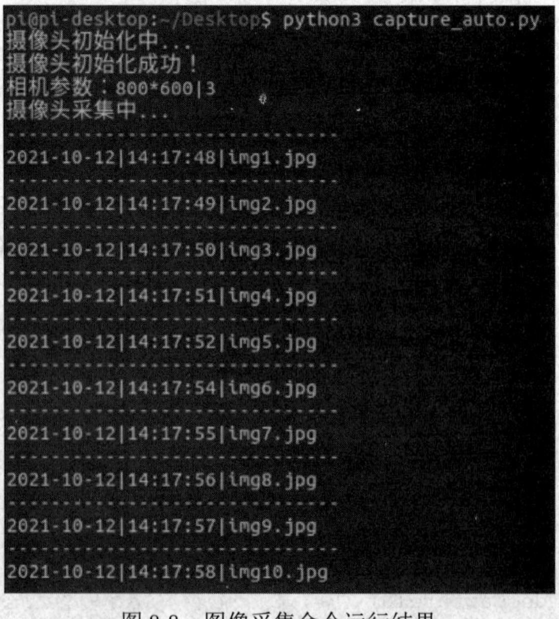

图 8-8   图像采集命令运行结果

数码管仪表部分读数样片如图 8-9 所示。

图 8-9　数码管仪表部分读数样片

彩图 8-9

8.3.2　数据集构建

1. 功能介绍

数据集构建的主要流程为加载筛选后的原始图像，划定 roi 区，在 roi 区进行人工数据标定，标定后的区域再经过滤波、二值化、形态学等处理，最终将尺寸调整为 28×28 像素的标准大小并存入指定目录下，如 "./raw/"。其中，文件名第一位为标注结果，后面内容为标注对应的图片序列号，如 "3[13-2].jpg" 就是第 13 张图的第 2 个标注，标注结果为 "3"。

2. 核心代码

```
import os
import cv2
import time
#定义膨胀和腐蚀函数
def thresholding_inv(image):
    kernel_erode = cv2.getStructuringElement(cv2.MORPH_RECT, (1, 1))
    kernel_dilate = cv2.getStructuringElement(cv2.MORPH_RECT, (1, 6))
    gray = cv2.cvtColor(image, cv2.COLOR_BGR2GRAY)
    ret, bin = cv2.threshold(gray, 220, 255, cv2.THRESH_BINARY)
    #bin = cv2.medianBlur(bin, 3)
    bin = cv2.erode(bin, kernel_erode, iterations = 1)
    bin = cv2.dilate(bin, kernel_dilate, iterations = 1)
    return bin
#定义一个排序函数
def nu_str(string):
    return int((string.split('.')[0]).split('img')[1])
```

```
#图片集定位排序
imgs = os.listdir('./imgs/')
imgs.sort(key=nu_str)
#遍历并标注图片集中的图片
for i in imgs:
    im = cv2.imread('./imgs/' + str(i))
    #图片序号
    num_i = (str(i).split('.')[0]).split('img')[1]
    #划定采集区域
    cv2.namedWindow('img%s-raw' %num_i, 0)
    cv2.resizeWindow('img%s-raw' %num_i, 800, 600)
    r = cv2.selectROI('img%s-raw' %num_i, im, True, False)
    if r != (0, 0, 0, 0):
        im_r = im[int(r[1]): int(r[1] + r[3]), int(r[0]): int(r[0] + r[2])]
        #处理图片
        im_th = thresholding_inv(im_r)
        num_r = 1
        while (1):
            cv2.imshow('img%s-th' %num_i, im_th)
            #划定标注范围
            roi = cv2.selectROI('img%s-roi' %num_i, im_r, True, False)
            if roi != (0, 0, 0, 0):
                r_x = roi[0]
                r_y = roi[1]
                r_w = roi[2]
                r_h = roi[3]
                cv2.rectangle(im_r, roi, (0, 255, 0), 2)
                roi = im_th[int(roi[1]): int(roi[1] + roi[3]), int(roi[0]):
int(roi[0] + roi[2])]
                #生成统一尺寸图片，类似于mnist数据集
                roi = cv2.resize(roi, (28, 28), interpolation = cv2.INTER_
AREA)
                name = num_i + '-' + str(num_r)
                cv2.namedWindow(name, 0)
                cv2.resizeWindow(name, 300, 300)
                cv2.moveWindow(name, 1000, 100)
                cv2.imshow(name, roi)
                label = chr(cv2.waitKey())
                cv2.putText(im_r, label, (r_x + 3, r_y + 25), cv2.FONT_
HERSHEY_PLAIN, 2, (255, 255, 0), 2)
                #保存图片至相应路径
                cv2.imwrite('./raw/%s[%s].jpg' %(label, name), roi)
                print('[%s]: %s' %(name, label))
                num_r = num_r + 1
            else:
                cv2.destroyAllWindows()
                break
    else:
        cv2.destroyWindow('img%s-raw' %num_i)
        break
cv2.destroyAllWindows()
```

3. 运行结果

数据集构建过程的运行结果如图 8-10～图 8-14 所示。

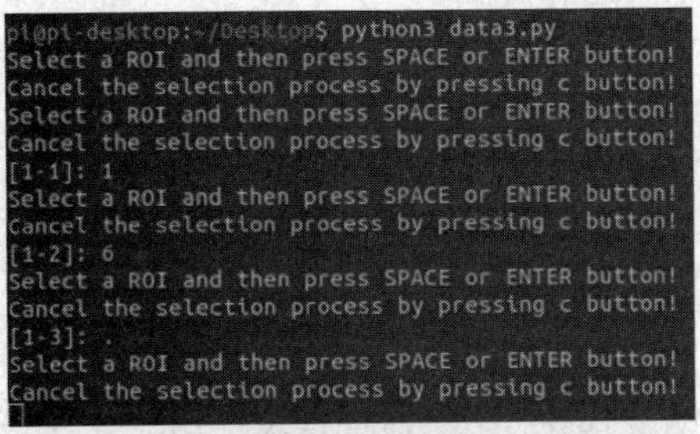

图 8-11　roi 选取结果

图 8-10　数据标注命令运行结果

图 8-12　标注区域选取结果

图 8-13　标准数据集样例

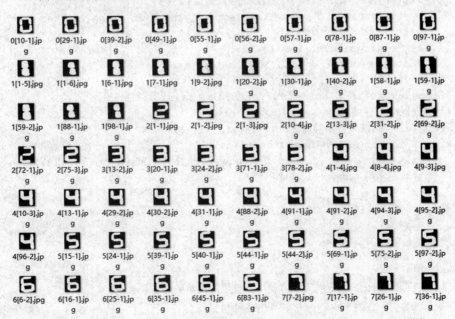

图 8-14　生成的部分原始数据集

8.3.3 模型训练

1. 功能介绍

基于训练集和测试集及标注，采用 TensorFlow 实现 CNN 来进行数码管数字字符识别模型训练，将训练模型保存在 "./model/" 目录下。

2. 核心代码

```python
import os
import cv2
import numpy as np
import random
import tensorflow.compat.v1 as tf
#版本兼容与关闭警告（按需设置）
tf.compat.v1.disable_eager_execution()
os.environ["TF_CPP_MIN_LOG_LEVEL"] = "3"
#定义一个排序函数
def nu_str(string):
    return int(string.split('[')[0])
#训练集图片定位排序
imgs=os.listdir('./train/')
imgs.sort()
features_train = []
labels_train=[]
tar_temp=[0, 1, 2, 3, 4, 5, 6, 7, 8, 9, 'a']
#对每一张图片进行处理，主要是将矩阵转化为向量，最后将所有图片打包
for i in imgs:
    img = cv2.imread('./train/'+str(i), 0)
    b = np.array([i[0]==str(tar_temp[j]) for j in range(len(tar_temp))])+0
    labels_train.append(b)
    img = img.reshape(28*28)/255
    features_train.append(img)
#转换为包含所有图片的向量集
features_train = np.array(features_train)
#数据标注
#检查图片与标注是否正确对应
for i in range(len(features_train)):
    cv2.imshow('feature', features_train[i].reshape(28, 28))
    tag = np.argmax(labels_train[i])
    if tag == 10:
        print('.')
    else:
        print(tag)
    cv2.waitKey(100)
#定义模型
#定义权重函数工厂函数（为了方便可批量生产权重函数）
def weight_variable(shape,name):
    initial = tf.truncated_normal(shape, stddev=0.1)
```

```
        return tf.Variable(initial, name = name)
    #定义偏置工厂函数
    def bias_variable(shape, name):
        initial = tf.constant(0.1, shape = shape)
        return tf.Variable(initial, name = name)
    #定义卷积矩阵工厂函数
    def conv2d(x, W):
        return tf.nn.conv2d(x, W, strides = [1, 1, 1, 1], padding = 'SAME')
    #定义池化层矩阵工厂函数
    def max_pool_2x2(x):
        return tf.nn.max_pool(x, ksize=[1, 2, 2, 1], strides = [1, 2, 2, 1],
padding = 'SAME')
    #卷积运算
    #第一层卷积层定义
    W_conv1 = weight_variable([5, 5, 1, 32], name = 'w_conv1')
    b_conv1 = bias_variable([32], name = 'b_conv1',)
    #图片输入空间与结果空间生成
    x = tf.compat.v1.placeholder("float", shape = [None, 28 * 28],name = "X")
    y_ = tf.compat.v1.placeholder("float", shape = [None, 11], name = "Y")
    #将输入空间重新塑造为 28*28*1
    x_image = tf.reshape(x, [-1, 28, 28, 1])
    #定义卷积矩阵并计算
    h_conv1 = tf.nn.relu(conv2d(x_image, W_conv1) + b_conv1)
    #定义池化层
    h_pool1 = max_pool_2x2(h_conv1)
    #第二层卷积层定义
    W_conv2 = weight_variable([5, 5, 32, 64], name = 'w_conv2')    #权重变量
    b_conv2 = bias_variable([64], name = 'b_conv2')                #偏置
    h_conv2 = tf.nn.relu(conv2d(h_pool1, W_conv2) + b_conv2)
    h_pool2 = max_pool_2x2(h_conv2)
    #第一个与处理后图片尺寸一样的权重矩阵变量和偏置变量，直接点乘
    W_fc1 = weight_variable([7 * 7 * 64, 1024], name = 'w_fc1')
    b_fc1 = bias_variable([1024], name = 'b_fc1')
    h_pool2_flat = tf.reshape(h_pool2, [-1, 7 * 7 * 64])
    h_fc1 = tf.nn.relu(tf.matmul(h_pool2_flat, W_fc1) + b_fc1)
    #防止过拟合
    keep_prob = tf.placeholder("float", name = 'keep_prob')
    h_fc1_drop = tf.nn.dropout(h_fc1, keep_prob)
    #将矩阵化为全连接层
    W_fc2 = weight_variable([1024, 11], name = 'w_fc2')
    b_fc2 = bias_variable([11], name = 'b_fc2')
    #结果输出
    y_conv = tf.nn.Softmax(tf.matmul(h_fc1_drop, W_fc2) + b_fc2)
    #设置模型格式，将输出的格式添加进去
    tf.add_to_collection('yconv', y_conv)
    saver = tf.train.Saver()
    #训练模型
    with tf.Session() as sess:
        #将交叉熵设置为损失函数
        cross_entropy = -tf.reduce_sum(y_*tf.log(y_conv))
        #设置优化参数，采用 AdamOptimizer 优化方法，比最速下降法更优，能够防止过拟合
```

```
train_step = tf.train.AdamOptimizer(1e-4).minimize(cross_entropy)
#判断预测结果和真实结果是否相同
correct_prediction = tf.equal(tf.argmax(y_conv, 1), tf.argmax(y_, 1))
#定义精度
accuracy = tf.reduce_mean(tf.cast(correct_prediction, "float"))
#初始化各个变量
sess.run(tf.initialize_all_variables())
#迭代训练
for i in range(201):
    #随机选取数据进行训练
    sample = random.sample(range(len(labels_train)), 50)
    batch_xs = np.array([features_train[i] for i in sample])
    batch_ys = np.array([labels_train[i] for i in sample])
    #当是100的倍数时保存模型，并且输出当前测试精度，保存路径为相对路径
    if i%100 == 0:
        train_accuracy = accuracy.eval(feed_dict = {x: batch_xs, y_:
batch_ys, keep_prob: 1.0})
        print ("step %d, training accuracy %g"%(i, train_accuracy))
        save_path = saver.save(sess, "./model/model")
    train_step.run(feed_dict = {x: batch_xs, y_: batch_ys, keep_prob: 0.5})
#测试整体精度，加载测试集（可选）
#print ("test accuracy %g"%accuracy.eval(feed_dict = {x: features_test,
y_: labels_test, keep_prob: 1.0}))
```

3. 运行结果

模型训练命令运行结果及生成的模型文件如图 8-15～图 8-17 所示。

图 8-15　标注检验命令运行结果

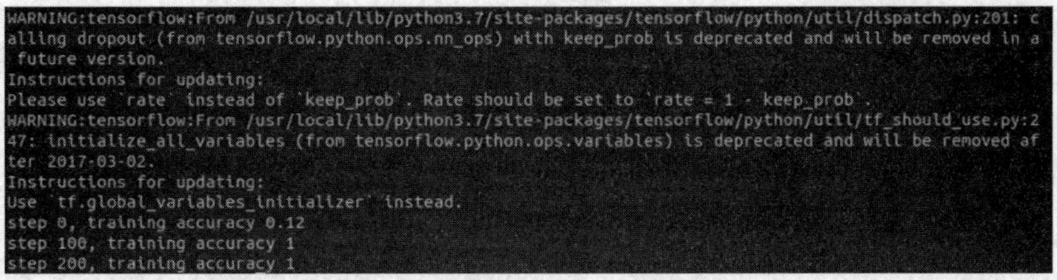

```
WARNING:tensorflow:From /usr/local/lib/python3.7/site-packages/tensorflow/python/util/dispatch.py:201: c
alling dropout (from tensorflow.python.ops.nn_ops) with keep_prob is deprecated and will be removed in a
 future version.
Instructions for updating:
Please use `rate` instead of `keep_prob`. Rate should be set to `rate = 1 - keep_prob`.
WARNING:tensorflow:From /usr/local/lib/python3.7/site-packages/tensorflow/python/util/tf_should_use.py:2
47: initialize_all_variables (from tensorflow.python.ops.variables) is deprecated and will be removed af
ter 2017-03-02.
Instructions for updating:
Use `tf.global_variables_initializer` instead.
step 0, training accuracy 0.12
step 100, training accuracy 1
step 200, training accuracy 1
```

图 8-16　模型训练命令运行结果

checkpoint　　model.data-000　　model.index　　model.meta
　　　　　　　00-of-00001

图 8-17　生成模型文件

8.3.4　结果判定

1. 功能介绍

加载 "./model/" 目录下训练好的模型，实现简易的数码管仪表读数识别程序，程序分为 Server 和 Client 两部分，Server 主要负责图像采集、识别、数据存储和数据转发，Client 主要负责数据接收和展示等应用。

2. 核心代码

为简化代码演示原理，此处将服务器端和采集端代码进行整合。

```python
import cv2
import numpy as np
import os
import socket
import subprocess
import sys
import tensorflow.compat.v1 as tf
import time
import RPi.GPIO as GPIO
from time import sleep
#报警电路和环境警告级别配置（按需设置）
GPIO.setwarnings(False)
os.environ["TF_CPP_MIN_LOG_LEVEL"] = "3"
#定义阈值函数
def thresholding_inv(image):
    #膨胀核心参数
    kernel_dilate = cv2.getStructuringElement(cv2.MORPH_RECT, (2, 7))
    #腐蚀核心参数（按需使用）
    #kernel_erode = cv2.getStructuringElement(cv2.MORPH_RECT, (3, 3))
```

```
        #根据 RGB 图得到灰度图
        gray = cv2.cvtColor(image, cv2.COLOR_BGR2GRAY)
        #灰度图二值化
        ret, bin = cv2.threshold(gray, 220, 255, cv2.THRESH_BINARY)
        #大津法二值化（按需使用）
        #ret, bin = cv2.threshold(gray, 220, 255, cv2.THRESH_OTSU)
        #对灰度图进行膨胀
        bin = cv2.dilate(bin, kernel_dilate, iterations = 1)
        #对灰度图进行腐蚀（按需使用）
        #bin = cv2.erode(bin, kernel_erode, iterations = 1)
        return bin
#网络初始化
print('程序初始化中，请稍候...')
HOST = '192.168.3.79'
PORT = 16666
print('服务器初始化成功！(%s:%d)' %(HOST, PORT))
s = socket.socket(socket.AF_INET, socket.SOCK_STREAM)
#定义 socket 类型、网络通信、TCP
s.bind((HOST, PORT))              #套接字绑定的 IP 与端口
s.listen(1)                      #开始 TCP 监听，定义最大连接数
print('等待客户端接入...' )        #输出客户端的 IP 地址
conn, addr = s.accept()          #接受 TCP 连接，并返回新的套接字与 IP 地址
print('客户端连接成功！(%s:%d)' %addr)      #输出客户端的 IP 地址
msg = '服务器连接成功！'
conn.send(msg.encode())
#labels 的各个位置代表的数字
tar_temp = [0, 1, 2, 3, 4, 5, 6, 7, 8, 9, '.']
#硬件报警系统初始化
beep = 12
LED1 = 21
LED2 = 20
LED3 = 16
GPIO.setmode(GPIO.BCM)
GPIO.setup(beep, GPIO.OUT)
GPIO.setmode(GPIO.BCM)
GPIO.setup(LED1, GPIO.OUT)
GPIO.setmode(GPIO.BCM)
GPIO.setup(LED2, GPIO.OUT)
GPIO.setmode(GPIO.BCM)
GPIO.setup(LED3, GPIO.OUT)
#相机初始化
print('摄像头初始化中...')
cap = cv2.VideoCapture(0)
cap.set(3, 640)
cap.set(4, 480)
ret, frame = cap.read()
```

```
        rows, cols, channels = frame.shape
        print('相机参数：%s*%s|%s' %(cols, rows, channels))
        print('摄像头采集中...')
        #主程序
        while cap.isOpened():
            #视频抽帧
            ret, frame = cap.read()
            #二值化处理
            im_th = thresholding_inv(frame)
            cv2.imshow('im_th', im_th)
            cv2.waitKey(5000) #显示 5s
            #寻找边界集合
            im_thc = im_th.copy()
            ctrs, hier = cv2.findContours(im_thc, cv2.RETR_EXTERNAL, cv2.CHAIN_
APPROX_SIMPLE)
            #获得边界对应的矩形框
            rects = [cv2.boundingRect(ctr) for ctr in ctrs]
            #加载训练好的模型，并预测通过
            with tf.Session() as sess:
                #加载模型的结构框架 graph
                new_saver = tf.train.import_meta_graph('./model/model.meta')
                #加载各种变量
                new_saver.restore(sess, './model/model')
                yy_hyp = tf.get_collection('yconv')[0]
                graph = tf.get_default_graph()
                X = graph.get_operation_by_name('X').outputs[0]
                keep_prob = graph.get_operation_by_name('keep_prob').outputs[0]
                #保存数字以及数字坐标
                mm={}
                #循环对每一个contour 进行预测和求解，并储存
                for rect in rects:
                    #Draw the rectangles 得到数字区域 roi
                    cv2.rectangle(frame, (rect[0], rect[1]), (rect[0] + rect[2],
rect[1] + rect[3]), (0, 255, 0), 2)
                    #数字边缘画矩形框
                    leng1 = int(rect[3])
                    leng2 = int(rect[2])
                    pt1 = int(rect[1] )
                    pt2 = int(rect[0] )
                    #得到数字区域
                    roi = im_th[pt1: pt1 + leng1, pt2: pt2 + leng2]
                    #尺寸缩放为模型尺寸
                    roi = cv2.resize(roi, (28, 28), interpolation = cv2.INTER_AREA)
                    #处理成一个向量，为了和模型输入一致
                    roi = np.array([roi.reshape(28 * 28) / 255])
                    #运行模型得到预测结果
```

```
                pred = sess.run(yy_hyp, feed_dict = {X: roi, keep_prob: 1.0})
                #得到最大可能值索引 ind
                ind = np.argmax(pred)
                #将预测值添加到图像中并显示
                cv2.putText(frame, str(tar_temp[ind]), (rect[0], rect[1]),
cv2.FONT_HERSHEY_DUPLEX, 2, (0, 255, 255), 2)
                    #储存每个数字和与其对应的 boundingbox 的像素点坐标
                mm[pt2] = tar_temp[ind]
            #后处理
            #根据像素坐标，从左到右排序，得到数字的顺序
            num_tup = sorted(mm.items(), key = lambda x: x[0])
            #将数字列表连接为字符串
            num = (''.join([str(i[1]) for i in num_tup]))
            print(num)
            #显示图像
            cv2.namedWindow('Result', cv2.WINDOW_NORMAL)
            cv2.resizeWindow('Result', 800, 600)
            cv2.imshow('Result', frame)
            c = cv2.waitKey(1)
            if c == 27:
                break
                    #报警策略（报警电路）
                    if num.find('0') >= 0:
                        GPIO.output(beep,True)
                        sleep(0.1)
                        GPIO.output(beep,False)
                        sleep(0.1)
                        GPIO.output(beep,True)
                        sleep(0.1)
                        GPIO.output(beep,False)
                        sleep(0.1)
                        msg = '>>>' + num + '<<<'
            else:
                GPIO.output(LED1,True)
                sleep(0.5)
                GPIO.output(LED1,False)
            #数据发送到客户端
            conn.send(num.encode())
    cap.release()
    cv2.destroyAllWindows()
    conn.close()
```

3. 运行结果

服务器端命令运行结果如图 8-18 所示。

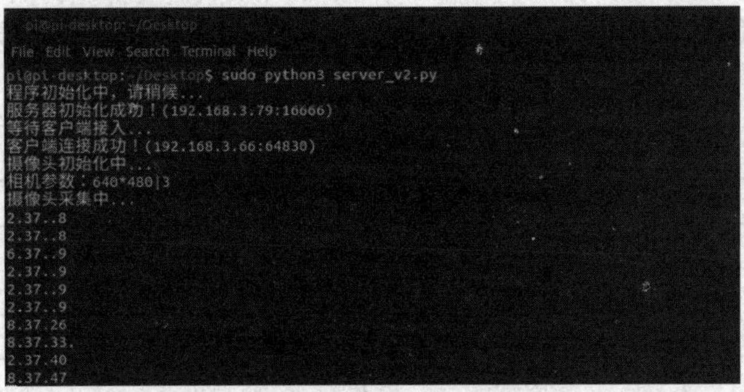

图 8-18　服务器端命令运行结果

图像处理后的实时采集结果如图 8-19 所示。

图 8-19　图像处理后的实时采集结果

最终算法判定结果如图 8-20 所示。

图 8-20　最终算法判定结果

8.4　测 试 结 果

（1）对模型的测试。通过两个不同的测试集对模型训练进行测试，准确性如表 8-1 所示。

表 8-1　模型测试结果

测试集	准确性/%
batch1	100
batch2	100
合计	100

（2）对仪表读数识别的测试。对数码管显示的仪表进行四次识别效果测试，准确性如表 8-2 所示。

表 8-2　仪表读数识别结果

仪表读数	识别判定结果	准确性/%	备注
8.37.26	8.37.26	100	—
8.37.40	2.37.40	85.7	误识别 "8"
8.37.47	8.37.47	100	—
8.37.54	8.37.54.	85.7	多识别 "."
合计	—	92.9	—

第9章 家电语音交互测试系统案例

学习目标 ☞

1. 了解案例的构思。
2. 了解案例的总体设计。
3. 熟悉案例的运行环境。
4. 了解案例中使用模块的情况。
5. 知道程序如何运行。

素质目标 ☞

1. 掌握搭建环境的方法。
2. 知道模块在案例中的作用。

　　智能家电等设备厂商在开发语音交互产品的过程中，由于所使用的训练集、测试集不统一，泛化度不够，加之测试强度较低，语义理解能力偏弱，导致家电的语音交互系统在实际工作中适应性差，用户的实际使用体验并不好。

　　对智能语音交互的评价是一个复杂、系统的工程，也包括很多专项的评价测试，其中行业内对于语音交互的功能和性能效率测试研究较多，如语音识别正确率、交互决策成功率、语音唤醒成功率等。针对这些测试，行业内一般采用人工逐条播放测试音频并检查结果的方式进行，使用的设备主要包括用于播放语音指令的人工嘴，用于播放噪声的音箱，用于测量环境的声级计及传声器、功放等。家电语音交互测试环境布置示意图如图9-1所示。

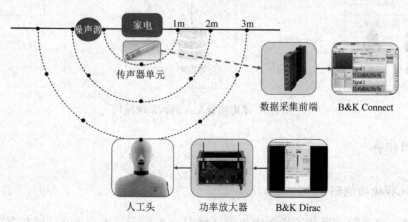

图9-1　家电语音交互测试环境布置示意图

　　上述方式对智能语音交互的测试强度不够，例如，对于识别正确率、交互成功率、声纹识别等的测试条数仅为几十条至几百条；对于误唤醒率、打断成功率等的测试时长仅为

1 小时；对于测试距离仅测试 1m、2m、3m 几个点，且未考虑角度、高度的影响；对于背景噪声环境仅规定低噪和高噪环境，并未考虑嘈杂的多人对话等复杂声场环境；测试设备以功放和人工嘴为主，需要人工提前录制语料音频后再逐条播放，测试结果确认由人工完成。如果提高测试强度，使测试用例数达到万级，这时还使用人工手动操作和依赖人工判断是不现实的，需要依赖智能化测试装备。本章所介绍的基于机器学习的家电语音交互测试系统就是为了解决上述问题设计的。

9.1　总 体 设 计

9.1.1　硬件设计

本章介绍的家电语音交互测试系统由测试服务器、测试客户端、测试机器人、语音及图像采集单元等组成。典型的系统结构如图 9-2 所示。测试服务器和测试客户端也可以由一台高性能计算机承担：一方面，运行测试任务调度程序，包括测试指令管理并与测试机器人交互，向被测试家电发送语音指令；另一方面，运行语音识别算法、图像识别算法，对家电反馈的语音和图像进行识别，进而对测试结果进行自动判断。测试机器人具备建图、定位、导航及避障等功能。语音采集由定向拾音麦克风完成。图像采集由网络摄像头完成。

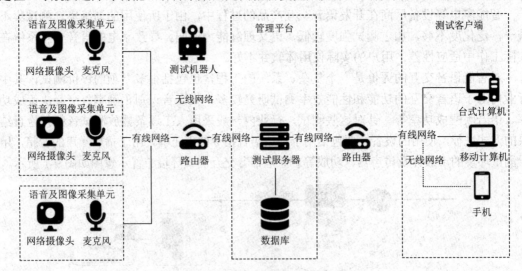

图 9-2　家电语音交互测试系统结构

9.1.2　软件设计

1. 系统模块功能划分

家电语音交互测试系统的软件模块设计如图 9-3 所示，本章重点关注机器学习算法在家电语音交互测试上的实际应用，因此软件部分重点介绍核心的语音识别模块和图像识别模块，其他部分不展开介绍。

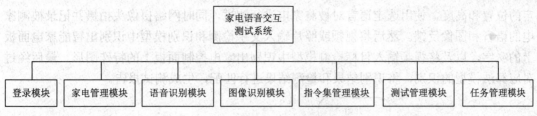

图 9-3 家电语音交互测试系统的软件模块设计

语音识别模块功能划分如图 9-4 所示。该模块最终实现对家电语音反馈数据的自动识别，其中语音识别使用 ASRT（auto speech recognition tool，自动语音识别工具）组件来实现。

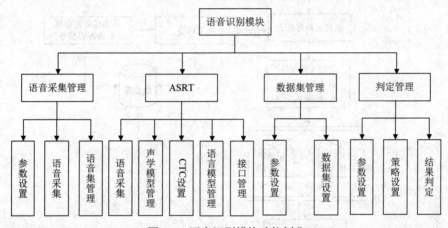

图 9-4 语音识别模块功能划分

图像识别模块功能划分如图 9-5 所示。该模块最终实现对家电控制面板图像反馈数据的自动识别，其中图像识别使用 PaddleOCR 组件来实现。

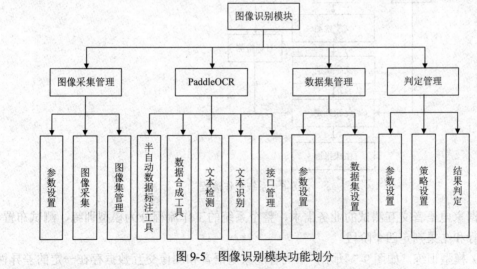

图 9-5 图像识别模块功能划分

2. 系统流程设计

如图 9-6 所示，首先由测试人员在系统平台指定测试任务，智能机器人自主导航到选定的位置和高度，使用选定语言对被测家电进行测试，同时网络摄像头拍摄并记录被测家电的语音和图像反馈。然后将视频或照片输入文字检测和识别模型中识别出智能家电面板上的文字，以及将视频输入目标检测模型中识别出家电控制面板上的特殊图形。最后经过对应算法模型的识别，将识别结果和检测结果进行匹配，生成测试报告。

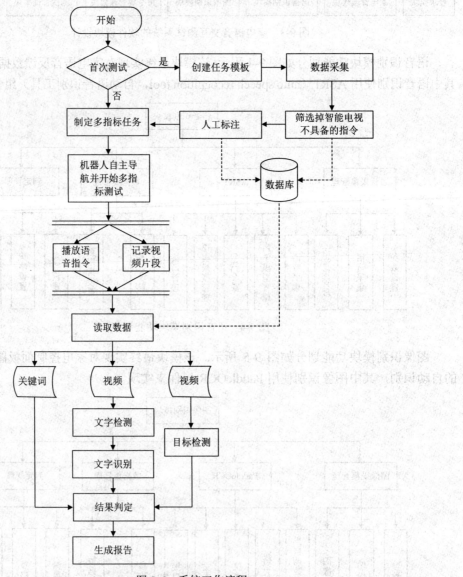

图 9-6　系统工作流程

根据家电语音交互测试的业务需求，整个系统的工作流程分为模型训练、测试布置、测试执行和结果判定四个阶段。

（1）模型训练。如图 9-7 所示，不同智能家电语音和图像交互数据存在一定的差异性，如空调、洗衣机、电冰箱、电视等，测试系统需要在执行测试流程前进行模型训练。图中的序号表示工作顺序。

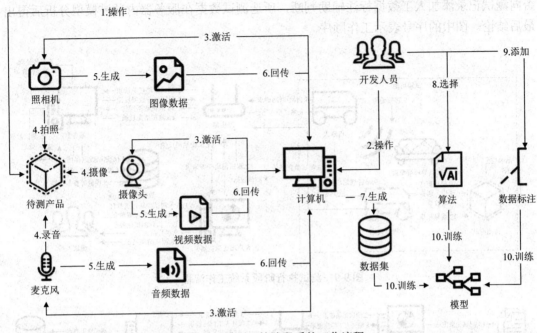

图 9-7　模型训练阶段系统工作流程

（2）测试布置。如图 9-8 所示，测试人员进入试验场地进行场景和被测家电布置后开启测试机器人，机器人完成自检后与服务器端通信，测试人员在试验场地外的客户端上登录测试系统准备执行测试用例。图中的序号表示工作顺序。

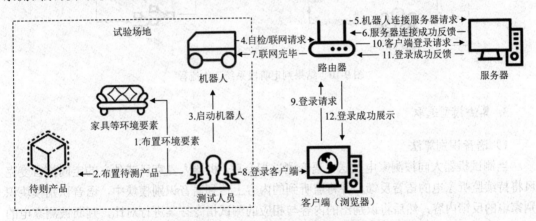

图 9-8　测试布置阶段系统工作流程

（3）测试执行。如图 9-9 所示，所有测试用例均由测试人员操作客户端再经由服务器处理后下发到机器人。除了简单避障等内置算法外，机器人执行服务器传送过来的任务指令，对待测产品进行测试。指令执行期间可能需要多次位移和姿态调整以应对障碍物或多点测试的要求。机器人实时回传采集到的待测产品数据至服务器端存档，以待后续分析。图中的序号表示工作顺序。

（4）结果判定。如图 9-10 所示，在测试过程中语音和图像等数据采集完毕后，由测试人员决定是否发起判定流程，当选定某次测试记录结果后，测试人员可以根据需要选择是否向测试记录添加人工数据标注辅助判断,所选测试数据在服务器内通过模型分析后得出最后结论。图中的序号表示工作顺序。

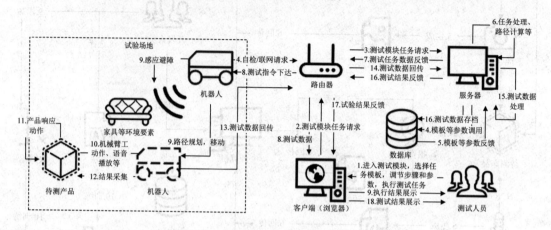

图 9-9　测试执行阶段系统工作流程

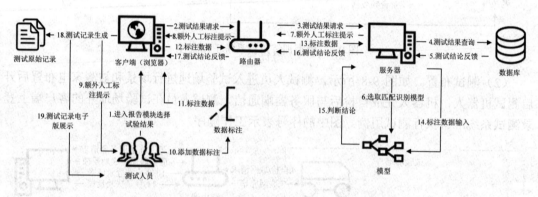

图 9-10　结果判定阶段系统工作流程

3. 算法模型选取

1）语音识别算法

当测试机器人向被测家电发送完语音测试指令后,机器人麦克风或独立的定向拾音麦克风将持续监听家电的语音反馈,并将监听到的内容上传到语音识别模块中,语音识别模块识别家电的反馈内容,然后将识别出的内容与相应的测试指令答案进行对比,判断被测家电的语音控制功能是否正确。

如前所述,本系统的语音识别部分采用 ASRT 组件实现,ASRT 是一个基于深度学习实现的开源语音识别系统,其声学模型采用卷积神经网络(CNN)和连接时序分类(connectionist temporal classification,CTC)的方法,使用大量中文语音数据进行训练,将声音转录为中文拼音,并通过语言模型,将拼音序列转换为中文文本,该模型在测试集上已经获得了较高的正确率,目前已经成功应用到多款软件中。

(1)特征提取。将普通的 WAV 格式的语音信号通过分帧加窗等操作转换为神经网络需要的二维频谱图像信号,即语谱图,如图 9-11 所示。

彩图 9-11

图 9-11　语谱图

（2）声学模型。基于 Keras 和 TensorFlow 框架，参考 VGG（visual geometry group，视觉几何组）模型，使用如图 9-12 所示的深层 CNN 作为网络模型来进行训练。

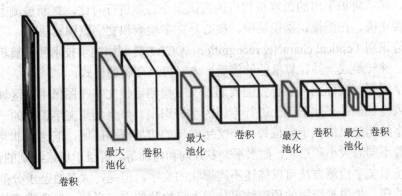

图 9-12　网络模型示意图

（3）CTC 解码。在语音识别系统的声学模型输出中，往往包含大量连续重复的符号，因此，首先需要将连续相同的符号合并为同一个符号，然后再去除静音分隔标记符（ϵ），最终得到实际的语音符号序列。CTC 解码原理如图 9-13 所示。

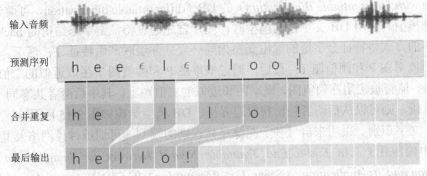

图 9-13　CTC 解码原理

（4）语言模型。如图 9-14 所示，使用统计语言模型，将拼音转换为最终的识别文本并输出。拼音转文本的本质是将其建模为一条隐含马尔可夫链,这种模型有着很高的准确率。

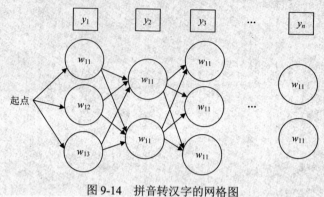

图 9-14 拼音转汉字的网格图

2)图像识别算法

当测试机器人向被测家电发送完语音测试指令后,机器人摄像头或独立的网络摄像头将拍摄家电的图形交互界面视频图像,并上传到图像识别模块中,图像识别模块识别家电的反馈内容,然后将识别出的内容与相应的测试指令答案进行对比,判断被测家电的语音控制功能是否正确。在图像识别模块中,核心是文字检测和文字识别算法。

光学字符识别(optical character recognition,OCR)是利用光学技术和计算机技术把文字读取出来,并转换成一种计算机能够接受、人又可以理解的格式。

所谓文字识别,实际上一般首先需要通过文字检测定位文字在图像中的区域,然后提取区域的序列特征,并在此基础上进行专门的字符识别。作为场景文字识别的一个核心组件,场景文字检测的目的在于定位每一个文字实例的边界框和区域,但这并非易事,因为文字常常有着不同的大小和形状,如水平、多方向和弯曲等。得益于像素级别的预测结果,基于分割的场景文字检测方法可以描述不同形状的文字。但是,大多数基于分割的方法需要复杂的后处理,把像素级别的预测结果分类为已检测的文字实例,导致推理的时间成本相当高。

本项目中的文字检测和识别算法采用基于百度开源的 PaddleOCR 轻量级文字检测和识别模型。

(1)文字检测。采用来自《基于可微分二值化的实时场景文本检测》(*Real-time Scene Text Detection with Differentiable Binarization*)的 DB(differentiable binarization,可微分二值化)文字检测模型。使用 DB 文字检测模型时,图片首先通过特征金字塔结构的 backbone,通过上采样的方式将特征金字塔的输出变换为同一尺寸并级联产生特征 F;然后,通过特征图 F 预测概率图 P 和阈值图 T;最后,通过概率图 P 和阈值图 T 生成近似的二值图 B。在训练阶段,监督被应用在阈值图、概率图和近似的二值图上,其中后两者共享同一个监督;在推理阶段,则可以从后两者轻松获取边界框。DB 模型结构如图 9-15 所示。

(2)文字识别。采用来自《基于图像序列识别的端到端可训练神经网络及其在场景文本识别中的应用》(*An End-to-End Trainable Neural Network for Image-based Sequence Recognition and Its Application to Scene Text Recognition*)的 CRNN(convolutional recurrent neural networks,卷积循环神经网络)模型。CRNN 文字识别是对序列的预测方法,因此采用了对序列预测的 RNN 网络。通过 CNN 将图片的特征提取出来后采用 RNN 对序列进行

预测,最后通过一个 CTC 的翻译层得到最终结果。CRNN 模型结构如图 9-16 所示。

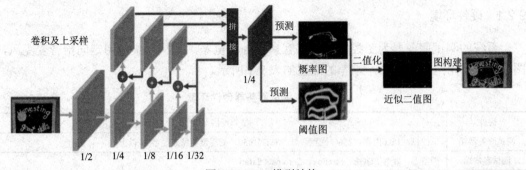

图 9-15　DB 模型结构

彩图 9-15

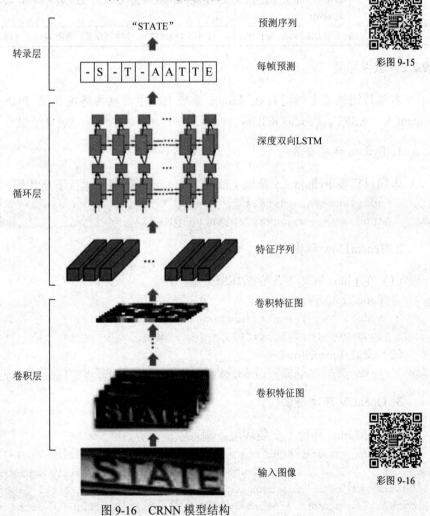

图 9-16　CRNN 模型结构

彩图 9-16

9.2　运行环境

系统由测试服务器、测试客户端、测试机器人、语音图像采集模块等组成,本章主要介绍运行语音和图像识别模块的测试服务器的运行环境。

9.2.1 硬件环境

系统的测试服务器为工控机，测试客户端为浏览器，音频采集使用定向拾音麦克风，图像采集使用网络摄像头，推荐的配置如表 9-1 所示。

表 9-1 测试服务器硬件环境

硬件	推荐规格参数
测试服务器端	工控机，16G 内存，256G 硬盘，显卡 GTX1050，处理器英特尔酷睿 i7 以上
测试客户端	浏览器，兼容 EDGE、FireFox、Chrome、Safari
麦克风	科唛 COMICA Traxshot 枪式麦克风，频率范围 20～20kHz，输出阻抗 600Ω，灵敏度-40～-20dB，信噪比 60dB
摄像头	大华 DH-P30A1 监控摄像机，分辨率 2304×1296，300 万像素，焦距 8mm，光圈 F2.0

9.2.2 软件环境

本项目测试服务器运行在 Linux 系统上，主要软件环境包括 Python、TensorFlow、OpenCV、ASRT、PaddleOCR 等。

1. Python 环境安装

本项目需要 Python 3.5 及以上配置，在 Linux 环境下运行下述代码：

```
sudo apt-get install python3.5
sudo apt-get install python3-pip
```

2. TensorFlow 环境安装

（1）在 Linux 环境下，安装环境依赖：

```
sudo apt-get update
sudo apt-get install python3-pip python3-dev
sudo apt install libatlas-base-dev
```

（2）安装 Tensorflow：

```
sudo pip3 install tensorflow-1.8.0-cp35-none-linux_armv7l.whl
```

3. OpenCV 环境安装

（1）在 Linux 环境下安装环境下输入以下内容。

```
    sudo apt install libaom0 libatk-bridge2.0-0 libatk1.0-0 libatlas3-base
libatspi2.0-0    libavcodec58    libavformat58    libavutil56    libbluray2
libcairo-gobject2 libcairo2 libchromaprint1 libcodec2-0.8.1 libcroco3 libdatrie1
libdrm2  libepoxy0  libfontconfig1  libgdk-pixbuf2.0-0  libgfortran5  libgme0
libgraphite2-3 libgsm1 libgtk-3-0 libharfbuzz0b libilmbase23 libjbig0 libmp3lame0
libmpg123-0 libogg0 libopenexr23 libopenjp2-7 libopenmpt0 libopus0 libpango-1.0-0
libpangocairo- 1.0-0  libpangoft2-1.0-0  libpixman-1-0  librsvg2-2  libshine3
libsnappy1v5 libsoxr0 libspeex1 libssh-gcrypt-4 libswresample3 libswscale5 libthai0
libtheora0 libtiff5 libtwolame0 libva-drm2 libva-x11-2 libva2 libvdpau1 libvorbis0a
```

```
libvorbisenc2 libvorbisfile3 libvpx5 libwavpack1 libwayland-client0 libwayland-cursor0
libwayland- egl1 libwebp6 libwebpmux3 libx264-155 libx265-165 libxcb-render0
libxcb-shm0 libxcomposite1 libxcursor1 libxdamage1 libxfixes3 libxi6 libxinerama1
libxkbcommon0 libxrandr2 libxrender1 libxvidcore4 libzvbi0
```

（2）安装 OpenCV：
```
sudo pip3 install opencv-python
```

4. ASRT 安装

在 Linux 环境下执行下述命令：
```
sudo git clone https://github.com/nl8590687/ASRT_SpeechRecognition.git
sudo cd ASRT_SpeechRecognition
sudo mkdir /data/speech_data
sudo tar zxf <数据集压缩文件名> -C /data/speech_data/
sudo python download_default_datalist.py
```

5. PaddleOCR 安装

（1）在 Linux 环境下安装环境依赖：
```
sudo apt-get install wget
sudo wget https://mirrors.tuna.tsinghua.edu.cn/anaconda/archive/
Anaconda3-2021.05-Linux-x86_64.sh
sudo sh Anaconda3-2021.05-Linux-x86_64.sh
sudo conda create --name paddle_env python=3.8 --channel https://mirrors.
tuna.tsinghua.edu.cn/anaconda/pkgs/free/
sudo conda activate paddle_env
```
（2）安装 PaddlePaddle 2.0（GPU 模式，需要 CUDA9/10）：
```
sudo python3 -m pip install paddlepaddle-gpu -i https://mirror.baidu.com/
pypi/simple
```
（3）安装 PaddlePaddle 2.0（CPU 模式）：
```
sudo python3 -m pip install paddlepaddle -i https://mirror.baidu.com/
pypi/simple
```

9.3　模块实现

本节主要介绍语音识别模块和图像识别模块的实现，各模块的功能及核心功能代码如下。

9.3.1　语音识别

1. 功能介绍

语音识别模块一般的工作流程是当测试服务器通过测试机器人向被测家电发送语音指令后，立即启动拾音麦克风监听家电的语音反馈，并将语音反馈上传到语音识别模块中，语音识别模块调用 ASRT 组件将识别出的文本提交给测试结果判断程序。

对于首次测试，测试人员首先需要创建测试任务模板，通过测试机器人进行预测试，并通过平台查看采集到的任务模板及结果，筛除掉家电无法执行的语音指令，进一步对可以做出语音反馈的指令结果进行标记和提供正确答案。此标注在接下来的正式自动化测试阶段可辅助算法忽略冗余、加快识别速度；提供的正确答案（关键词）可辅助算法对家电操作正确的反馈进行匹配。在同款家电反馈不变和测试任务不变的情况下只需一次标注即可，并且此策略可使测试机器人具备一定的通用性。

2. 核心代码

```python
#!/usr/bin/env python3
#-*- coding: utf-8 -*-
#Copyright 2016-2099 Ailemon.net
#This file is part of ASRT Speech Recognition Tool.
#ASRT is free Software: you can redistribute it and/or modify
#it under the terms of the GNU General Public License as published by
#the Free Software Foundation, either version 3 of the License, or
#(at your option) any later version.
#ASRT is distributed in the hope that it will be useful,
#but WITHOUT ANY WARRANTY; without even the implied warranty of
#MERCHANTABILITY or FITNESS FOR A PARTICULAR PURPOSE. See the
#GNU General Public License for more details.
#You should have received a copy of the GNU General Public License
#along with ASRT. If not, see <https://www.gnu.org/licenses/>.
#=================================================
"""
@author: nl8590687
ASRT 语音识别 API 的 HTTP 服务器程序
"""
import http.server
import socket
from speech_model import ModelSpeech
from speech_model_zoo import SpeechModel251
from speech_features import Spectrogram
from LanguageModel2 import ModelLanguage
AUDIO_LENGTH = 1600
AUDIO_FEATURE_LENGTH = 200
CHANNELS = 1
#默认输出的拼音的表示大小是1428，即1427 个拼音+1 个空白块
OUTPUT_SIZE = 1428
sm251 = SpeechModel251(
    input_shape = (AUDIO_LENGTH, AUDIO_FEATURE_LENGTH, CHANNELS),
    output_size = OUTPUT_SIZE
    )
feat = Spectrogram()
ms = ModelSpeech(sm251, feat, max_label_length = 64)
ms.load_model('save_models/' + sm251.get_model_name() + '.model.h5')
ml = ModelLanguage('model_language')
ml.LoadModel()
class ASRTHTTPHandle(http.server.BaseHTTPRequestHandler):
    def setup(self):
        self.request.settimeout(10)
```

```
            http.server.BaseHTTPRequestHandler.setup(self)
    def _set_response(self):
        self.send_response(200)
        self.send_header('Content-type', 'text/html')
        self.end_headers()
    def do_GET(self):
        buf = 'ASRT_SpeechRecognition API'
        self.protocal_version = 'HTTP/1.1'
        self._set_response()
        buf = bytes(buf,encoding = "utf-8")
        self.wfile.write(buf)
    def do_POST(self):
        '''
        处理通过 POST 方式传递过来并接收的语音数据
        通过语音模型和语言模型计算得到语音识别结果并返回
        '''
        path = self.path
        print(path)
        #获取 POST 提交的数据
        datas = self.rfile.read(int(self.headers['content - length']))
        #datas = urllib.unquote(datas).decode("utf - 8", 'ignore')
        datas = datas.decode('utf - 8')
        datas_split = datas.split('&')
        token = ''
        fs = 0
        wavs = []
        for line in datas_split:
            [key, value] = line.split('=')
            if key == 'wavs' and value != '':
                wavs.append(int(value))
            elif key == 'fs':
                fs = int(value)
            elif key == 'token':
                token = value
            else:
                print(key, value)
        if token != 'qwertasd':
            buf = '403'
            print(buf)
buf = bytes(buf, encoding = "utf - 8")
self.wfile.write(buf)
return
if len(wavs) > 0:
r = self.recognize([wavs], fs)
else:
r = ''
if token == 'qwertasd':
buf = r
else:
buf = '403'
self._set_response()
```

```python
print(buf)
buf = bytes(buf, encoding = "utf - 8")
self.wfile.write(buf)
def recognize(self, wavs, fs):
r = ''
try:
r_speech = ms.recognize_speech(wavs, fs)
print(r_speech)
str_pinyin = r_speech
r = ml.SpeechToText(str_pinyin)
except Exception as ex:
r = ''
print('[*Message] Server raise a bug. ', ex)
return r
def recognize_from_file(self, filename):
pass
class HTTPServerV6(http.server.HTTPServer):
address_family = socket.AF_INET6
def start_server(ip, port):
if ':' in ip:
http_server = HTTPServerV6((ip, port), ASRTHTTPHandle)
else:
http_server = http.server.HTTPServer((ip, int(port)), ASRTHTTPHandle)
print('服务器已开启')
try:
http_server.serve_forever() #设置一直监听并接收请求
except KeyboardInterrupt:
        pass
    http_server.server_close()
    print('HTTP server closed')
if __name__ == '__main__':
start_server('', 20000) # For IPv4 Network Only
#start_server('::', 20000) # For IPv6 Network
#!/usr/bin/env python3
#-*- coding: utf-8 -*-
#Copyright 2016-2099 Ailemon.net
#This file is part of ASRT Speech Recognition Tool.
#ASRT is free Software: you can redistribute it and/or modify
#it under the terms of the GNU General Public License as published by
#the Free Software Foundation, either version 3 of the License, or
#(at your option) any later version.
#ASRT is distributed in the hope that it will be useful,
#but WITHOUT ANY WARRANTY; without even the implied warranty of
#MERCHANTABILITY or FITNESS FOR A PARTICULAR PURPOSE.  See the
#GNU General Public License for more details.
#You should have received a copy of the GNU General Public License
#along with ASRT.  If not, see <https://www.gnu.org/licenses/>.
#=======================================================
'''
@author: nl8590687
ASRT 语音识别 asrserver 测试专用客户端
```

```
'''
import time
import requests
from utils.ops import read_wav_data
URL = 'http://127.0.0.1:20000/'
TOKEN = 'qwertasd'
wavsignal, fs, _, _ = read_wav_data('X:\\语音数据集\\data_thchs30\\
train\\A11_0.wav')
datas = {'token':TOKEN, 'fs':fs, 'wavs':wavsignal}
t0 = time.time()
r = requests.post(URL, datas)
t1 = time.time()
r.encoding = 'utf - 8'
print(r.text)
print('time:', t1 - t0, 's')
```

3. 运行结果

语音识别模块的运行结果如图 9-17 所示。

```
=== RUN    TestXxx
语音识别结果 海信小巨
语音识别结果 查看天气
语音识别结果 当前金南区，天气晴朗事宜外出体感温度较低请注意保暖和枋湖
语音识别结果 开始播放
语音识别结果 正在为您博放音乐
语音识别结果 暂停播放
--- PASS: TestXxx (0.15s)
```

图 9-17　语音识别模块的运行结果

9.3.2　图像识别

1. 功能介绍

图像识别模块一般的工作流程是当测试服务器通过测试机器人向被测家电发送语音指令后，立即启动网络摄像头拍摄家电的图形界面反馈，并将图像数据输入图像识别模块，图像识别模块调用 DB 文字检测和 RCNN 文字识别算法，并将识别出的文本提交给测试结果判断程序。

对于首次测试，测试人员首先需要创建测试任务模板，通过测试机器人进行预测试，并通过平台查看采集到的任务模板及结果，筛除掉家电无法执行的语音指令，进一步对可以做出图像反馈的指令结果进行标记和提供正确答案。此标注在接下来的正式自动化测试阶段可指示算法要识别的关键区域，辅助算法忽略冗余、信息干扰区域，加快识别速度；提供的正确答案（关键词）可辅助算法对家电操作正确的反馈进行匹配。在同款家电反馈不变和测试任务不变情况下只需一次标注即可，并且此策略可使测试机器人具备一定的通用性。

2. 核心代码

```
#Copyright (c) 2020 PaddlePaddle Authors. All Rights Reserved.
#Licensed under the Apache License, Version 2.0 (the "License");
#you may not use this file except in compliance with the License.
#You may obtain a copy of the License at
#http://www.apache.org/licenses/LICENSE-2.0
#Unless required by applicable law or agreed to in writing, Software
#distributed under the License is distributed on an "AS IS" BASIS,
#WITHOUT WARRANTIES OR CONDITIONS OF ANY KIND, either express or implied.
#See the License for the specific language governing permissions and
#limitations under the License.
import os
import sys
__dir__ = os.path.dirname(__file__)
import paddle
sys.path.append(os.path.join(__dir__, ''))
import cv2
import logging
import numpy as np
from pathlib import Path
from tools.infer import predict_system
from ppocr.utils.logging import get_logger
logger = get_logger()
from ppocr.utils.utility import check_and_read_gif, get_image_file_list
from ppocr.utils.network import maybe_download, download_with_progressbar,
is_link, confirm_model_dir_url
from tools.infer.utility import draw_ocr, str2bool, check_gpu
from ppstructure.utility import init_args, draw_structure_result
from ppstructure.predict_system import OCRSystem, save_structure_res
__all__ = [
    'PaddleOCR', 'PPStructure', 'draw_ocr', 'draw_structure_result',
    'save_structure_res', 'download_with_progressbar'
]
SUPPORT_DET_MODEL = ['DB']
VERSION = '2.4'
SUPPORT_REC_MODEL = ['CRNN']
BASE_DIR = os.path.expanduser("~/.paddleocr/")
DEFAULT_OCR_MODEL_VERSION = 'PP - OCR'
DEFAULT_STRUCTURE_MODEL_VERSION = 'STRUCTURE'
MODEL_URLS = {
    'OCR': {
        'PP-OCRv2': {
            'det': {
                'ch': {
                    'url':
                    'https://paddleocr.bj.bcebos.com/PP-OCRv2/chinese/ch_
PP-OCRv2_det_infer.tar',
                },
```

```
                },
                'rec': {
                    'ch': {
                        'url':
                        'https://paddleocr.bj.bcebos.com/PP-OCRv2/chinese/ch_
PP-OCRv2_rec_infer.tar',
                        'dict_path': './ppocr/utils/ppocr_keys_v1.txt'
                    },
                },
            },
            DEFAULT_OCR_MODEL_VERSION: {
                'det': {
                    'ch': {
                        'url':
                        'https://paddleocr.bj.bcebos.com/dygraph_v2.0/ch/
ch_ppocr_mobile_v2.0_det_infer.tar',
                    },
                    'en': {
                        'url':
                        'https://paddleocr.bj.bcebos.com/dygraph_v2.0/multilingual/
en_ppocr_mobile_v2.0_det_infer.tar',
                    },
                    'structure': {
                        'url':
                        'https://paddleocr.bj.bcebos.com/dygraph_v2.0/table/
en_ppocr_mobile_v2.0_table_det_infer.tar'
                    },
                },
                'rec': {
                    'ch': {
                        'url':
                        'https://paddleocr.bj.bcebos.com/dygraph_v2.0/ch/
ch_ppocr_mobile_v2.0_rec_infer.tar',
                        'dict_path': './ppocr/utils/ppocr_keys_v1.txt'
                    },
                    'en': {
                        'url':
                        'https://paddleocr.bj.bcebos.com/dygraph_v2.0/
multilingual/en_number_mobile_v2.0_rec_infer.tar',
                        'dict_path': './ppocr/utils/en_dict.txt'
                    },
                    'french': {
                        'url':
                        'https://paddleocr.bj.bcebos.com/dygraph_v2.0/
multilingual/french_mobile_v2.0_rec_infer.tar',
                        'dict_path': './ppocr/utils/dict/french_dict.txt'
                    },
                    'german': {
                        'url':
```

```
                      'https://paddleocr.bj.bcebos.com/dygraph_v2.0/
multilingual/german_mobile_v2.0_rec_infer.tar',
                    'dict_path': './ppocr/utils/dict/german_dict.txt'
                },
                'korean': {
                    'url':
                    'https://paddleocr.bj.bcebos.com/dygraph_v2.0/
multilingual/korean_mobile_v2.0_rec_infer.tar',
                    'dict_path': './ppocr/utils/dict/korean_dict.txt'
                },
                'japan': {
                    'url':
                    'https://paddleocr.bj.bcebos.com/dygraph_v2.0/
multilingual/japan_mobile_v2.0_rec_infer.tar',
                    'dict_path': './ppocr/utils/dict/japan_dict.txt'
                },
                'chinese_cht': {
                    'url':
                    'https://paddleocr.bj.bcebos.com/dygraph_v2.0/
multilingual/chinese_cht_mobile_v2.0_rec_infer.tar',
                    'dict_path': './ppocr/utils/dict/chinese_cht_dict.txt'
                },
                'ta': {
                    'url':
                    'https://paddleocr.bj.bcebos.com/dygraph_v2.0/
multilingual/ta_mobile_v2.0_rec_infer.tar',
                    'dict_path': './ppocr/utils/dict/ta_dict.txt'
                },
                'te': {
                    'url':
                    'https://paddleocr.bj.bcebos.com/dygraph_v2.0/
multilingual/te_mobile_v2.0_rec_infer.tar',
                    'dict_path': './ppocr/utils/dict/te_dict.txt'
                },
                'ka': {
                    'url':
                    'https://paddleocr.bj.bcebos.com/dygraph_v2.0/
multilingual/ka_mobile_v2.0_rec_infer.tar',
                    'dict_path': './ppocr/utils/dict/ka_dict.txt'
                },
                'latin': {
                    'url':
                    'https://paddleocr.bj.bcebos.com/dygraph_v2.0/
multilingual/latin_ppocr_mobile_v2.0_rec_infer.tar',
                    'dict_path': './ppocr/utils/dict/latin_dict.txt'
                },
                'arabic': {
                    'url':
                    'https://paddleocr.bj.bcebos.com/dygraph_v2.0/
multilingual/arabic_ppocr_mobile_v2.0_rec_infer.tar',
```

```
                              'dict_path': './ppocr/utils/dict/arabic_dict.txt'
                          },
                      'cyrillic': {
                          'url':
                          'https://paddleocr.bj.bcebos.com/dygraph_v2.0/
multilingual/cyrillic_ppocr_mobile_v2.0_rec_infer.tar',
                          'dict_path': './ppocr/utils/dict/cyrillic_dict.txt'
                      },
                      'devanagari': {
                          'url':
                          'https://paddleocr.bj.bcebos.com/dygraph_v2.0/
multilingual/devanagari_ppocr_mobile_v2.0_rec_infer.tar',
                          'dict_path': './ppocr/utils/dict/devanagari_dict.txt'
                      },
                      'structure': {
                          'url':
                          'https://paddleocr.bj.bcebos.com/dygraph_v2.0/
table/en_ppocr_mobile_v2.0_table_rec_infer.tar',
                          'dict_path': 'ppocr/utils/dict/table_dict.txt'
                      },
                  },
                  'cls': {
                      'ch': {
                          'url':
                          'https://paddleocr.bj.bcebos.com/dygraph_v2.0/ch/
ch_ppocr_mobile_v2.0_cls_infer.tar',
                      },
                  },
              },
          },
          'STRUCTURE': {
              DEFAULT_STRUCTURE_MODEL_VERSION: {
                  'table': {
                      'en': {
                          'url':
                          'https://paddleocr.bj.bcebos.com/dygraph_v2.0/
table/en_ppocr_mobile_v2.0_table_structure_infer.tar',
                          'dict_path': 'ppocr/utils/dict/table_structure_dict.txt'
                      },
                  },
              },
          },
      },

      def parse_args(mMain = True):
          import argparse
          parser = init_args()
          parser.add_help = mMain
          parser.add_argument("--lang", type = str, default = 'ch')
          parser.add_argument("--det", type = str2bool, default = True)
```

```
        parser.add_argument("--rec", type = str2bool, default = True)
        parser.add_argument("--type", type = str, default = 'ocr')
        parser.add_argument(
            "--ocr_version",
            type = str,
            default = 'PP-OCRv2',
            help = 'OCR Model version, the current model support list is as
follows:'
            '1. PP-OCRv2 Support Chinese detection and recognition model.'
            '2. PP-OCR support Chinese detection, recognition and direction
classifier and multilingual recognition model.'
        )
        parser.add_argument(
            "--structure_version",
            Type = str,
            Default = 'STRUCTURE',
            Help = 'Model version, the current model support list is as follows:'
            '1. STRUCTURE Support en table structure model.')
        for action in parser._actions:
            if action.dest in ['rec_char_dict_path', 'table_char_dict_path']:
                action.default = None
        if mMain:
            return parser.parse_args()
        else:
            inference_args_dict = {}
            for action in parser._actions:
                inference_args_dict[action.dest] = action.default
            return argparse.Namespace(**inference_args_dict)
    def parse_lang(lang):
        latin_lang = [
            'af', 'az', 'bs', 'cs', 'cy', 'da', 'de', 'es', 'et', 'fr', 'ga',
            'hr', 'hu', 'id', 'is', 'it', 'ku', 'la', 'lt', 'lv', 'mi', 'ms',
            'mt', 'nl', 'no', 'oc', 'pi', 'pl', 'pt', 'ro', 'rs_latin', 'sk',
            'sl', 'sq', 'sv', 'sw', 'tl', 'tr', 'uz', 'vi'
        ]
        arabic_lang = ['ar', 'fa', 'ug', 'ur']
        cyrillic_lang = [
            'ru', 'rs_cyrillic', 'be', 'bg', 'uk', 'mn', 'abq', 'ady', 'kbd',
            'ava', 'dar', 'inh', 'che', 'lbe', 'lez', 'tab'
        ]
        devanagari_lang = [
            'hi', 'mr', 'ne', 'bh', 'mai', 'ang', 'bho', 'mah', 'sck', 'new',
            'gom', 'sa', 'bgc'
        ]
        if lang in latin_lang:
            lang = "latin"
        elif lang in arabic_lang:
            lang = "arabic"
        elif lang in cyrillic_lang:
            lang = "cyrillic"
```

```
        elif lang in devanagari_lang:
            lang = "devanagari"
        assert lang in MODEL_URLS['OCR'][DEFAULT_OCR_MODEL_VERSION][
            'rec'], 'param lang must in {}, but got {}'.format(
                MODEL_URLS['OCR'][DEFAULT_OCR_MODEL_VERSION]['rec'].keys(), lang)
        if lang == "ch":
            det_lang = "ch"
        elif lang == 'structure':
            det_lang = 'structure'
        else:
            det_lang = "en"
        return lang, det_lang
def get_model_config(type, version, model_type, lang):
    if type == 'OCR':
        DEFAULT_MODEL_VERSION = DEFAULT_OCR_MODEL_VERSION
    elif type == 'STRUCTURE':
        DEFAULT_MODEL_VERSION = DEFAULT_STRUCTURE_MODEL_VERSION
    else:
        raise NotImplementedError
    model_urls = MODEL_URLS[type]
    if version not in model_urls:
        logger.warning('version {} not in {}, auto switch to version {}'.
            format(version, model_urls.keys(), DEFAULT_MODEL_VERSION))
        version = DEFAULT_MODEL_VERSION
    if model_type not in model_urls[version]:
        if model_type in model_urls[DEFAULT_MODEL_VERSION]:
            logger.warning(
                'version {} not support {} models, auto switch to version {}'.
                format(version, model_type, DEFAULT_MODEL_VERSION))
            version = DEFAULT_MODEL_VERSION
        else:
            logger.error('{} models is not support, we only support {}'.
                format( model_type, model_urls[DEFAULT_MODEL_VERSION].keys()))
            sys.exit(-1)
    if lang not in model_urls[version][model_type]:
        if lang in model_urls[DEFAULT_MODEL_VERSION][model_type]:
            logger.warning(
                'lang {} is not support in {}, auto switch to version {}'.
                format(lang, version, DEFAULT_MODEL_VERSION))
            version = DEFAULT_MODEL_VERSION
        else:
            logger.error(
                'lang {} is not support, we only support {} for {} models'.
                format(lang, model_urls[DEFAULT_MODEL_VERSION][model_
                type].keys(), model_type))
            sys.exit(-1)
    return model_urls[version][model_type][lang]
class PaddleOCR(predict_system.TextSystem):
    def __init__(self, **kwargs):
        """
```

```
        paddleocr package
        args:
            **kwargs: other params show in paddleocr --help
        """
        params = parse_args(mMain = False)
        params.__dict__.update(**kwargs)
        params.use_gpu = check_gpu(params.use_gpu)
        if not params.show_log:
            logger.setLevel(logging.INFO)
        self.use_angle_cls = params.use_angle_cls
        lang, det_lang = parse_lang(params.lang)
        #init model dir
        det_model_config = get_model_config('OCR', params.ocr_version,
'det', det_lang)
        params.det_model_dir, det_url = confirm_model_dir_url(
            params.det_model_dir,
            os.path.join(BASE_DIR, VERSION, 'ocr', 'det', det_lang),
            det_model_config['url'])
        rec_model_config = get_model_config('OCR', params.ocr_version,
'rec', lang)
        params.rec_model_dir, rec_url = confirm_model_dir_url(
            params.rec_model_dir,
            os.path.join(BASE_DIR, VERSION, 'ocr', 'rec', lang),
            rec_model_config['url'])
        cls_model_config = get_model_config('OCR', params.ocr_version,
'cls', 'ch')
        params.cls_model_dir, cls_url = confirm_model_dir_url(
            params.cls_model_dir,
            os.path.join(BASE_DIR, VERSION, 'ocr', 'cls'),
            cls_model_config['url'])
        # download model
        maybe_download(params.det_model_dir, det_url)
        maybe_download(params.rec_model_dir, rec_url)
        maybe_download(params.cls_model_dir, cls_url)
        if params.det_algorithm not in SUPPORT_DET_MODEL:
            logger.error('det_algorithm must in {}'.format(SUPPORT_DET_
MODEL))
            sys.exit(0)
        if params.rec_algorithm not in SUPPORT_REC_MODEL:
            logger.error('rec_algorithm must in {}'.format(SUPPORT_REC_
MODEL))
            sys.exit(0)
        if params.rec_char_dict_path is None:
            params.rec_char_dict_path = str(
                Path(__file__).parent / rec_model_config['dict_path'])
        print(params)
        #init det_model and rec_model
        super().__init__(params)
    def ocr(self, img, det = True, rec = True, cls = True):
        """
```

```
            ocr with paddleocr
            args:
                img: img for ocr, support ndarray, img_path and list or ndarray
                det: use text detection or not. If false, only rec will be exec.
Default is True
                rec: use text recognition or not. If false, only det will be
exec. Default is True
                cls: use angle classifier or not. Default is True. If true, the
text with rotation of 180 degrees can be recognized. If no text is rotated by 180
degrees, use cls = False to get better performance. Text with rotation of 90 or
270 degrees can be recognized even if cls = False.
            """
            assert isinstance(img, (np.ndarray, list, str))
            if isinstance(img, list) and det == True:
                logger.error('When input a list of images, det must be false')
                exit(0)
            if cls == True and self.use_angle_cls == False:
                logger.warning(
                    'Since the angle classifier is not initialized, the angle
classifier will not be uesd during the forward process'
                )
            if isinstance(img, str):
                #download net image
                if img.startswith('http'):
                    download_with_progressbar(img, 'tmp.jpg')
                    img = 'tmp.jpg'
                image_file = img
                img, flag = check_and_read_gif(image_file)
                if not flag:
                    with open(image_file, 'rb') as f:
                        np_arr = np.frombuffer(f.read(), dtype = np.uint8)
                        img = cv2.imdecode(np_arr, cv2.IMREAD_COLOR)
                if img is None:
                    logger.error("error in loading image:{}".format(image_
file))
                    return None
            if isinstance(img, np.ndarray) and len(img.shape) == 2:
                img = cv2.cvtColor(img, cv2.COLOR_GRAY2BGR)
            if det and rec:
                dt_boxes, rec_res = self.__call__(img, cls)
                return [[box.tolist(), res] for box, res in zip(dt_boxes,
rec_res)]
            elif det and not rec:
                dt_boxes, elapse = self.text_detector(img)
                if dt_boxes is None:
                    return None
                return [box.tolist() for box in dt_boxes]
            else:
                if not isinstance(img, list):
                    img = [img]
```

```
                if self.use_angle_cls and cls:
                    img, cls_res, elapse = self.text_classifier(img)
                    if not rec:
                        return cls_res
                rec_res, elapse = self.text_recognizer(img)
                return rec_res
    class PPStructure(OCRSystem):
        def __init__(self, **kwargs):
            params = parse_args(mMain = False)
            params.__dict__.update(**kwargs)
            params.use_gpu = check_gpu(params.use_gpu)
            if not params.show_log:
                logger.setLevel(logging.INFO)
            lang, det_lang = parse_lang(params.lang)
            # init model dir
            det_model_config = get_model_config('OCR', params.ocr_version,
'det', det_lang)
            params.det_model_dir, det_url = confirm_model_dir_url(
                params.det_model_dir,
                os.path.join(BASE_DIR, VERSION, 'ocr', 'det', det_lang),
                det_model_config['url'])
            rec_model_config = get_model_config('OCR', params.ocr_version,
'rec', lang)
            params.rec_model_dir, rec_url = confirm_model_dir_url(
                params.rec_model_dir,
                os.path.join(BASE_DIR, VERSION, 'ocr', 'rec', lang),
                rec_model_config['url'])
            table_model_config = get_model_config('STRUCTURE', params.structure_
    version, 'table', 'en')
            params.table_model_dir, table_url = confirm_model_dir_url(
                params.table_model_dir,
                os.path.join(BASE_DIR, VERSION, 'ocr', 'table'),
                table_model_config['url'])
            #download model
            maybe_download(params.det_model_dir, det_url)
            maybe_download(params.rec_model_dir, rec_url)
            maybe_download(params.table_model_dir, table_url)
            if params.rec_char_dict_path is None:
                params.rec_char_dict_path = str(
                    Path(__file__).parent / rec_model_config['dict_path'])
            if params.table_char_dict_path is None:
                params.table_char_dict_path = str(
                    Path(__file__).parent / table_model_config['dict_path'])
            print(params)
            super().__init__(params)
        def __call__(self, img):
            if isinstance(img, str):
                #download net image
                if img.startswith('http'):
                    download_with_progressbar(img, 'tmp.jpg')
```

```
                    img = 'tmp.jpg'
                image_file = img
                img, flag = check_and_read_gif(image_file)
                if not flag:
                    with open(image_file, 'rb') as f:
                        np_arr = np.frombuffer(f.read(), dtype = np.uint8)
                        img = cv2.imdecode(np_arr, cv2.IMREAD_COLOR)
                    if img is None:
                        logger.error("error in loading image:{}".format(image_
file))
                        return None
                if isinstance(img, np.ndarray) and len(img.shape) == 2:
                    img = cv2.cvtColor(img, cv2.COLOR_GRAY2BGR)
            res = super().__call__(img)
            return res
    def main():
        #for cmd
        args = parse_args(mMain = True)
        image_dir = args.image_dir
        if is_link(image_dir):
            download_with_progressbar(image_dir, 'tmp.jpg')
            image_file_list = ['tmp.jpg']
        else:
            image_file_list = get_image_file_list(args.image_dir)
        if len(image_file_list) == 0:
            logger.error('no images find in {}'.format(args.image_dir))
            return
        if args.type == 'ocr':
            engine = PaddleOCR(**(args.__dict__))
        elif args.type == 'structure':
            engine = PPStructure(**(args.__dict__))
        else:
            raise NotImplementedError
        for img_path in image_file_list:
            img_name = os.path.basename(img_path).split('.')[0]
            logger.info('{}{}{}'.format('*' * 10, img_path, '*' * 10))
            if args.type == 'ocr':
                result = engine.ocr(img_path,
                                    det = args.det,
                                    rec = args.rec,
                                    cls = args.use_angle_cls)
                if result is not None:
                    for line in result:
                        logger.info(line)
            elif args.type == 'structure':
                result = engine(img_path)
                save_structure_res(result, args.output, img_name)
                for item in result:
                    item.pop('img')
                    logger.info(item)
```

3. 运行结果

图像识别模块运行结果如图 9-18 所示。

图 9-18　图像识别模块运行结果

9.4　测 试 结 果

1. 对算法模型的测试

（1）对语音识别算法模型的测试。通过两个不同测试集对语音识别预训练模型进行测试，准确性如表 9-2 所示。

表 9-2　语音识别模型测试结果

测试集	准确性/%
batch1	80.2
batch2	81.4
合计	80.08

（2）对图像识别算法模型的测试。通过两个不同测试集对图像识别预训练模型进行测试，准确性如表 9-3 所示。

表 9-3　图像识别模型测试结果

测试集	准确性/%
batch1	95.5
batch2	92.7
合计	94.1

2. 对语音和图像识别效果的测试

使用 50 条指令对智能电视进行语音交互测试，主要测试控制指令的成功率，通过语音识别模块和图像识别模块对电视反馈的语音和图像结果进行识别，准确性如表 9-4 所示。

表 9-4　语音和图像识别结果

序号	语音控制指令	语音识别		图像识别	
		结果	准确性	结果	准确性
1	我要看电影	为您找到，影等关信息	是	我要看电影	是
2	我要看电影	找到	否	我要看电影	是
3	我要看电影	为您找到电影等信息	是	我要看电影	是
4	我要看电影	以下是猫和老鼠等电影的信息	是	我要看电影	是
5	我要看电影	相关信息	是	我要看电影	是
6	我要看电影	好的	是	我要看电影	是
7	我要看电影	正在查找	是	我要看电影	是
8	我要看电影	为您找到电影等相关信息	是	我要看电影	是
9	我要看电影	为您找到电影等相关信息	是	我要看电影	是
10	我要看电影	为您找到电影等相关信息	是	我要看电影	是
准确性/%	—	—	90	—	100

系统反馈的实际最终测试结果如图 9-19 所示。

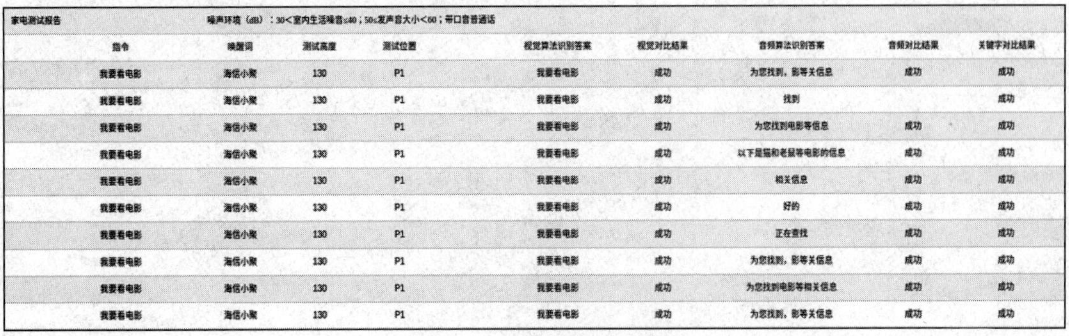

家电测试报告　噪声环境（dB）：30<室内生活噪音≤40；50≤发声音大小<60；带口音普通话

指令	唤醒词	测试高度	测试位置	视觉算法识别答案	视觉对比结果	音频算法识别答案	音频对比结果	关键字对比结果
我要看电影	海信小聚	130	P1	我要看电影	成功	为您找到，影等关信息	成功	成功
我要看电影	海信小聚	130	P1	我要看电影	成功	找到		成功
我要看电影	海信小聚	130	P1	我要看电影	成功	为您找到电影等信息	成功	成功
我要看电影	海信小聚	130	P1	我要看电影	成功	以下是猫和老鼠等电影的信息	成功	成功
我要看电影	海信小聚	130	P1	我要看电影	成功	相关信息	成功	成功
我要看电影	海信小聚	130	P1	我要看电影	成功	好的	成功	成功
我要看电影	海信小聚	130	P1	我要看电影	成功	正在查找	成功	成功
我要看电影	海信小聚	130	P1	我要看电影	成功	为您找到，影等关信息	成功	成功
我要看电影	海信小聚	130	P1	我要看电影	成功	为您找到电影等相关信息	成功	成功
我要看电影	海信小聚	130	P1	我要看电影	成功	为您找到，影等关信息	成功	成功

图 9-19　语音交互测试结果

参 考 文 献

九章算法.https://www.jiuzhang.com/.

瓦特，博哈尼，卡萨格罗斯，2022. 机器学习精讲：基础、算法及应用[M]. 谢刚，杨波，任福佳，译. 2 版. 北京：机械工业出版社.

王启明，罗从良，2018. Python 3.6 零基础入门与实战[M]. 北京：清华大学出版社.

吴灿铭，胡昭民，2018. 图解算法——使用 python[M]. 北京：清华大学出版社.

佚名，2017. 人工智能发展简史[Z/OL]. (2017-01-23)[2024-03-10]. https://www.cac.gov.cn/2017-01/23/c_1120366748.htm#.

张旭东，2022. 机器学习导论[M]. 北京：清华大学出版社.

赵卫东，2018. 机器学习案例实战[M]. 2 版. 北京：清华大学出版社.

赵卫东，董亮，2022. 机器学习[M]. 2 版. 北京：人民邮电出版社.

CORMEN T H，LEISERSON C E，RIVEST R L，等，2012. 算法导论[M]. 殷建平，徐云，王刚，等译. 3 版. 北京：机械工业出版社.

LeetCode.https://leetcode.com/.

LintCode.https://www.lintcode.com/.